本书受西北农林科技大学经济管理学院资助出版

农村集体经济组织载体变迁：
新庄村个案研究

杨　峰　赵敏娟　夏显力　高建中　编著

中国农业出版社
北　京

习近平总书记寄语："新时代，农村是充满希望的田野，是干事创业的广阔舞台。"中华人民共和国成立初期，农村所有制改革是乡村经济建设的首要目标；改革开放后，增加农产品产量是乡村经济发展的主要目标；市场经济时期，提高农产品产量、提升农产品质量和调整农业产业结构成为重点；2000 年前后，农产品供应数量不足的短缺状态彻底结束；新时期以来，以实现农业农村现代化为总目标、以农业供给侧结构性改革为主线，推动产业兴旺、促进乡村振兴既是乡村新的经济增长点也是乡村经济发展的希望所在。

中国是崇尚集体主义的国家，即使在以经济建设为中心、工商业日益活跃的时代，主流社会仍然执著地坚守着这份传统情怀。长期以来，中国农民在村集体组织的带领下，在广阔的农村经济舞台上创造了一次又一次的不平凡。当今，各种思潮涌动，读史以正视听很有必要，这样才能保证我们不会离真实太远，不会仅凭臆想和猜测妄评曾经的革命与建设，不会过分放大两代人探索社会主义事业过程中所经历的波折。农村经济开拓者们在追梦的岁月中满怀理想主义激情同时又面对现实条件不足的困境，但总是在取得成绩时不骄傲自满、在遭遇挫折时不屈不挠，这种团结奋斗、艰苦创业的集体主义精神闪耀在民族复兴的历史丰碑上。

乡村干部是农村基层经济政策的执行者和规划者，村集体则是村经营主体的母体。村干部对国家和地方政策的领会、解读、贯彻和决策，主导着村集体和其他村经济主体的发展路径；集体经济组织载体在与政策博弈中生成多样性的组织形态，或强化或偏移集体化，但始终依附着村集体决策系统和村集体经济母体而存在。从这个意义上看，村集体经济组织载体的变迁与集体化性质的变化有一致性。

新庄村是陕西省宝鸡市的一个城郊村，村"两委"会比较完整地保存了中华人民共和国成立以来，尤其是 20 世纪 60 年代以后村况、村人口、村工作记录等文献。2019 年西北农林科技大学师生造访新庄村，认为这些文献具有重要历史价值，很有必要结集出版，为农业经济工作提供史实研究信息。经新庄村"两委"会同意，将该批资料借给西北农林科技大学经济管理学院用于著作撰写。

搬运成箱的原始资料时，师生的内心比较震撼。纸张沉重，而历史更加厚重。每当翻开吹弹可破的会议记录，看着模糊斑驳的文字，那个似曾相识的青春热血年华浮现在眼前。村子里，能够清楚回忆中华人民共和国成立之前事迹的已经是 80 岁以上高龄的老人，与共和国同时代的人也已 70 多岁了。庆幸的是，记述这段村史时，纸质材料和白发苍苍的老人还能帮助还原往事。只是，由于历史跨度较大、题材广泛，现存的新庄村史料存在着不同程度的缺失和断代问题。为此，笔者尝试结合管理学和社会学的相关理论，运用历史与逻辑相统一的方法，筛选集体经济组织载体变迁的里程碑事件，兼顾农村经济发展的政策节点，评述新庄村个案，用论著的形式勾画出浓浓中国风的农村集体经济组织载体分化的历史画卷。

每个村庄都有其特殊的一面，但发展农村经济的经验却可以提炼和借鉴。本书以新庄村史实资料和当事人回忆录为基础，理论与实践相结合，力求客观地呈现和总结村域经济发展中集体化程度与集体经济组织载体的发展逻辑。本书参考了大量专家学者的观点及其著作，尽管书末列举了一些代表性的学术文献，仍不免有疏漏，如有疏漏恳请见谅。当然最重要的是，感谢所有相关研究对本书写作的启发。本书内容难免有不妥之处，有些观点也不一定成熟，欢迎读者批评指正。

刘春明、罗新科、刘志忠、刘清瑞、刘刚等村干部以及广大村民大力支持和协助驻村访谈工作并撰写了部分记述内容；姚岚、马欣荣、吴鹏、黄宝坤、栗慧珍、梁睿杨子、王满、李佳宁、张雅倩、肖婧、陈佳仪等师生撰写了部分论述内容；李晓红、孟雨、艾秀秀、窦荣荣、宋海婷等本科生参与了资料整理和文字校对；杨维参与了组织撰写工作。在此，向所有关怀和支持本书写作的领导、师生和朋友们致以深深的谢意！

2021 年 6 月于杨凌

CONTENTS 目 录

第一章　农村集体经济及其载体

农村集体经济是公有制在农村地区实现的基本形式，贯穿中国农村经济发展的历史。它不仅包含集体所有制生产经营组织，还包含基于这种组织形态而派生或分化出来的各种经营性集体经济组织载体，以及各主体与农村集体组织构成的复杂的、动态变化的农村社区性生产经营体制。探讨农村集体经济是研究农村集体经济组织载体的起点。

一、农村集体经济与集体经济组织载体

（一）农村集体经济

集体经济是公有制经济的重要组成部分，一般指主要生产要素属于集体成员所有，实行共同占有和使用，在分配方式上以按劳分配为主体的社会主义经济组织。集体经济是国民经济的重要组成部分，在社区范围内实现政治运作、经济建设、社会管理等重要功能。相应地，集体化就是生产要素收归集体组织所有，实行集体成员共同占有、共同使用的过程。中华人民共和国成立初期，党和国家的政策文件中曾经把合作经济和集体经济互相替换使用。例如，1954 年的《中华人民共和国宪法》（以下简称《宪法》）指出："合作社经济是劳动群众集体所有制的社会主义经济，或者是劳动群众部分集体所有制的半社会主义经济。"在这以后修订的《宪法》，即 1975 年、1978 年、1982 年的《宪法》中，也都把合作经济称为集体所有制经济。因此，有部分学者认为集体经济就是合作经济。实际上，合作经济与集体经济是具有实质区别的两个范畴。合作经济的本质是生产与交易的联合，它承认私人产权；而传统集体经济的本质特征是财产的公有，它否认私人产权[1]。

合作经济曾经是特定年代实现传统集体经济的唯一形式，那个时期把合作经济与集体经济等同是合理的。后来合作经济和集体经济都发生了相当大的变化，农村集体经济组织载体形式也多样化，两者已经不再等同。

实践中，农村集体经济产权归农村集体所有并且不可分割；统一经营和分散经营相结合、按劳分配和按生产要素分配相结合[2]。根据载体形式，学术界把农村集体经济划分为传统农村集体经济和新型农村集体经济两种类型。

1951年的合作化运动拉开了农村土地集体化的序幕，经过互助组、初级社、高级社等发展阶段，1956年年底在全国范围内基本完成了对农业的社会主义改造，实现了土地等主要生产要素私有制向合作社的迁移，这可以被认为是传统农村集体经济的雏形。1958年，以"一大二公、政经合一"为特征的人民公社成立，原属于高级社的生产要素上收为公社所有，自愿基础上的合作社所有制正式升格为集体所有制，由公社安排统一生产、统一核算、统一分配。后来实行的"三级所有队为基础"管理体制只是在公社所有制上进行了细分，没有改变农村集体所有制的性质。这时期的传统农村集体经济与计划经济高度融合，集体化程度较高。进入市场经济以后，传统农村集体经济部分转型为新型农村集体经济，部分得以保留并继续发展[3]。

新型农村集体经济，指在家庭联产承包和农村双层经营基础上，通过市场化运作，实现生产要素集体占有、经营效益集体共享的公有制经济。改革开放通常被认为是新型农村集体经济的开端，这时期家庭联产承包经营成为农村主导的经营形式，种养专业户、专业大户和合作社等新型农村经营主体相继出现。1993年前后在农村逐步推进的统分结合的双层经营制度为新型农村集体经济奠定了所有制基础。随着农村经济市场化程度日益加大，农业生产经营风险和收益也在不断变化，传统农村集体经济已经无法适应现代农村产业的企业化经营和市场化运作的要求，创新农业产业经营形式、提升内生性增长的动力成为农村集体经济转型的目标之一。1997年党的十五大报告指出："公有制实现形式可以而且应该多样化。一切反映社会化生产规律的经营方式和组织形式都可以大胆利用。要努力寻找能够极大促进生产力发展的公有制实现形式。""目前城乡大量出现的多种多样的股份合作制经济，是改革中的新事物，要支持和引导，不断总结经验，使之逐步完善。劳动者的劳动联合和劳动者的资本联合为主的集体经济，尤其要提倡和鼓励。"自此，对集体经济的理解已经有了很大的拓展，尤其是对于城乡股份合作制经济，理论界基本认定为新型集体经济形式之一。但需要指出的是：农村集体经济与各种形式的合作经济是不同的经济范畴。农村集体经济是一种所有制实现形式，是一种宏观意义上的经济制度；而合作经济是一种组织管理实现形式，是微观意义上的经济组织（或企业）的经营载体实现方式[3]。合作经济既可以建立在集体制基础上，也可以建立在非集体制，甚至非公有制基础上。只是中华人民共和国成立以来，农村各种形式的合作制都在集体制构架中生长和发育，所以一般可以认为合作化运动时期的生产合作社和新时期农民专业合作社都属于农村集体经济。

除此之外，现有的其他基于产权明晰、管理规范、自主经营、自负盈亏等符合现代企业经营理念和发展模式的家庭农场、股份合作公司和田园综合体等农村新型集体经济组织载体正在蓬勃发展。

（二）集体经济组织载体

传统的农村集体经济组织载体是家庭经营、农业合作社等经营主体。党的十八大以来，新型农业经营组织进一步发展，在国家政策的鼓励和支持下，家庭农场、农民专业合作社、农业产业化龙头企业等经营组织日益壮大。农村集体经济经营主体是农村经济发展的主要动力。

1. 家庭经营

家庭经营是以农户为相对独立的生产经营单位，在一定的生产条件下，将劳动力和生产要素结合起来，组织和安排生产、加工、销售等活动所采用的生产经营形式。家庭经营是一种"小农经济"，中华人民共和国成立初期被认为是私有制经济而受到限制。20 世纪 80 年代推行联产承包责任制后，新型农户家庭经营成为中国农村地区主要的经营形式。

（1）家庭专业经营

家庭专业经营是指专业农户根据自然条件和社会经济条件，专门从事最适合自身的某种或某几种农产品的生产经营，或专门从事某种农产品生产经营过程中的某一个环节的经营活动，使生产活动趋于专业化、集中化的经营形式。它包括：①部门专业经营。它是指某一地区专业农户以一种生产部门为主导部门，把土地、资金、劳动力等各种生产要素集中投入到主导部门，从而形成一个发挥地区优势、具有专业特色的家庭经营形式。②产品专业经营。它是指以某一地区专业农户或某一种农产品为主要对象的经营形式。它一般是在部门专业经营基础上发展起来的。③农艺过程专业经营。它是指把生产经营某一种农产品的全部作业过程分解为若干阶段，分别由不同的专业农户完成的经营形式。如在畜牧业生产中，有的专业农户专门生产仔畜、孵化鸡雏；有的专业农户专门饲养肉雏、种雏；有的专业农户专门从事育肥、蛋、奶生产等。

专业化是市场经济发展的客观要求，专业户是中国家庭专业经营的组织基础。家庭经营的特点决定了家庭专业经营的发展需要一个较长的过程。家庭专业经营离不开农业的社会化服务，必须加强对专业农户产前、产中和产后的配套支持，动员和组织工、商、运、建、文教、卫生等社会力量为家庭专业经营和专业农户提供完备的生产和生活服务。

（2）家庭兼业经营

家庭兼业经营是指兼业农户根据自然和社会经济条件，同时经营两业或两业以上的生产经营形式。兼业农户和专业农户没有绝对界限，专业并不是只经营一业，而是专业中也有兼业，但主业在家庭中的经济意义非常突出。兼业农户与农业中多种经营农户不同，多种经营农户在农业内部从事多种活动，而兼业农户则超出农业从事其他行业。

兼业农户和专业农户是中国现阶段兼业化和专业化的主体，是商品生产的最小单元，产品面向社会，提供外向型生产经营。兼业农户一般分为两种类型：兼业农户Ⅰ，指的是以农业生产为主、工商业为辅的农户，其农业收入超过非农业收入，工商业只是作为农业的"副业"，作为增加农户收入的手段；兼业农户Ⅱ，指的是以工商业收入为主、农业生产为辅的农户，其非农业收入超过农业收入，农业只是为满足农户自身对口粮、牧草等农副产品消费的需要。专业农户则指以家庭为单位，专门或以较多精力从事某项生产活动，产品量较大，商品率较高，其收入在家庭经营中占有较大比重的农户，如种粮大户、养猪大户、饮食业大户、工业大户等。一般农户，指的是那些主营一业、规模较小、收入不高、商品率较低的农户，生产的产品主要是为了满足自身的需要。兼业化经营和专业化经营是两种不同的拓展方向。

专业化经营侧重于规模经济，而兼业化经营侧重于范围经济。中国兼业化的主要载体形式有两种：农户常年在当地做副业和农闲时外出务工。随着生产效率的提高，农业分工更加规模化、精细化，农户有更多的时间和精力兼业为市场提供某种副业产品与劳务。

家庭兼业经营缓和了人多地少的矛盾，充分利用了农民的劳动时间，提高了劳动力的利用率。缓解人多耕地少矛盾的途径主要有两条：一是增加土地，但这是以存在着大量可垦荒地为前提的，而中国待垦的土地不多，不少地方的土地已经全部被垦殖，因而增加耕地的路是狭窄的。二是将劳动力从农业中转移出去，从事其他行业的生产，在中国现有条件下，农民从农村转到城市的规模趋于饱和，大量转业不太现实。兼业化作为一种农民乐于接受的生产方式，使大量剩余劳动力从土地中脱离出来转移到非农产业中去，缓和了人多地少的矛盾，避免了农民挤在"狭窄"的土地上一味向土地索取的困境。兼业农户在农闲之余务工经商，改变了由农业生产的季节性所决定的"农闲没事干"的局面。农时务农，农闲兼营他业，提高了农业生产要素的利用率和劳动生产率，而且，在家庭内部进行劳动力组合，充分利用了农户的剩余劳动时间，提高了劳动力的利用率。兼业化是中国实现农村剩余劳动力向非农业部门转移的一种过渡形式。大量农村剩余劳动力向非农产业转移和人口城市化是社会经济发展的必然趋势。

家庭兼业经营增加了农户收入，有利于使农业外收入用于农业投资。农业生产周期较长，受季节性影响，非兼业农户平时只有投入，年终（或半年）才有收益。而在生产过程中需要不断追加农药、化肥等生产要素，需要不断地追加投资。农业收入的不均衡性，使得农户很可能无资金作为追加投资，影响农业再生产的正常进行。兼业经营在资金融通方面克服了上述缺陷。由于从事兼业经营的农户的收入来源多元化，收入比一般农户高，且比较均衡，有利于增强农户收益的稳定性和可靠性，农户可以将自己非农业所得用于农业追加投资，扩大农业生产，弥补农业收入不均衡。同时，由于兼业组合，农户的资金始终处于"运动"状态，不断投入，又不断获得产出，产出的一部分又用于农业生产的再投资，形成良性循环。

家庭兼业经营使大量农村剩余劳动力从土地中脱离出来，促进了非农产业的发展，打破了农村中传统的单一产业结构，使农村产业结构发生了显著变化，形成了新的农村劳动力要素组合方式。农民经济活动内容和方式的改变，引起了传统农村社会结构的改变。乡镇企业和第三产业成为联系城乡的纽带，传统的城乡隔绝趋于融合。农民进城兴办第三产业，城乡联系的加强必然促进整个社会的进步和发展[4]。

家庭兼业经营有可能导致对土地的掠夺式经营，制约精细农业的生产，阻碍现代农业的发展。现阶段中国的兼业化建立在家庭经营基础上，这种低层次的兼业经营不符合大农业生产发展的方向，因此，尽管中国现实的兼业化存有弊端，层次较低，不适合现代农业发展的需要，但它符合现阶段农业生产的现实条件，符合农民的需求，有其存在的必然性和合理性，应该采用积极的诱导政策，引导家庭兼业经营与现代农业产业融合发展。

（3）联户经营

联户经营由数量不等的农户组建联合体，联户成员投入一定的人力、物力、财力以及技术等生产要素，通过民主管理，由联户成员中的能人组织生产的一种经营形式。联户经营的特点是自愿结合、民主管理、自由进出、形式灵活等，能够满足农户的基本经济需求。

联户经营具有一定的自发性，一般不是通过自上而下组建起来的。相对于生产队建制，联户经营的分配形式和组织管理有明显差异，导致人们对联户经营的性质有着不同的认识。但是总体而言，联户经营仍然属于集体经济。从联户经营的内部关系来看，它的联合是自发形成的。无论在贫穷还是富裕的农村都有互助联合的需求，特别是在一些经济落后的地区，为增加产量和适应市场，达到增产增收的目的，农户会要求实行联合。土地作为农民最基本的生产要素，在所有制性质上是公有的，在生产组织方面则可以"共有"。参加联户的农民不仅是直接劳动者，还是组织者和管理者。联户经营作为农民的自主选择，农民之间的关系是在社区范围内按照协作劳动进行分配的互助关系。从外部条件看，联户经营本质上是在家庭经营的基础上实现的，如果脱离村集体，那么联户经营将缺乏组织和制度保障。中国已经建立起来的家庭联产承包责任制是联户经营存在的一般制度条件。

（4）专业大户

在农业现代化建设进程中，专业大户发挥着重要作用。2013年，中央1号文件首次明确将专业大户作为新型农业经营主体的重要组成部分。学术界对于专业大户的定义并不完全统一。在 20 世纪 80 年代，一般认为专业大户应具备以下基本特征：相比一般的专业户，其经营规模更大；劳动力结构以雇请帮工为主，家庭成员为辅，或者两者各占一半；生产要素大多通过户主自己筹集或者向集体承包；多投入高产出，经济效益可观；劳动生产率高、商品率高。随着农业生产实践的不断发展，人们对专业大户的理解和认识也在变化。由于不同农村地区经济发展水平的差异，一些发达地区在 20 世纪 80 年代末已经培育出个别专业大户，但是其生产经营方式、产品售卖、用工制度等与现在的专业大户有所不同。后来的专业大户通常是指基于农业生产经营分工，以从事某种涉农行业为主，具有一定的生产规模和生产组织条件的专业性农业经营主体。专业大户仍然是农户，但与普通农户不同，专业大户生产经营规模较大，专门生产经营某类涉农产品。

专业大户的历史比较长，伴随着家庭经营的发展而成长，所以界定专业大户的标准在不同时期也有变化。在中国城镇化推进过程中，农村经济与城市经济的差距越来越大。为了获得更高的家庭收入，大量农村劳动力流入了城市，农村出现一些闲置土地和生产资源。留守农村的专业大户因此拥有较大的资源供给和发展空间。专业大户一般都有一定的资金积累，当需要扩大经营规模和提高精细化水平时，可以通过土地流转取得其他农户闲置的土地。专业大户能带动当地农民增收，尤其是增加农民专业性收入，提高农业生产的专业化水平和可持续发展能力。与传统农业生产相比，专业大户逐步向规模化、机械化、集约化的现代农业过渡，对家庭经营融入现代农业系统起到示范作用。

（5）家庭农场

在国际上，家庭农场泛指由农户家庭经营的农场，侧重于家庭经营，不论其农场的规模大小。中国所定义的家庭农场，强调以家庭为基本的经营单元，以家庭成员为主要的劳动力，从事农业集约化、标准化、规模化的生产经营，是一种现代化的新型农业经营主体[5]。有一部分农业生产经营主体也是农户，但某些方面还不具备家庭农场的属性，有时被称为"农户农场"或"小农户家庭经营"。总之，中国提到的"家庭农场"是特定政策层面的术语。2008 年，党的十七届三中全会的报告中首次采用了"家庭农场"这一具有特殊政策含义的名称，并将其作为农业产业化经营主体之一；2013 年，中央 1 号文件多次提到家庭农场，家庭农场一词逐步进入大众的视野。

作为目前比较重要的农业经营主体，家庭农场受到国家各个方面的政策支持，2014 年 2 月 24 日农业部专门印发《关于促进家庭农场发展的指导意见》鼓励发展家庭农场。目前全国已经登记在农业农村部门目录中的家庭农场的数量有 60 万个左右，发展数量比较可观。在农业现代化建设的背景下，家庭农场的发展任重而道远。

家庭农场的规模发展是一个循序渐进的过程，它通常与地区的"人地"关系匹配，与经营者的能力水平挂钩，也与产业选择相关。家庭农场的基础生产要素通常是土地，可以解决一部分土地闲置问题。与小农户相比，家庭农场并不是完全依附于龙头企业，而是双方通过合作关系形成利益共同体，有利于激励一般农户参与产业化经营中，也有利于增强农户抵御自然风险和社会风险的能力。培育家庭农场还有利于农民专业合作社的发展，农民专业合作社也是中国重点扶持发展的新型农业经营主体，通常家庭农场在合作社成员中占有较大权重，在一些合作社中甚至处于主导地位。

2. 乡镇企业

乡镇企业是以农村集体经济组织或者农户投资为主，承担支援农业义务，以服务农村、建设农村和促进农村发展为目的的各类企业组织，是中国特有的一种企业类型[6]。

乡镇企业的前身是农村合作化运动之后创办的社队企业。在初级农业生产合作社时期，为支援农业生产，允许在集体经济内部搞织布、碾米、磨豆腐、烧砖瓦等副业生产，支持农村多样化生产经营。后来，在高级农业生产合作社时期，社员可开展多种经营，发展副业生产。实践中家庭养殖、小五金件加工、短距离小批量运输等需要零散劳动、不需要大量投资的副业，由农户个人经营，这些后来发展为多种经营性质的家庭副业；而榨油、烧砖瓦、机具制造等需要集中劳动力、投资办厂进行生产经营的副业，则主要由生产合作社和后来的生产大队、人民公社创办，统称为社队企业[7]。

乡镇企业是在农村经济体制改革后，在人民公社和生产大队由农民集体创建的社队企业基础之上，逐渐成长起来的一种经济组织形式。1984 年 3 月，中共中央、国务院转发农牧渔业部和部党组《关于开创社队企业新局面的报告》通知，同意将社队企业名称改为乡镇企业，并指出："乡镇企业

〔即社（乡）队（村）举办的企业、部分社员联营的合作企业、其他形式的合作工业和个体企业，下同〕，是多种经营的重要组成部分，是农业生产的重要支柱，是广大农民群众走向共同富裕的重要途径，是国家财政收入新的重要来源。"这是国家层面以文件形式对乡镇企业作出的最早的定义。

1984年，农牧渔业部根据中央精神在乡镇企业统计报表制度中对乡镇企业作了具体的规定：乡镇企业包括乡镇（社）、村（大队）集体举办的农业、工业、交通运输业、建筑业等以及部分社员联营的合作企业、其他形式的合作工业和个体工业企业，但不包括非企业性质的事业单位。这里所谓部分社员联营的合作企业，是指社员与社员、社员与非社员、社员与集体，以及社员与外商、侨胞、港澳同胞通过多种形式（如资金、技术、劳力、场地等方面的联合）创办的联营合作企业。所谓其他形式的合作工业，是指生产队举办的工业企业和原生产队与生产队、生产队与社员、生产队与非社员，以及生产队与外商、侨胞、港澳同胞等合营创办的合作工业企业。所谓个体工业企业，是由个人投资创办生产要素归个人所有、其收入除缴纳税金外由个人支配使用的企业[8]。

1996年10月通过的《中华人民共和国乡镇企业法》规定："乡镇企业，是指农村集体经济组织或者农民投资为主，在乡镇（包括所辖村）举办的承担支援农业义务的各类企业。前款所称投资为主，是指农村集体经济组织或者农民投资超过百分之五十，或者虽不足百分之五十，但能起到控股或者实际支配作用。乡镇企业符合企业法人条件的，依法取得企业法人资格。"

从20世纪90年代后期以后，民营化改制过程使乡镇企业逐渐进化成社区型企业，此后乡镇企业的概念通常特指位于乡镇（村）范围内的企业，包括乡镇集体企业、股份合作制企业、外资企业、私营企业、个体企业等[9]。另外，一些民营化改制的乡镇企业不一定设立在农村，也不以促进农村生产、解决农民就业、繁荣农村经济为基本目标，因此这些乡镇企业已经突破集体经济范围，原来的企业形态也发生了变化，但有些企业仍然保留着乡镇企业的属性。乡镇企业对振兴中国农村经济具有重要的历史性推动作用，对现代农村产业做大做强也有不可或缺的贡献。

3. 农业生产合作社与农民专业合作社

1954年前后全国开展的合作化运动是过渡时期总路线的一个重要组成

部分。农村先后建立了生产合作社、供销合作社和信用合作社三大合作经济组织，分别服务于生产、流通和金融领域的合作经济产品供给。本书仅讨论农户参与度较高的农业生产领域的合作社。

合作经济组织是农民依据国际通行的合作社原则，以满足共同的经济和社会利益诉求为目的，在管理上实行入社自愿、退社自由和民主管理，在收益上实行利润分享、风险共担的各类契约组织。但是中华人民共和国成立初期创办农村合作组织时借鉴了苏联合作运动的做法，以官办集体组织的形式在全国范围内迅速普及农业生产合作社，与合作制原则不完全一致。1954年中国颁布实施的第一部《宪法》中有关合作社的规定就充分体现了这一点："合作社所有制即劳动群众集体所有制""合作社经济是劳动群众集体所有制的社会主义经济，或者是劳动群众部分集体所有制的半社会主义经济。劳动群众部分集体所有制是组织个体农民、个体手工业者和其他个体劳动者走向劳动群众集体所有制的过渡形式。国家保护合作社的财产，鼓励、指导和帮助合作社经济的发展，并且以发展生产合作为改造农业和个体手工业的主要道路。"

1955年全国人民代表大会常务委员会通过的《农业生产合作社示范章程》对农业生产合作社作出了更具体的界定："农业生产合作社是劳动农民的集体经济组织，是农民在共产党和人民政府的领导和帮助下，按照自愿和互利的原则组织起来的；它统一地使用社员的土地、耕畜、农具等主要生产资料，并且逐步地把这些生产资料公有化；它组织社员进行共同的劳动，统一地分配社员的共同劳动的成果。""农业生产合作化的发展，分初级和高级两个阶段。初级阶段的合作社属于半社会主义的性质。在这个阶段，合作社已经有一部分公有的生产资料；对于社员交来统一使用的土地和别的生产资料，在一定的期间还保留社员的所有权，并且给社员以适当的报酬。随着生产的发展和社员的社会主义觉悟的提高，合作社对于社员的土地逐步地取消报酬；对于社员交来统一使用的别的生产资料，按照本身的需要，得到社员的同意，用付给代价的办法或者别的互利的办法，陆续地转为公社公有，也就是全体社员集体所有。这样，合作社就由初级阶段逐步地过渡到高级阶段。高级阶段的合作社属于完全的社会主义的性质。在这种合作社里，社员的土地和合作社所需要的别的生产资料，都已经公有化了。"

创办人民公社以后，农业生产合作社的集体化社会生产组织功能被替代，随后进入相对停滞的发展时期。农村实行家庭联产承包责任制以后，为了经营好土地，完善统分结合的双层经营体制，中央1983年和1984年的1号文件都要求对人民公社实行政社分设的改革，设置"以土地公有为基础的地区性合作经济组织"。1986年的1号文件第一次明确提出"双层经营体制"这一术语："地区性合作经济组织，应当进一步完善统一经营与分散经营相结合的双层经营体制。"在政策的指引下，原有的农业生产合作社有些自然解体；有些转型为整合当地乡村社会与经济目标的多功能型综合性发展的合作制经济体[10]，"乡村社区性合作组织"是学术界对这类转型合作社的一种称谓。

党的十一届三中全会以后，计划经济逐步被市场经济取代。在中国农村，基于合作制原则蓬勃发展起来另一种合作组织——新型农村合作社。新型农村合作社是20世纪80年代以后中国农村新出现的各种合作经济组织的统称，这些组织自称或被称作"农村专业合作社""社区合作社""专业（行业）协会"甚至"研究会"等，实质上都是经济联合性质的农村合作经济组织。当然，一些不属于新型农村合作社性质的组织也用着上述同样的组织名称。新型农村合作社遵循"入社自愿、退社自由"的原则，主要功能是为社员提供市场交易上的必要服务[11]。

新型农村合作社是在中国农村深刻转折中产生的、是适应市场经济发展要求而出现的，以经济发展的内在联系和参加联合各方的相互经济利益为基础，根据自愿互利、平等协作的原则打破地区、部门所有制隶属关系的界限而建立起来的经济主体。它具有多层次的经营结构、多成分的所有制形式、多领域的经营规模、多行业的经营内容和多方面的合作渠道。在合作经济形式多样化的状况下，以经营土地为基础的地区性合作组织仍在合作经济体系中居于主导地位，是农村合作经济的主要形式，而且是其他合作经济形式的基础或母体。各种专业合作经济组织和家庭经营的有机结合，将会是今后农村合作经济发展的主要方式[12]。

农民专业合作社是新型农村合作社中最为普遍的一种形式，它是由农民自办，或与有关部门、组织联办的合作经济组织。这种合作经济组织主要由从事某种专业生产（如养牛、种果、运输等）的农户自愿组织起来，为合作社成员提供产前、产中、产后的服务。

农民专业合作社和农业生产合作社有本质上的区别：第一，合作的目的不同。农业生产合作社是改造土地小农私有制的手段；农民专业合作社是农民群众根据专业生产的需要而进行的生产经营合作，目的是拓展合作组织的集体经济利益。第二，合作的方式不同。农业生产合作社是行政主导的组合；农民专业合作社是由农民自愿联合形成的组合，一般由农民成员自己做主，排除了行政干预。第三，合作的内容不同。农业生产合作社主要是土地入社，生产资料归公，农民集体经营；农民专业合作社则坚持"三不变"（以家庭经营为基础不变，生产资料所有制关系不变，农民的经营自主权不变），有利于农民生产积极性的发挥。第四，合作的模式不同。农业生产合作社，全国只有一个标准模式；农民专业合作社则是多层次、多形式、多元化的，一个农户可以根据自己生产的不同产品，同时参加多个不同的合作社。第五，分配方式不同。农业生产合作社是按劳动日多少进行分配，评工记分。农民专业合作社是根据农民成员的入社投入，按照等价、有偿和按股份分配的原则分配收益[13]。

农民专业合作社出现伊始，学术界对其定义和界定并不统一。20世纪90年代，中央文件曾经把这些合作经济组织称作乡村集体经济组织，强调完善双层经营体制，加强集体统一服务，壮大集体经济实力。实践中这类合作社有的叫农业合作社，有的叫经济合作社，有的叫经济联合社或其他名称[14]。例如，1994年农业部和有关部门借鉴日本农协经验，将陕西省、山西省确定为试点，并将安徽省确定为农民专业协会示范章程试点省，实施农民专业协会立法和管理。1999年6月24日农业部出台《关于当前调整农业生产结构的若干意见》，这是中国首次在国家文件中出现"农民专业合作经济组织"一词[15]。2007年起施行并于2017年修订的《中华人民共和国农民专业合作社法》则对以上有关农民专业合作社的称谓和界定作出了统一的规定：农民专业合作社是在农村家庭承包经营基础上，同类农产品的生产经营者或者同类农业生产经营服务的提供者、利用者，自愿联合、民主管理的互助性经济组织。农民专业合作社以其成员为主要服务对象，提供农业生产资料的购买和农产品的销售、加工、运输、贮藏以及与农业生产经营有关的技术、信息等服务。

4. 新型农业经营主体

新型农业经营主体是在坚持原有基本经营制度的基础上，通过政府引导、相关服务部门支持而形成的各种农业经营主体。它能有效集中现代农业生产要素，推动农业生产的发展。传统意义上所讲的"农业生产经营"着眼于农产品及农副产品的生产、加工和销售；而新型农业经营主体除了从事传统农业生产经营活动外，还采取现代化农业技术与设备装备革新传统农业生产经营能力，提升农业领域的产业化、规模化和集约化。当前新型农业经营主体呈现出体系化发展模式，经营主体依据一定性质、规律、秩序形成综合性的系统，包含了农业经营相关主体及产业间的联结机制[16]。

不同的学者对新型农业经营主体有着不同的划分标准。理论界主要把家庭农场、专业大户、专业合作社和农业企业作为新型农业经营主体发展类型。不同类型的新型农业经营主体是在既定条件下通过市场自发选择的结果，本身并无优劣之分，是综合比较各类组织交易费用高低的结果。新阶段农业经营体制创新的基础是培育专业大户和家庭农场，使其成为农业生产的主体力量；合作社是中坚力量，在帮助农产品进入销售中心之中扮演着重要角色，为各类农业经营主体参与国内外市场竞争和深入开展合作社的建设发展作出重要贡献；新型农业经营主体的核心力量是专业养殖户，骨干是家庭农场；龙头企业则是引领、发展农业产业化的关键，是提高集约化水平和组织化程度的重要力量，是带动其他经营主体分享产业链增值收益的重心[17]。

2013 年中央 1 号文件《中共中央　国务院关于加快发展现代农业　进一步增强农村发展活力的若干意见》提出，新增农业补贴"向专业大户、家庭农场、农民专业合作社等新型生产经营主体倾斜""扶持联户经营、专业大户、家庭农场""大力支持发展多种形式的新型农民合作组织"和"培育壮大龙头企业"等措施，实际上是对新型农业经营主体的类别进行了列举，认为其主要包括"农民专业合作社""家庭农场""专业大户"和"农业产业化龙头企业"四类[18]。而党的十八大报告将新型农业经营主体划分为主要的四种，分别是家庭农场、农民专业合作社、专业大户和农业龙头企业。这是目前比较一致的新型农业经营主体划分方案。农村经济在持续变化，新型农业经营主体的划分也将相应变化。

新型农业经营主体的主要角色是在农业生产经营、社会化服务等多领域、多层面发挥带动引领作用，促进小农户和现代农业发展有机衔接。统筹兼顾新型农业经营主体与小农户的发展，必将对新时代中国农业现代化建设提供深刻的理论指导和积极的实践指引作用[19]。

二、相关基本理论

（一）产权理论

现代产权理论兴起于 20 世纪 60 年代。1959 年科斯使用交易成本对产权进行解释："如果资源的产权没有界定清楚，私人企业制度就不能正常发挥作用。当产权界定清楚后，如果人们要使用某种资源，就不得不先向所有者支付必要的费用。混乱就消除了，政府所做的仅仅是制定法律来界定产权、裁定纠纷。"从交易成本角度界定产权强调资源占有的权利应符合商品化社会生产制度的需要，从而把产权问题同资源的竞争问题联系在一起。但科斯对产权的理解基于私有制基础，认为政府是资源竞争的局外人，因此政府可以并且仅可以充当市场交易的裁判员角色。对于社会主义公有制来讲，政府对资源的全面计划性配置使科斯的产权界定出现缺陷，公有制体系下政府是产权与市场交易的主角，而非局外人。

巴泽尔对产权的界定有更普适的意义。巴泽尔认为一切权利分析的基本单位都是个人，一切人类社会的社会制度，都可以放置在产权或权利分析框架里加以分析。组织最终的行为可以拆分成个人行为的整合，任何个人的任何权利的有效性都依赖于三方面：一是为保护该项权利个人所做出的努力；二是为分享这项权利他人所做出的努力；三是第三方为保护这项权利所做出的任何努力。由于努力是有成本的，而在世界上又不存在绝对权利的转让，因此获取和保护所需要的成本就叫作"交易成本"。信息成本的产生是因为资产以及潜在信息的各种有用性。产权的界定是一个演进的过程，而不是静态的[20]。巴泽尔的产权论基于社会制度条件赋予个体资产权利关系。资产权利关系使产权关系派生出复杂的社会生产关系，从而使个体产权的保护和转让出现了制度上的技术难题。该观点较好地呈现了现实中产权转让和产权交易存在的障碍，对于产权界定的演进性有更大的进步意义。问题是，把产权单纯视为个体在制度框架中对资产权利关系的实现，导致产权确认缺乏标准和依据，模糊了产权本身与产权派生权利之间的界限。

现代经济学家们普遍接受的解释是：产权具有排他性，属于能以一定方式使用一种稀缺资源的产权人；产权是可分割的，可以细分为占有权、使用权、收益权、转让权；产权具有可处置性，产权人无论获得哪种意义上的产权，都可以进行处置，除非合约有明确规定[21]。该产权理论通过对产权关系的细分，用产权多层次性解释了产权所有权、经营权的可分离特征，使产权的排他性与可转让这对矛盾得到统一。不仅如此，产权交易还具有外部性。科斯指出：在特定的条件限制之下，如果交易成本为正，私人之间的谈判就能达到消除社会成本和私人成本之间差异的效果[22]。以上逻辑为私有产权体系运行提供了较完整的解决方案。

政府或多或少地以国有资产委托代理人的角色介入产权体系。德姆塞茨认为：在现代社会，一方面是国家占有资源，另一方面则是私人占有资源。这种差异改变了他们在交易中所面对的权衡和机会。这是从完全竞争模型或者近似完全竞争的模型中推导出的结果，也是由于私人分散控制资源而引起的[22]。德姆塞茨敏锐地捕捉到政府在产权交易中的重要作用，提出国家占有资源的普遍程度。事实上，国家资源占有与私人资源占有存在着此消彼长的演变，大至社会制度更替，小至产业调整。德姆塞茨的产权解释拓展了产权主体的范围，其产权交易的均衡性常常是暂时的。

产权学派中有著名的"队生产"理论：不同生产要素的所有者为了追求较高的效率，开始了合作生产，在生产中为了解决普遍存在的员工们偷懒行为的难题，便将企业的产权结构化，形成了生产中的监督机制和监督形式，因而专门从事监督工作并取得"剩余索取权"的人由此开始产生[23]。队理论隐含着产权规范化的需求，使产权成为促进企业载体进化的工具之一；剩余索取权的提出丰富了产权实现形式的内容。

中国农村集体经济产权问题涉及国家、村集体和农民在所有权与经营权方面的产权界定。土地作为基本的农业生产要素，在农村产权界定方面居于核心地位。各种集体经济组织载体与农村产权界定紧密相关，都受到交易成本、外部性、所有权与经营权的让渡与监督、以及剩余索取权的攫取等众多因素的影响，使产权交易、流转和保护呈现出复杂的局面。农村集体经济的发展伴随着产权的逐步调整和演化，产权问题仍是农村集体经济和集体经济组织载体协同发展的首要问题。

（二）制度变迁中的路径依赖理论

按照美国制度经济学家道格拉斯·诺斯的观点，人类社会的制度变迁存在类似于物理学中的惯性，即社会制度一旦进入某一路径，惯性的力量会导致该体制沿着既定的方向得以不断自我强化，人们可能对这种路径产生依赖，轻易走不出去。因为沿着原有的体制路径和既定方向往前走，感觉轻车熟路，总比另辟蹊径要来得方便一些[24]。诺斯的观点有经济史学的背景，这种路径依赖是在社会制度基础上产生的，路径依赖应该与社会制度的惯性有紧密联系。以此为开端，制度变迁中的路径依赖理论成为路径依赖理论的一个分支。

1975 年，美国经济史学家保罗·大卫首次将"路径依赖"概念纳入经济学的研究范畴之中。他提出了三个重要观点：第一，组织的发展依赖于信息渠道，制度的进一步发展被信息渠道进一步限制。第二，共有的历史经验创造出制度，这些历史经验能够反映出共同的预期和理想的社会规则以及之前可能发生的先例。第三，技术规则一致的制度对于技术的相关性来说较为适应，一定的系统一致性和新规则或程序要受到这种一致的必要性的约束[25]。大卫的路径依赖理论强调了历史经验对后续制度的规制和影响，并且指出信息渠道和社会规则对制度创新的限制。从现实中看，社会制度和经济制度的方向确立之后，往往要经过长期的改良性发展，而当矛盾集中爆发的时候，将引起社会制度的颠覆和经济制度的重建。从这个意义上看，大卫其实指出了制度变迁周期内的路径依赖问题，而这种路径依赖是不可持续的。

如果从动态性上看路径依赖，列波维茨和马格利斯的研究开创了路径依赖的阶段性研究。他们认为，根据信息是否完全和最终结果是否有效率，可以区分三种不同程度的路径依赖：一级路径依赖是指初始决策者了解决策能够带来的所有后果并充分考虑这些后果，做出的决策使动态过程采取某一路径，这一路径是最优的。二级路径依赖是指当信息不完全时，初始选择的路径是无效率的，但在选择时不了解，随后发现了有效率的替代路径，但初始选择的路径是难以改变的。给定有限信息，所谓的初始选择的路径无效率并不存在。三级路径依赖是指敏感依赖初始条件市场过程出现了无效率的结果，但这种结果是可以改变的。在一级和二级路径依赖中，给定可获得的替代路径及知识的状况，所采取的路径是无法改变的。相反，三级路径依赖假定知道有效率路径的存在，并且路径的改变是可行的，但由于协调失灵仍然选择或保持了无效率的路径[26]。列波维茨和马格利斯的路径依赖包含了路径突破，突破的根本动力是原制度低效率和无效率。在经济发展过程中，旧制度无效率必然会出现产生新制度的替代驱动。但新制度也有可能是次优、甚至是"无效率的路径"。制度变迁中存在的反复可以由此得到解释。

路径突破往往受到制度限制，所以路径突破本质上也是制度突破，方式是多样的。肯贝总结了三种不同的"构造理想路径"的方式：一是通过强制力量来构造路径，也就是通过设计新的系统和克服实现理想路径的障碍来构造理想路径。二是通过使用经济奖励和惩罚来影响路径发展过程，使一些路径更有吸引力和更可行。三是通过共同演化的过程和调整来构造理想路径[27]。这三种方式在不同历史时期会依据时代背景而选择。通常，社会经济状况恶化的情况下，对路径突破的迫切感相对强烈，采用强制手段实现路径突破的可能性更大。

中国农村集体经济和集体经济组织载体都存在着强烈的路径依赖。农村集体经济长期存在，并且被认为是稳定农村社会的基础。从这个意义上看，效率是次要的，而规则是主要的。中华人民共和国成立初期公有制改造进程中路径突破以强制力量推动为主；后来则以经济手段引导为主。农村集体经济发展的经验容易固化成为今后农村工作的指导原则，这是路径依赖的不利方面；而由于路径依赖所形成的稳定的、有序的农户动员和流动务工又为农村集体经济的改革奠定了良好的组织基础。对于集体经济，效率是经营者追求的目标，路径依赖的滞后性产生求进步、求发展，推进制度变迁，进而成为农村经济中最活跃的改革力量。两者的阶段性非均衡使路径依赖良性发展。

（三）政府行为理论

现代政府是制度供给者，具有提供社会所需要的公共物品的职能。政府行为理论与制度变迁、市场失灵、外部性等议题有着紧密的联系。

哈耶克的自发秩序理论为制度变迁中的政府行为提供了思路：制度变迁是通过对人类经验的积累而缓慢演化形成的产物，然而政府并不能够整合和充分利用社会中分散的信息和知识，所以，政府需要运用法治的手段来预防政府行为的泛滥，同时政府也应将自身的权限约束在确立和保护一般性规则方面。哈耶克的自发秩序理论没有充分重视理性中的主动性和能动性，又过度强调制度的自发进化性。处于制度转型期的社会，从一项制度的设计到实施都离不开政府的参与，在自上而下的制度变迁中政府作为制度供给者起着引导和保护作用[28]。在哈耶克看来，理性的政府行为始终存在缺陷。政府作为集体组织的中心代理人，设计的制度是以损害多数人的自利性偏好、维护强制性制度变迁为基础的。

诺思则认为：制度的创立与变迁不像哈耶克所理解的单纯来自社会市场过程的自生自发秩序。政府作为公共物品的提供者和强制力的权威组织，可以协调各利益集团的冲突并做出决策确立制度，以补充自发性制度变迁的不足。诺思将政府作为制度变迁的主导性组织，首次深刻阐释了政府行为对制度变迁的决定性作用。诺思进一步提出了诺思悖论，阐述政府在制度变迁中的作用存在两重性："国家的存在是经济增长的关键，然而国家又是人为经济衰退的根源；这一悖论使国家成为经济史研究的核心。"即政府在制度变迁中往往面临降低交易费用使社会产出最大化和自身租金最大化的目标冲突与两难选择，没有政府就没有有效的产权安排和经济增长，而政府一旦介入又极易因其统治者为实现自身短期利益最大化而分割个人财产权利，导致无效率的产权安排和经济增长衰退[29]。

哈耶克与诺思的观点都指向了建构主义的政府行为。哈耶克认为政府行为理性至上是不可实现的，自发秩序才是秩序演化的主导力量，因此应当通过法制等形式限制政府行为。诺思对政府行为持肯定的态度，并认为理性的政府行为能协调各利益主体的冲突，提高决策科学化水平。两个观点并不是不可调和的，就如同计划经济和市场经济并不是绝对对立一样。无论是演进主义的自发秩序还是建构主义的理性政府行为，都代表了交易秩序需要有种力量进行协调。在强制性制度变迁环境下，理性政府行为将更有效，原因在于市场失灵。

市场失灵是政府干预行为的主要依据，但过度的政府行为又会带来政府失灵。市场失灵理论告诉我们，在市场经济国家，政府经济行为应当集中在弥补市场缺陷的领域，包括垄断、外部性、公共物品、再分配和宏观失灵等方面；政府失灵理论告诉我们，即便是必要的干预，也要适可而止，不可干预过度，否则，政府本身的缺陷所带来的危害是灾难性的[30]。过度政府行为的后果可能不是源于"过度"本身，主要由于政府行为内部性与外部性。

施普尔伯在一般意义上将内部性定义为"由交易者所经受的但没有在交易条款中说明的成本或效益"[31]。政府作为博弈参加者，动态地处于信息强势与信息弱势中，所处地位与状态不同，博弈结果有很大区别：既可能是静态博弈，又可能是动态博弈；既可能是零和博弈，又可能是非零和博弈。结果不同，政府行为内部性对经济效率的影响也就不同，进而产生正内部性与负内部性[32]。罗纳德·迈金等人明确提出了政府行为外部性的概念。他们先是把外部性定义为"潜在的相关外部性"，并把政府与非营利部门产生的外部性看作与市场部门外部性相同的东西——市场失灵。政府行为也有正外部性和负外部性。对政府行为内部性与外部性的研究实质上支持了理性政府行为的必要性，并丰富了市场失灵的制度性研究范畴。政府公共决策过程与私人决策过程同样会产生或积极或消极的效应。因此，审慎的制度论证、发挥政府行为正内部性和正外部性，克服或避免负向冲击，是现代经济中政府职能公平与效率的最大化实现[33]。

政府行为在中国农村集体经济的基本实现方式是强制性制度变迁。中央政府通过政治和经济手段推进和改革集体制，以实现经济社会的持续、稳定发展。在此过程中，中央政府和地方政府以"市场代理人"的角色实施计划指导或宏观调控管理，并主导制度创新。这种强制性政府行为在市场机制逐步完善中有些削弱。在自上而下的中央政府行为管理基础上，地方政府通常以诱致性变迁为主，通过资源配置权限和经济利益输出，壮大农村集体经济主体。在此过程中，地方政府有时突破信息的有限性，在政府允许的最大范围内甚至有时突破中央政府的政策下限，为农村集体经济主体提供优惠和便利，谋求当地利益最大化。从这个意义上看，地方政府更容易与农村集体经济组织载体形成合谋或利益代言人。这种中央政府与地方政府在政府行为方向的偏差，在一定程度上有利于促进农村集体经济与农村集体经济主体的合作与发展，使改革得以及时调整和深化。但如果两者的行为方向相反，就会出现政府行为失控，造成农村集体资产流失等严重问题。

（四）企业外生与内生成长理论

企业成长理论内容庞杂、流派众多，经历了新范式不断代替旧范式的演化过程：从对企业"有形"资源——物质资本等"硬实力"的重视，发展到对企业"无形"资源——人力资本、智力资本等"软实力"的重视；从关注企业的生产属性，进而关注企业的交易属性，发展到关注企业的外生与内生成长属性。如果从企业成长机制的动力因素和内外部环境的角度看，演化经济学的研究范式改变了传统机械、静态分析企业成长的缺陷。从企业创新、企业资源能力方向动态地考察企业均衡、渐变到突变的阶段性成长机制[34]，对于微观经营主体演化的研究具有重要的借鉴意义。

企业外生成长即企业的边界和生产率由外生变量决定，包括给定的技术、成本结构和市场供需条件等[35]。企业外生成长理论强调企业外部因素对企业成长的决定作用，尤其强调市场结构特征对企业成长的决定作用。新古典经济理论将企业仅仅看作一个生产函数，作为一般均衡理论的一个组件，企业内部的复杂安排均被抽象掉，"代表性企业"排除了实际企业之间的各种差别。企业成长的基本因素均是外生的，企业成长就是企业调整产量达到最优规模的过程（或从非最优规模走向最优规模的过程）。新制度经济学的威廉姆森从资产专用性、不确定性和交易效率三个维度定义了交易费用，在此基础上分析了确定企业边界的原则等问题。他认为，为解决资产专用性带来的机会主义行为，企业会通过前向或后向一体化，把原来属于市场交易的某些阶段纳入企业内部，这种企业成长就表现为企业纵向边界的扩张。波特则认为企业获取竞争优势主要有三种基本战略，即成本领先战略、标新立异战略和目标集聚战略[36]。企业外生成长理论侧重于从静态视角分析企业资源与技术环境、规模效率、市场条件等变量的结构性关系。现代企业规模和质量迅速提升，自主创新能力不断提高，在外部条件相同的情况下企业成长路径千差万别。因此，还需要从内因角度研究企业成长问题。

企业内生成长机制主要是：企业内部存在可利用的剩余资源，企业通过自组织过程对资源进行重组，产生新的比较优势。企业内生成长理论可以追溯到亚当·斯密在《国富论》中提出的"劳动分工影响劳动生产率"的思想。马歇尔的"职能工作连续分解为新的次级职能单元，不同的次级职能单元产生一系列不同的专门的技能和知识"思想也对企业内生成长理论做出了重要贡献[37]。彭罗斯则是企业内生成长理论的开创者，她把企业定义为"被一个行政管理框架并限定边界的资源集合"，企业拥有的资源状况是决定企业能力的基础，企业的成长取决于能否更为有效地利用现有资源。彭罗斯指出，企业本质上是一个管理性生产组织，管理资源是企业进行专业化生产活动的关键性要素。因而，稀缺的管理资源是企业规模和范围扩张的最重要的限制因素。限制企业成长的因素主要有三方面，即管理竞争力、产品或要素市场以及风险与外部条件的结合。彭罗斯认为，企业成长一方面"与其特定群体的人的意图有关"；另一方面，又取决于企业内部存在部分未利用的生产性服务[38]。20世纪90年代，"资源基础论"学者格兰特吸纳了彭罗斯关于成长源于企业资源差异的思想，认为企业是由一系列有各种用途的资源束组成的集合，企业成长取决于新的投资活动与企业现有资源之间的专用性程度，当两者高度相关时，就会为企业提供成长机会。基于资源基础论的企业成长问题研究，主要关注企业内部人力资本和物质资本及其能力的作用，认为企业成长完全是企业内部资源和能力调适、发展的结果。因而，基于资源基础论的企业成长理论应该属于企业内生性成长的范畴[35]。企业内生成长理论更好地解释了企业的差异性和企业多元业态并存的现实。在新古典经济学的研究范式中，不能够对企业个体的创造性与创新行为作出合理的解释，这是因为所有的企业都被认为是同质的，他们之间不具有差异性。而企业内生成长理论采纳了企业多样性假设，认为不同企业在一定共性的基础上，企业个体的主观偏好和发展路径存在异质性[39]，进而在产业内形成企业群落。

依据企业成长理论，外生和内生的因素共同决定着经营主体的发展方向，并且存在较大差异。任何组织载体都需要兼顾外生和内生因素，并且都需要稳定在一定的数量和领域之内。现实中，农村集体经济相对稳定，而集体经济组织载体由于发展的不平衡性，则会趋于群落式的演进，形成农业产业链格局。不同的载体在要素禀赋和政策环境、自身组织成长和利润分成等方面有较大差异，因此呈现出多维发展和自我优化的现象。所以，农村集体经济组织载体应避免"一刀切"式的组织规范，适当适时推进市场选择，使更优质的载体得以优先发展。

三、农村经济制度与村集体经济组织载体

农村集体经济是国民经济系统中的重要组成部分。稳定发展、逐渐繁荣的农村经济是实现社会稳定、人民安居乐业的重要因素。目前，集体经济组织载体多元化趋势日益显现，并在促进农村集体经济中发挥重要作用。农村经济制度本质上是种体制性框架，在很大程度上决定着集体经济组织载体。中华人民共和国成立以来，随着农村经济制度的发展演变，集体经济组织载体呈现出与农村经济制度相匹配的动态调整现象。但集体经济组织载体是体制中较活跃的因素，有时适应和配合农村经济制度，有时与农村经济制度冲突甚至革新着农村经济制度，两者因此存在着作用与反作用的关系。一般来看，在农村经济制度阶段性设计初期，集体经济组织载体的作用主要是支持乡村经济发展；随着载体的壮大，农村经济制度不再完全适合载体的要求，如果调整不及时，就会导致载体倒逼发展的行动。在初期公有制改造时期和后来发展社会主义的计划经济时期，农村经济制度的调整要服从于宏观需求，因此往往会表现出阶段性滞后；同时，由于各地发展的不平衡性，国家为维护农村经济制度的战略性发展和设计路径，也很难经常性地调整农村经济制度，这就加深了载体适应农村经济制度的难度。所以在特定的历史阶段，例如1978年小岗村"分田到户"的尝试，就是载体突破农村经济制度的现实写照。

（一）农村集体经济组织载体的制度约束

中国农村集体经济组织载体面临着发育不足和去农倾向等问题，农村经济制度面临着路径依赖、农村经济组织异化和经济资源约束等困境。为此，国家层面不断推动着集体经济参与农村社会基层治理体制与机制创新，而多

元集体经济组织载体参与农村经济制度改革能够有效整合农村集体经济资源，优化农村经济体制，是顺应经济社会发展的必然选择。

多元集体经济组织载体能极大地促进农村经济制度转型。然而不可回避的现实是，农村集体经济的载体越多，农村经济制度所面临的各种组织管理与利益协调等方面的问题也会越多。

1. 制度刚性约束

农村集体具有建设性的社会动员力量。通过多元利益相关主体的资源整合，不但可以调动显性或隐性的规模优势，而且能协调供给者与需求者的供需对接。实践中，集体经济组织载体参与农村经济面临着制度约束困境。异质性农村集体经济组织载体中，具有不同利益动机的主体有自己的利益诉求，而不同背景的各种基层农村部门因其立场与认知的差别又存在想法与行为习惯的差异。如果集体经济权责利不明晰，多元集体经济组织载体参与农村经济必然面临制度约束或失控的状态。

2. 资源投入软性约束

出于农村经济的弱质性，集体经济组织载体向农村经济投入资源时往往因其自身利益考虑而陷入资源投入困境。而农村集体组织也会基于其自身的理性认知来决定对集体经济组织载体的资源支持力度，如土地供给的数量、用工制度与环保要求等。在群体决策的条件下，利益损失最小化是最优选择。集体经济组织载体面临着复杂的利益交换和信息不对称，很难最大化投入各种资源。随着现代经济中不确定性的增加，资源投入约束也越来越大。

3. 集体行动约束

集体行动过程中，各种载体因为行业监管组织的缺失、行为规范的缺乏、市场空间的不足而陷入集体行动困境。随着农村经济的发展壮大，来自不同行业和不同身份的多元参与主体日益分化和分层，具有主观能动性的各参与主体在地缘关系、产业归属和群体合作与冲突过程中形成更加多样化的经营背景，导致集体行动思想与行为的目标异化。与官僚体系的"管制"不同，农村集体经济由于缺乏统一的经济决策方式而陷入集体行动困境。进而，农村集体经济中的公共产品分配就容易促使多元集体经济组织载体陷入复杂的利益博弈怪圈。

4. 收益分配不对等约束

多元主体参与、制度约束与公共物品的模糊性导致农村集体经济组织载体的收益分配困境。农村作为一种基层经济组织，利益导向和驱动夹杂着村俗、宗族关系等影响，导致各参与主体收益分配不平衡，主要表现为：资源投入多的参与主体获得的收益不一定多；资源投入少的参与主体获得的收益不一定少。有时，这种收益分配不平衡容易被解释为行业差异、资源禀赋差异或规模差异。实际上，在各种正式制度和非正式制度的约束下，理性经济组织或个体往往存在着轻视资源投入同时重视寻租的倾向，加剧了农村经济制度权责利不对等问题。

（二）农村经济制度与集体经济组织载体的一致性

无论在计划经济时代，还是市场经济条件下，农村集体经济的发展始终贯穿着"政府主导农村集体经济——经营载体利益驱动——完善农村经济制度"这条循环优化发展路径（图1-1）。从历史阶段总路径来看：计划经济时代以政府强制性自上而下的推动模式为主；市场经济时代以强化权责对等为特征的利益驱动为主要手段；而党的十八大之后的新时期，基于坚持农村土地集体所有、创新农村集体经济运行机制、发展壮大农村集体经济的指导

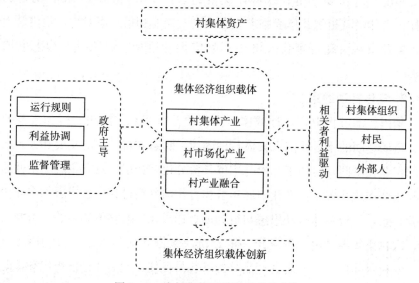

图1-1　农村集体经济组织载体创新

思想、完善制度设计成为主要手段。在每个特定历史阶段，"制定政府政策——经营载体发育——优化制度设计"递次循环展开，中华人民共和国成立初期政策探索和实践检验较为频繁，循环周期较短；20世纪80年代以后，家庭联产承包责任制日益稳定，循环周期相应较长。

1. 政府主导农村经济制度

作为国家治理主体的委托人，政府在农村集体经济政策主导方面发挥着不可替代的作用。各级政府部门在促进农村集体经济发展过程中承担着制定有关法律法规、监督其施行过程，以及依据国家政权力量进行纠偏和调整的行动。尤其在"一大二公"居于主流的时期，政府直接承担农村资源要素的投入和组织管理职能，通过主导经济运行规则、利益协调、监督管理手段消除农村经济制度的困境。当时的农村集体经济不仅在组织生产中发挥基础性作用，而且承担着政府基层政治执行者的角色。政治经济合一为目标的农村集体有利于"集中力量办大事"。后来高度集中的农村集体经济体制的弊端逐渐暴露，农村经济呈现多极化的发展方向，但政府仍然主导着农村经济制度改革，先后推行承包制、租赁制、股份合作制、农业产业化、现代农业等支撑制度。

2. 基于利益驱动的相关利益主体

多元相关利益主体既有其经济利益也有其社会利益，参与农村经济却始终与村集体存在着博弈。村集体在处理公共事务或提供公共产品的过程中为参与主体提供必需的条件，而参与主体为村集体反馈经济和社会利益，例如村集体组织、村民和外部人等相关利益主体支持农村集体经济组织载体发展、带动村民就业等。从这个意义上看，相关利益主体具有公共精神的属性，但其"理性人"的属性仍然是主要的方面。为此，以政府为主导的村集体在与集体经济组织载体博弈的过程中形成了相对牢固的利益联结。

3. 集体经济组织载体创新

农村是依附于上级政府管理的基层社会组织，而不是单一的政府部门或经济组织。集体经济组织载体的活动范围有些由职能政府部门直接介入公共事务管理，有些在村集体制度安排之下实行自组织管理。实践中，集体经济组织载体的发起人、组织者与成员并不能确保与村集体能全面融合，集体行动缺乏协调与统一，这时就需要通过常态化的协调与制度优化予以解决。进入市场经济以后，农村基层管理弱化，农村集体经济运行中出现组织缺位、行动规范缺乏而造成集体经济组织载体发展困境，近年来农村治理重点加强了产业创新，在制度建设方面通过强化机构管理、减少行政干预、资金支持、议事协调等正式制度建设，为集体经济组织载体创新提供更优越的路径。

第二章　走进新庄村

新庄村认真贯彻落实党的十九大关于农村的各项方针政策，带领全村广大群众，积极探索，勇于创新，基础设施不断完善，发展特色产业，下功夫整治环境卫生，优化居住环境，治理村容村貌，农村工作得以全面发展。

一、新庄村基本情况

蟠龙镇地处渭北贾村塬南端，东邻千河镇，西邻金河乡，北与贾村镇毗邻，南与陈仓镇接壤。蟠龙镇政府所在地南皋村海拔 870 米，常年降水量 600～700 毫米，无霜期 210～185 天，属于干旱农业区。全镇面积 42 平方千米，有耕地面积 48 000 多亩*，全镇有 90% 的耕地种植粮食，主要品种是小麦、玉米。每年种植小麦 45 000 亩左右，晚秋复种面积 20 000 亩以上。蟠龙镇共有 25 个行政村，140 个村民小组，9 000 多户，农业人口 37 000 多人，非农业人口 500 多人，共有劳动力 17 000 多个。

新庄村隶属蟠龙镇，位于蟠龙镇政府西北方向 3.5 千米，距离陕西省宝鸡市区 13 千米，西靠金河乡金塬村，北连陈仓区仓元村，东连钟楼寺村，南接塔寺头村，南钟路、蟠塔路穿村而过，交通便利。新庄村和塔寺头村原属一个自然村、同族同姓，约在 700 年前迁居本地，两村有刘氏家族和罗氏家族，刘姓是同祖同姓为同一村村民，80% 的村民姓刘。1949 年之前由于大家族产生了分歧，村中富裕户迁到塔寺头村西北方向 500 米以外新地址立家居住。新庄村当时有袁姓 1 户（是最早居住这里的家族），李姓

---

* 亩为非法定计量单位，1 亩＝1/15 公顷。——编者注

1户、张姓1户、刘姓多户，刘姓分为东刘和西刘两系。袁姓家族在平凉经商，家业兴旺为富裕户，刘纪晄家族家业兴旺也为富裕户。本地人把这两个村子分别叫塔寺头老庄和新庄。

2017年新庄村共有3个村民小组，608人，耕地面积915亩，全村主要种植小麦，村民收入的主要来源是在宝鸡市区务工的收入。2018年6月，原新庄村与原塔寺头村合并，村名定为塔寺头村。合并后当年塔寺头村有耕地2 598亩，6个村民小组，461户，1 836人，党员60名，其中有劳动能力的1 280人。2018年塔寺头村人均收入15 825元，全村社会秩序和谐稳定，村民安居乐业。

新庄村以前建有魁星楼和大戏楼，古井有四眼，刘姓有祖先堂。魁星楼和大戏楼古时毁于兵荒马乱的土匪年代，戏楼在1975年生产队复耕时消失。现在新庄村相关配套设施齐全，村组道路全部硬化、亮化。村里建有文化、体育活动广场3个，共4 600平方米，并安装有健身活动器材。12条街道道路宽畅，全部硬化，两旁有道沿砖并全部绿化。进村主干路道旁绿树成荫，先后造饮水管道4 000多米。村里户户用上智能卡水表并实现24小时供水。建设休闲广场1 200平方米，水泥硬化篮球场450平方米，铺设广场彩砖350多平方米，安装太阳能景观灯、广场灯、路灯100多盏，建设花坛草坪1 500多平方米，村里先后栽植各种树木5 000余棵，把污水乱流涝池改造建成了可容水4 800立方米的景观式污水处理池，并放养了几千尾观赏金鱼。村里修建休闲景观小桥1座、月牙潭1处；修建了稼穑文化广场，广场中以日晷八卦农耕二十四节气为主题、中华五千年年历表国旗台为中心；修建了石磑、石碾、古井房、收集100多个石碌碡及石磑盘；修建了景观铜钱币、天地人和七彩景观石、十二生肖文化柱、石材凉亭、石材花架等有景、有水、有鱼的景观休闲场所，把传统农耕文化用景观方式发扬传承下来（图2-1、图2-2、图2-3）。

西府农耕历史文化展览馆由原村支部书记刘志忠创意策划，于2017年筹建，旨在回忆农耕历史，挖掘传承农耕文化，研究农村发展过程，为乡村振兴提供历史素材，计划建成宝鸡地区最大最全的农耕历史文化及生产耕作农具、生活用具、历史文档、账表等生产要素展馆。现已初步建成村史馆60平方米，农具馆约90平方米，农耕文化休闲馆90平方米，已收集农耕

图 2-1　新庄村貌

图 2-2　新庄村委会广场

图 2-3　新庄村口

工具 900 余件、生活用具 360 余件，从 1953 年到 1983 年历史文档、账表 3 200 余件，其中部分资料被专家鉴定为珍贵历史文物。村"两委"汇集西北农林科技大学经济管理学院的专家智慧，结合乡土文化，将农耕历史文化展览馆扩大 500 平方米，着力打造集回顾历史、休闲农业、乡村旅游于一体、促进"农业强、乡村美、农民富"乡风文明和谐的教育基地（图 2-4）。

图 2-4 新庄村史馆

近年来，村"两委"在镇党委、镇政府的正确领导下，在区新农村建设领导小组办公室的精心指导下，以社会主义新农村建设统揽工作全局，以促进农民增收为核心，以新农村星级管理为契机，加强基础设施建设，整治村容村貌，努力改善人居环境。新庄村"两委"带领全村广大群众，积极探索，勇于创新，不断完善基础设施，发展特色产业，下功夫整治环境卫生，优化居住环境，农村工作得以全面发展，在建设社会主义新农村进程中取得多项殊荣。新庄村先后被评为金台区委"卫生村"、金台区环境综合整治"示范村"；连续四年被评为蟠龙镇综合工作先进村及优秀村；荣获宝鸡市"生态示范村"、宝鸡市"卫生村"、新农村建设先进村荣誉称号；2014 年荣获陕西省"卫生村"荣誉称号。

新庄村从 2011 年至 2017 年先后 3 次获得"一事一议"财政奖补资金 30 多万元，村民集资 20 多万元，筹劳 2 000 多个，着力完善基础设施，原本"脏、乱、差"的村庄面貌发生了翻天覆地的变化。新庄村以农耕文化为特色，着力打造"一村一景"美丽乡村。

新庄村加大社会保障工作宣传力度，深入农户家中宣传政策，动员参保、参合，全村养老保险参保率达 98%，农村医疗基金参保率达 98%，社会保障体系的日趋完善，使村民老有所养，病有所医，困有所帮，为构建和谐社会打下了物质基础。村"两委"认真贯彻落实习近平总书记关于扶贫工作系列重要讲话精神和区委、区政府和镇党委、镇政府的安排部署，进一步理清思路、强化责任，制订帮扶工作计划，因户施策，措施到人。

为深入推进社会主义核心价值观进农村，村"两委"大力开展移风易俗，倡导社会新风尚，在村舞台前建设 2 000 平方米社会主义核心价值观主题广场，推进核心价值观进农村；开展"十星级文明户"和"文明家庭"评选活动，达到弘扬正气的目的；成立乡贤工作室，制定章程和相关制度，积极发挥乡贤能人在精神文明建设和乡村治理、乡村振兴中的引导作用；调整充实红白理事组成人员，教育引导群众，提倡喜事新办、丧事简办，推进移风易俗，树立社会新风尚。

新庄村不断健全完善党务、村务、财务等各项规章制度，坚持按制度管人管事，自 2005 年起，按照上级规定实行"村财镇管"的要求及时健全财务公开制度，财务账目在镇财政所统一管理报账，按季度公示账务和收支情况，由监委会审核签字按程序报账，杜绝了不合理、不规范支出。近年来新庄村加强社会治安综合治理工作，理顺各方面关系，创造优良的社会环境，群防群治，确保村民安居乐业，反对封建迷信活动，依法打击邪教，增强村民的法制观念、集体观念，形成党群干部融合、团结的局面。村干部及时解决群众关心的热点、难点问题，超前预测，防患于未然，确保了无信访、上访案件的发生。

二、新庄村经济史

新庄村产业以种植业为主。1949 年之前，村民基本上自耕自食，有些村民会在农忙的时候请村中的短工帮忙，但村子里大部分人仅依靠自家种的粮食是不够生活的。他们中有手艺的人会在外面打工，没手艺的只能靠磨面补贴生活。每当粮贩子把粮运到村里来卖，村中就有人从粮贩子手中买一斗二斗的麦子，拿回家之后用牛或驴磨成面粉背到宝鸡市去卖，卖得的钱拿回来再到村子里买麦子磨面，就这样周而复始。磨面的人把磨出的黑面留给自家吃，把麸皮喂牲口，他们的日子过得很苦。

1949 年 6 月宝鸡市解放，钟楼寺乡政府和新庄村政权相继建立，当年全村有 62 户，304 人。1949 年 6 月至 1951 年的新庄村，由刘金万任村长，刘田任贫协主席，刘钧任人民代表，三个村干部负责村里一切工作，新庄村还相应地组织了农民队伍。1952 年新庄村由刘海清接替刘金万任村长。

1966 年"四清运动"，以及后来的"文化大革命"时期，新庄村改名为东方红大队，到了 20 世纪 70 年代改回原名新庄大队。到了 1980 年，新庄大队成为县上塬区粮食状元大队，最高亩产 700 多斤，解决了社员温饱问题，生产队有 10 000 斤以上的储备粮，劳动价值在全公社第一，粮食产量全公社第一。

1984 年 4 月政社分设，在宝鸡县委、县政府领导下，"蟠龙人民公社"改为"蟠龙乡"；原"新庄生产大队"改为"新庄村村民委员会（简称村委会）"。新庄村村委会与"中共新庄村支部委员会（简称村党支部）"合称村"两委"。

在 1987—1996 年的 10 年间，新庄村的经济发展取得了显著的成效。全村工农业总产值增长较大。到 1996 年年底，工农业总产值达到了 169.22 万元，比 1987 年增长了 109 万元。其中粮食产量 1.55 万千克，人均产粮 250千克。全村种果树 142 亩，蔬菜达到自给有余，种瓜形成初步规模，瓜菜产值为 3.7 万元。村里私营企业发展较快，有电器厂、猪毛加工厂、服装加工厂等 6 个工厂、8 个运输专业户、5 个加工修理专业户、6 个饮食服务专业户、7 个个体商业、7 个建筑工程户。私营企业固定资产约 140 万元，流动资金达 780 万元，为国家上缴利税 28 万元。10 年间，全村人均纯收入由1987 年的 486 元增加到 1996 年的 1 120 元，年均递增 81.7%。群众生活水平、住宅条件有了明显的改观。村民在此期间共建楼房 854 间，17 080 平方米。全村有汽车 5 辆，拖拉机 6 台，摩托车 16 辆，90% 农户有了电视机和收录机，98% 农户有自行车，40% 农户有电风扇等家用电器，81% 农户住上了小洋楼，家家通上了自来水。

1992 年 9 月开始的奔小康计划是新庄村产业结构调整的重要内容。当年，新庄村"两委"从思想观念和职能转变两个方面入手，拉开奔小康的序幕。奔小康计划的主导思想分为三部分：一是抓住全国第二次改革大潮的这个有利时机，用足用活政策，依靠政策优势发展自己；二是村干部进一步转变观念，解放思想，真正以经济建设为中心，增强紧迫感；三是在"实"字上下功夫，真抓实干，办几件实实在在的事情，彻底转变职能，由原来的指导型、服务型转变为实体型。在上述主导思想下，通过两种途径实现奔小康的目标：

第一，努力调整农业内部结构，树立商品经济观念，在抓好粮食生产的同时，大力发展多种经营生产。一是抓好以蔬菜、苹果为主的种植业，充分发挥距宝鸡市近的市场优势，抓好菜果基地建设，充分发挥小麦的间套作用，改变过去复种单一种粮的旧观念，提高农业商品值；二是抓好以肉、蛋、奶产品为主的养殖业，解决群众过去认为种粮不合算，没出路，不值钱的思想，为社会提供可靠的副食商品来源，增加农民收入；三是抓好以饮食业，服务业和农副产品加工为主的副业，充分发挥农业生产剩余劳动力的作用。

第二，放手发展乡村、个体企业。企业生产总的方针是：转换机制，挖潜革新，上技改项，克服惰性，加强管理，提高效益。依靠乡村企业来带动乡村经济的进一步发展，能够充分利用乡村地区的自然条件和社会经济资源，推动乡村的发展向着更深和更广的方面进军，不断解放农村发展生产力，合理运用农村劳动力。村"两委"逐步推进乡村发展体制转型升级，改变单一的产业结构体系，发展多种产业结构，推动城乡快速融合发展，努力实现城乡一体化，推动现代化乡村建设，进而建立新型的城乡关系。乡村企业的发展使农民的生活水平和质量得到进一步改善，农民收入进一步增加，剩余劳动力情况逐步完善。

2000 年是党中央实施西部大开发的起步之年，更是农村经济进一步繁荣和小康再上新台阶的一年。截至 2000 年全镇小康建设取得较好成绩，累计已建成小康村 18 个，占全镇村总数的 72%。镇党委、镇政府要求高举邓小平理论的伟大旗帜，认真贯彻党的十五大和党的十五届三中、四中全会及中共中央农村工作会议精神，以经济建设为中心，抓住西部大开发的历史机遇，突出发展，紧紧围绕农民增收和村容村貌整治两大目标任务，坚持分类指导、分步实施、梯次推进的原则，加强领导，加大力度，力争使全镇小康建设质量有较大提高。

2000 年也是新庄村经济发展奔小康五年规划的第四年，是奔小康的决胜年，镇党委、镇政府要求新庄村力争在年内创建县级小康村。村"两委"按照镇党委、镇政府要求，从以下方面着手加快推进小康村建设：第一，大力调整农业内部结构，积极推进产业化运营，千方百计增加农民收入，适度调减粮食作物的种植面积，突出抓好扩大蔬菜种植和油料种植，搞好新产业开发，力争使粮经比达到 7∶3。第二，进一步落实党的农村政策，认真解决好土地延包中的遗留问题，切实做好按保护价收购农民余粮工作，加大减轻农民负担工作力度，确保农民增产增收，农村繁荣稳定。第三，切实抓好乡镇企业改革，提高企业素质，坚持"多轮驱动、多轨运行、多种经营"的方针，在大力发展乡镇企业的同时，放手发展非公有制经济，发展私营企业和个体工商业，进一步为农民创收、增收做好服务，拓宽渠道。第四，加强精神文明建设和民主法制建设，为农村经济繁荣、社会稳定奠定基础，始终坚持"两手抓、两手都要硬"的方针，经常开展对农民群众的爱国主义、社会主义、集体主义教育，积极开展创"治安模范村""文明村"和"十星级文明户"活动，抓好村级班子建设和村务、政务公开工作，增强以党支部为核心的村级领导班子的凝聚力和战斗力，形成干群齐心协力奔小康的良好氛围。

2005 年开始，村"两委"重点抓生产发展，通过做强产业增加村民收入。一是发挥地理优势，做大做强劳务输出产业。村"两委"班子充分利用该村距市区 9 千米的近郊优势和丰富的自然资源优势，加快农业产业结构调整，积极引导致富能人开办建筑业，转移劳动力就业，千方百计增加农民收入。这一政策成效比较显著。到了 2008 年，新庄村地域面积 1 100 余亩，耕种面积 920 余亩。全村 3 个村民小组，143 户，总人口 608 人，60 岁以上老人 76 人；劳务输出 303 人，其中技工 168 人、普工 87 人。96％村民参加农村合作医疗，289 人参加了养老保险。小康村建设之后，村农业以种植小麦为主，总产量 35.5 万千克；2008 年总收入 214.45 万元，人均纯收入 3 533 元。在村"两委"班子引导和帮助下，新庄村 2009 年就地转移劳动力 210 余人，年实现劳务收入 210 余万元，第二产业务工总人数近 350 人，年收入达 570 万元。2012 年，全村共有务工经商人员 330 人，建筑业 3 户，个人门店 5 户，年收入 160 多万元；有 300 余人长期在外务工。二是调整结构，积极引导农民科学种田、科学管理，大力推广优良品种。2008 年全村购买良种 20 000 多千克，种植良种田共 800 亩，增加收入 20 多万元。大力发展特色养殖业，充分发挥专业户优势，扩大养猪数量，年内增加 150 头，增加收入 30 余万元。同时，坚持以市场需求为导向，积极发展特种养殖业，不断增加农民收入。

这时期乡镇政府提出了各村新的建设目标——创建示范村，并对示范村进行星级评定。2008 年新庄村在星级管理工作中由二星级村升为三星级村，2009 年被列为三星升四星重点村。现在村庄规划整齐，村容整洁。村民集资 7 万多元新修街道沙石路面 2.2 千米。家家户户通上了沙石路，村庄绿化植树 1 000 余棵、建花坛草坪 200 多平方米，移动土方 600 立方米。

2008 年之后，新庄村经济工作的重点转向促进农民增收。村干部进行农户调查摸底，根据各农户实际情况帮助农户每户制订增收措施 2～3 条，建立农民增收台账 143 户，发放明白卡 120 户，发放创建文明家庭标准 140 份，并结合该村实际情况，制订了逐年增收计划，成效显著。

新时期以来，村"两委"进一步解放思想，改变观念，抓住机遇，细化措施、明确责任，通过扎实工作促进农民增收，把该村逐渐建成道路宽畅、四通八达有水沟、户户文明卫生有花坛、村貌亮丽、三季有花、四季有绿、文化宣传有文化墙、路旁处处有风景、村民休闲健身有广场、学习娱乐有地方、村民办事有中心的美好家园。

三、新庄村产业

近年来，新庄村干部群众认真贯彻党的基本路线和各项方针政策，坚持以经济建设为中心，以致富创业总揽工作全局，狠抓了粮食生产、多种经营、产业振兴等工作，团结奋斗，真抓实干，较好完成了村经济发展的阶段性任务。

新庄村按照打造"一村一品一韵"的发展思路，创办宝鸡首家开心小农场，为城市人创造了耕种采摘体验农耕生活的小天地，使乡村旅游吃住游玩进一步完善。

（一）种植业

新庄村户均耕地面积 6 亩，耕地资源较丰富。当地气候干旱，降水量小，粮食作物以低附加值的小麦为主；经济作物有花椒、火龙果、油菜等，当地的自然条件并不允许大力发展第一产业。根据调查，当地小麦平均亩产约为 800 斤*，按照往年收购价 1.1 元/斤的价格来看，一亩地收入约为 900元。然而，根据农户口述估算，种子、化肥及播种中耕收割时租用的农机费用合计每亩地需投入约 600 元，一亩地纯收益算下来不到 300 元。如果赶上收成不好的年份，很可能要亏本，可见其农业收益极低。这就需要当地政府转变思路，结合当地区位优势及地理位置创造性地开辟出一条产业发展道路。

2017 年 10 月，当地成立了"华丰园种养殖农民专业合作社"。合作社于 2017 年一期建成小农场 24 块，每块地 30 平方米，栽植四季豆、黄瓜、西红柿等菜品，每块小农场承租价及管理费 300 元/年。截至 2018 年，完成开心小农场二期建设 70 块，每块 40 平方米，现已全部对外认领完毕。另外新建塑料大棚 3 座，进行火龙果、长桑果等特色果品种植，采摘园 3 亩，种植桃、杏、李等果品 6 亩，栽特种药材白及 6 亩。以火龙果、无花果、长桑果、桃、李、杏为主的采摘园，以开心农场作为农耕体验，形成了"采摘＋农耕＋观光旅游"一体的休闲农业产业。

（二）观光旅游业

华丰园合作社牵头修建了农耕文化广场，占地 9 000 平方米，包括古老的记时日晷、农耕文化二十四节气天干地支八卦大圆盘、十二生肖拴马桩、石材花架、休闲凉亭等，并修复了古井房、石碾子、石舂、石礅子、旋转景观铜钱币等具有传统文化特色的建筑，还收集了 100 多个碌碡作为古老的农耕文化实物以供观赏。农耕文化广场吸引了邻近村民带着孩子来休闲游玩，也经常有市区游客前来观光休闲。1 200 平方米的集金鱼养殖、观赏、垂钓为一体的多功能大涝池，向游客开放。另外，合作社还修建了农耕历史文化

---

* 斤为非法定计量单位，1 斤＝500 克。——编者注

馆，收集整理了 1949 年至 1983 年的村里历史文档，包括私有化数据、地
契、合作社文档，老式农具、生产、生活用具、老照片等相关资料 4 000 多
件，展示了 50 年间该村生活、生产面貌的发展变化，供游客参观体验、回
顾历史，感受时代的变迁。

（三）基础设施

新庄村村间道路宽敞并全部硬化，雨水污水进地下管道，全村无明沟水
渠，无"三堆三乱"。村里改造明沟明渠 6 800 米，电网改造 2 000 米，建成
田园观光道路 600 米，栽植各种树木 6 800 多棵，栽植花草 6 万多株，建有
花坛、草坪、绿化林带等 2 800 平方米。

该村群众整体文化水平不高，村里的教育资源几乎为零，除了去临近镇
上或市里务工之外，陪孩子出村读书也是该村"老龄化"和"空心化"的重
要原因。新庄村共有 152 户，而通过调研走访发现目前村里只有 90 户家里
有人，且大多为年纪大无法外出务工的老人，农村"空心化"十分严重。农
村公共服务投入不足导致农村居住环境欠佳，教育、医疗资源匮乏，教育成
本昂贵。

（四）金融环境

据调查，新庄村 90% 的村民金融素养偏低，对于近几年推广的农地抵
押贷款政策并不了解或完全不知晓，且没有银行或信用社的人员来村里进行
宣传、普及金融知识，甚至 70% 的村民都不知道当地是否有专门的机构提
供小额贷款的服务，这严重阻碍了创新型农业与多功能农业在该村的发展。
大部分村民参与金融服务仅限于去当地农信合进行存取款服务，连现在非常
普及的微信及支付宝等网上支付方式在该村也并不常用。

该村一户家庭条件较好的村民张某说："之前邻村一户人家出现过网上
买东西被骗钱的事情，卡上两万元钱都没了，之后大家都不相信网上购物
了，娃也不叫我们随便存取钱，（需要的话）都是他们取了拿回来。"可见大
家对于互联网金融都抱有一种"不了解不关心"甚至排斥的态度，以土地向
金融机构进行抵押融资来发展农业变得更有难度。

四、发展村集体经济的障碍

"农业强，农村美，农民富"是乡村振兴的终极目标，部分农村实现城镇化甚至融入城市，但一些农村却面临着发展潜力不足、经济发展乏力的困境。新庄村在新时期集体经济发展方面的困难也比较典型，主要存在以下障碍：

第一，农业"靠天吃饭"使得农户难以生产高价值农产品，农业灌溉问题难以解决是新庄发展瓶颈的根源。水利是农业最重要的基础设施之一，但中国农业基础设施多年来投资少，水利设施的投入更是薄弱。由于农村水源距离耕地较远、渠道淤积、抗旱设施损毁或不配套，再加上农田水利建设项目的资金掌握在多个部门手中，从而造成重复投资和低效率投资，条件好的地区，资金比较多；条件差的尤其是经济不发达的地区，加之缺乏配套资金能力，水利建设项目资金倍显匮乏。

新庄村由于地处黄土塬，地势较高，取水困难，致使马太效应表现得尤为明显。农业灌溉问题解决不了导致农户难以从事需水型高价值农产品的生产，粮食作物也只能实现一年一熟，导致该村种植结构单一，农民难以从农业生产中获得体面收入，又致使村庄人才及劳动资源大量流失，呈现出"空心化""老龄化"特征。

第二，种植结构升级乏力及农民获益问题。水资源短缺导致种植业产值较小；村庄缺乏整体的农业经济发展规划，难以形成规模；大量乡村人才及劳动力资源流失导致农村缺人才、缺技术；劳动力素质偏低，缺乏就业技能和竞争力，就业质量低，增收困难。

第三，生态宜居是"空心化"的泡沫，真正的生态宜居后继乏力。把新庄村建设成为"村貌亮丽像公园，广场到处有景观，水泥道路有道沿，村容整洁无三乱，绿化路灯全村见，门前绿化有花坛，污水流入地下管，厕所一样风景线"是村"两委"的愿景。然而，这一切不是建立在农民素质提升及环境设施的可持续维护基础上，而是建立在人口的大量转移泡沫里。例如：村庄环境设施简陋，村庄污染只是由"明面"走向"暗里"，并没有真正得到解决；项目制驱动下生态宜居的后续资金缺乏；农户对生态宜居及农业农村环境政策不了解、不理解，难以形成内生持续动力。

第四，养老问题尚未得到有效解决。政府十分重视养老问题，但农村养老体系长期发展滞后及入住率低，致使其后续独立运营困难，难以成为有效的市场服务供给者。其限制性因素主要表现在：养老机构基础设施落后、运营经费缺乏、管理服务低下；农村中改扩建、新建的敬老院存在着房子闲置、经费缺乏、护理人员严重不足等问题；此外，传统观念也影响着养老机构的发展，不少子女认为把老人送到养老机构是不孝，还有一部分老年人认为养老院收费太高，怕给子女增加负担。

第三章 土地改革与小农私有制经济

广义的土地改革包含了从 1949 年之前至今中国共产党所领导的历次土地制度性全面改革；狭义的土地改革仅指大致在 1950 年冬季至 1953 年春季期间，基于《中华人民共和国土地改革法》而开展的"没收地主的土地和财产，分配给无地、少地的农民"的土地所有制改革运动，其结果是废除了旧社会地主土地所有制，实行了农民土地私有制。在不特别指明的情况下，本书所说的土地改革仅指狭义的土地改革。

中华人民共和国成立初期，国家面临的最紧迫的任务是稳定农村、巩固人民政权。解放广大农民、发展农村经济、强化农村基层政权、提升中国共产党乡村政治执行力和组织动员能力成为当时农村工作的重心。土地作为农民最重要最基本的生产要素，对农民身份的巩固和对农民生活水平的提高都具有至关重要的作用。土地改革之后，土地经过国家政权的干预和分配，广大农民有了自己的土地。土地改革释放了农村生产要素的活力，促进了农产品产量的大幅增加。

一、阶级成分划分

毛泽东在 1920 年年底办农会的时候就提出了两大阶级的问题，1926 年的《中国社会各阶级的分析》具体分析了阶级问题。1950 年 6 月 28 日，中央人民政府通过了党的七届三中全会讨论后提出的《中华人民共和国土地改革法》（以下简称《土地改革法》），该法是一部农村土地方面的专门法，是实现"耕者有其田"的重要工具。《土地改革法》明确指出土地改革的目的是废除地主阶级封建剥削的土地所有制，实行农民的土地所有制，借以解放农村生产力，发展农业生产，为新中国的工业化开辟道路。土地改革使农民（包括当时的富农、中农、贫雇农）拥有产权性质地权，包括土地的所有权、占有权、使用权和收益权。总的来看、该法本着"地主能生活、富农能生产"的原则，根据实际需要作出了调整。所谓"地主能生活"是指《土地改革法》第二条规定的："没收地主的土地、耕畜、农具、多余的粮食及其在农村中多余的房屋。但地主的其他财产不予没收。"第四条规定的："地主兼营的工商业及其直接用于经营工商业的土地和财产、不得没收。"而所谓"富农能生产"是指《土地改革法》第六条："保护富农所有自耕和雇人耕种的土地及其他财产，不得侵犯。"这种"地主能生活、富农能生产"的原则，其实依照的是毛泽东于1950年6月6日提出来的"我们不要四面出击""我们绝不可树敌太多、必须在一个方面有所让步、有所缓和"的要求。"从此，新民主主义革命中长期执行的'消灭富农经济'的土地政策改为'保存富农经济'和'保证富农能生产'的土地政策。"土地改革最终的结果是让包含富农、中农、贫雇农在内的农民拥有比较完整、独立的土地产权，包括土地的所有权、使用权和收益权，土地的所有权和收益权是统一的。将农村土地分归农民所有，是农民实实在在地享有土地私权利的表现。而后，政务院又相继颁布了《农民协会组织通则》《关于划分农村阶级成分的决定》等文件，为实施《土地改革法》提供配套措施和保障[40]。

封建时代农村社会长期存在两大对立阶级：地主和农民。20世纪30年代农民被分为富农、中农、贫农和雇农阶层。基本标准是：占有多量土地，自己不劳动，专靠剥削农民地租，或兼放高利贷不劳而获的，就是地主；占有多量的土地、耕畜、农具，自己参加主要劳动，同时剥削农民的雇用劳动的，就是富农；占有土地、耕畜、农具，自己劳动，不剥削其他农民或只有轻微剥削的，就是中农；占有少量土地、农具等，自己劳动，同时又出卖一部分劳动力的，就是贫农；不占有土地、耕畜、农具，出卖自己劳动力的，就是雇农[41]。到了解放战争时期，共产党的一些文件中用到了"新富农"和"新中农"等表述。在当时，按照文件规定，地主可以分为三类：占有较多、较好的土地，自己不从事农业劳动，以向农民出租土地、收取地租作为其全部或主要生活来源的是"普通地主"；以雇工经营土地为其全部或主要生活来源，而其雇工条件带有严重的封建奴役性质的是"旧式经营地主"；

以雇工经营土地为其全部或主要生活来源，而其雇工条件属于资本主义的自由劳动性质的是"新式经营地主"。富农可以分为两类：占有较多较好的土地、耕畜、农具和其他生产资料，自己参加主要农业劳动，但是经常依靠以半封建方法剥削雇工，或其他封建性剥削的收入，作为其主要或重要生活来源，而其封建性剥削的收入，超过其纯收入的二分之一，在一般条件下，亦即超过其总收入的四分之一的是"旧富农"；租入或占有较多较好的土地，占有耕畜、农具及其他生产资料，自己参加农业劳动，但经常依靠以资本主义方法剥削雇工，或其他资本主义方法剥削的收入，作为其生活来源的主要或重要部分的是"新富农"。中农可分为三类：一直维持中农地位的是"老（旧）中农"；民主政权建立后，有些贫雇农上升达到中农条件而成为中农的是"新中农"。旧地富下降为富农或中农的是不称为"新富农"或"新中农"[42]。在不需要特别指明的情况下，一般仍沿用以前的分类。

　　1950 年 8 月政务院第四十四次政务公议通过的《政务院关于划分农村阶级成分的决定》提出了对阶级成分最权威的界定。关于地主的规定主要是："占有土地，自己不劳动，或只有附带的劳动，而靠剥削为生的，叫作地主。""有些地主虽已破产了，但破产之后有劳动力仍不劳动，而其生活状况超过普通中农者，仍然算是地主。""军阀、官僚、土豪、劣绅是地主阶级的政治代表。""帮助地主收租管家，依靠地主剥削农民为主要生活来源，其生活状况超过普通中农的一些人，应与地主一例看待。"关于富农的规定主要是："富农一般占有土地。但也有自己占有一部分土地，另租入一部分土地的；也有自己全无土地，全部土地都是租入的。一般都占有比较优良的生产工具及活动资本，自己参加劳动，但经常依靠剥削为其生活来源之一部或大部。""有的占有相当多的优良土地，除自己劳动之外，并不雇工，而另以地租、债利等方式剥削农民，此种情况亦应以富农看待。""富农出租大量土地超过其自耕和雇人耕种的土地数量者，称为半地主式的富农。"关于中农的规定主要是："中农许多都占有土地。有些中农只占有一部分土地，另租入一部分土地。有些中农并无土地，全部土地都是租入的。中农自己都有相当的工具。中农的生活来源全靠自己劳动，或主要靠自己劳动。"中农又分"上中农、中农和下中农"。"中农一般不要出卖劳动力，贫农一般要出卖小部分劳动力，这是分别中农与贫农的主要标准。"关于贫农的规定主要是：

"贫农有些占有一部分土地与不完全的工具。有些全无土地，只有一些不完全的工具。一般都需租入土地来耕，受人地租、债利与小部分雇佣劳动的剥削。这些都是贫农。"

1950 年冬季开始，各地方政府都派出土改工作队深入农村，领导土改运动。土改一般包括发动群众、划分阶级、没收和分配地主土地财产、复查总结和动员生产等阶段。土地所有权变更不仅彻底清除了传统农村社会势力的物质基础、解决了农村贫富分化严重的问题，而且优化了生产要素配置、促进了农村社会经济的发展，更重要的是——为计划经济体制奠定了所有制基础[43]。

1955 年 7 月 31 日毛泽东的《关于农业合作化问题》一文中有这样一段话："这里谈一个社员成分问题。我以为在一两年内，在一切合作社还在开始推广或者推广不久的地区，即大多数地区，应当是：（1）贫农；（2）新中农中间的下中农；（3）老中农中间的下中农——这几部分人中间的积极分子，让他们首先组织起来。"这是在党的重要文献中第一次正式出现"下中农"这个词。据史料记载，1929 年，右江苏维埃政府《合理负担暂行条例草案》规定，各阶级按等级纳税，"下中农为丁级"[44]。1931 年 4 月，闽西苏维埃政府《土地委员会扩大会议决议案》规定，土地税将实行统一累进税，因为过去非累进税"加重了贫农下中农的负担"[45]。这两条史料说明，"下中农"一词早在 1949 年之前的土地革命时期就已经出现[46]。但 1955 年毛泽东提到的"下中农"这个群体，不仅有确定的经济地位，并且有明确阶级成分含义的政治立场，与之前出现的提法完全不同。1955 年 9 月 7 日，毛泽东为中共中央起草的一份党内指示的标题就是"农业合作化必须依靠党团员和贫农下中农"。此后，"贫下中农"成为合作化运动开始之后频繁使用的一个农村阶层的名称[47]。

1979 年 1 月中共中央《关于地主、富农分子摘帽问题和地、富子女成分问题的决定》指出，除了极少数坚持反动立场、至今还没有改造好的以外，凡是多年来遵守政府法令、老实劳动、不做坏事的地主、富家分子以及反、坏分子，经过群众评审，县革命委员会批准，一律摘掉帽子，给予农村人民公社社员的待遇。地主、富农家庭出身的农村人民公社社员，成分一律定为公社社员，享有同其他社员一样的待遇。《决定》的出台意味着阶级成分划分成了历史。

陕西地处西北，20 世纪二三十年代水旱灾害加剧，农村地价骤减，各种投机资本进入农村争购土地。陕西渭北等地区"土地集中的趋势，极其迅速……真正农户，已无立锥之地"[48]。但相对全国情况而言，近代的西北地区地广人稀、经济欠发达，土地集中化程度仍然较低。除个别军阀大地主外，许多地方历来土地就极为分散，连小地主都不多。后来经过共产党在陕西地区长期的根据地革命，陕西关中地区地主和富农受到限制，1949 年之前渭南、咸阳、长安、三原等县，一般地主仅占人口 1％，占土地 4％，多数乡没有地主[49]。在土改斗争中，关中地区的过激行为也相对较少。

1949 年之前的新庄村是一个小村，有 70 多户，260 多口人。全村有土地 1 000 亩左右，其中 100 多亩土地被 1 户地主占有，另有 3 户人家占有较多土地，剩余的穷人家里的土地普遍比较少。新庄村于 1950 年春开始进行土地改革，当时定了 1 户地主，3 户富农，18 户左右的中农，剩余都是贫雇农，其中 4 户贫雇农每户占有不足 1 分地。这场土地改革彻底改变了新庄村土地占有状况。

（一）有限制地征收地主财产

共产党领导下的中国革命始终要先辨别谁是革命者，谁是同盟者，谁是反动派。农村社会结构相对简单，群体界限较分明，土地改革时确定谁是被革命的对象主要在于对农民的甄别。阶级划分高效地解决了这一问题，这也是土改必不可少的前期准备工作。

1949 年之前全国各地农村的阶级划分标准稍有不同，1949 年之后统一划分为两个阶级：农民和地主。农民又可分为富农、中农、贫农和雇农[50]。此外，农村还有土豪劣绅、恶霸等反动群体。西方列强打开了中国国门之后，原本固化的地主与农民长期共存的租佃制基础上的生产关系出现变化，列强的侵略导致农民生存能力持续下降，生活愈发苦难。

新庄村贫农刘兴说："我的父母受帝国主义输入鸦片的迫害，还有反动军阀政府的残害压榨，把一点家财全部耗光了，没房没地没吃没穿。父母每天白天去讨饭，傍晚来庙里歇息。旧社会这个黑洞洞的人间地狱，折磨得父母生病无钱医治，活活地被病魔夺走了生命。在那个社会里，死几个穷人，又有谁过问呢？人死了无人管，几家邻居凑了几个破芦席，草草把我父母埋了。接着我可怜的哥哥也在山神庙里被活活饿死了。两个年头过去了，生活大概可以好些了吧？可是在旧社会什么时候都不得好过。那时自然灾害过去，人为灾害又来了，生活更难了。"

地主在这时期则加大对佃农的盘剥以维持或者提高生活标准，导致传统熟人乡村社会中地主与农民间脆弱的人情关系激变。部分地主迁居城市，而城市中地主的浮财被认为是资本主义的成分，在新民主主义革命时期受到一定程度的保护。恶霸则成为迁居城市的地主在农村土地经营的经理人；有些地主同时也是恶霸，长期横行乡里、欺压乡邻。贫农张回忆："地主在旧社会荒年大放高利贷，重重剥削农民。我老家就在贾村公社，西端村，我父亲就是这年受地主迫害被饿死了。我爹死后无钱安葬，地主趁机给我们放粮放钱，我们孤儿寡母无依无靠，只得睁着眼跳上了地主的圈套。安葬了父亲后欠下了地主的高利贷，地主天天逼着我们，我母子连吃的都没有，哪有钱还账。万恶的地主，哪管别人的死活，把我们母子赶出了自己家，霸占了我父亲留下来的一点房产和土地，逼得我们孤儿寡母走投无路，只得乞讨四乡，看尽了人的眉高眼低。天下穷人一般苦，我母亲忍痛割爱，把我卖给地主当童工。吃人的狼比不上地主的狠心肠，这话一点也不错。一进地主的门，就像进了阎王殿，整天提心吊胆。地主把我这个十岁的孩子当大人使唤，每天上山砍柴、放牛羊，晚上还要劈柴挑水、干农活。就这样，狠心的地主还嫌我干得慢，嫌我吃得多，经常打骂，我身上伤痕不断。我这样累死累活天天挨饿给地主白白当了十年牛马，杀人不用刀的地主，还是把我赶了出来。"

由于地主集团内部结构复杂，中国近代革命史上对地主如何区别对待容易出现反复和走极端。一部分地主被视作开明绅士，基本配合党的政策；而一般地主则是农村中旧势力的代表，是必须消灭的阶级敌人。只有大量征收地主的土地，才能缓解当时农村中已经存在的人多地少的矛盾，推进农村经济发展和政治工作。有的地区的土地政策执行过激，不适当地强调分地主的金钱、粮食、衣服、什物等浮财，容易造成斗争扩大化。

党总结了这方面的经验，1949 年之后的土改规定：在消灭封建剥削制度时，只没收地主阶级的五大财产（即土地、房屋、农具、牲畜、粮食），而不没收其浮财。因为分浮财容易导致地主提前分散破坏、大吃大喝或变卖；农民追浮财也容易发生打人或打死人等问题。而不分浮财，地主可以靠此维持生活或投资工商业，这对整个社会是有利的[51]。与解放战争时期的土地政策相比较，中华人民共和国成立初期的土改对地主的政策更理性同时又更彻底。首先，解放战争时期的土改政策重点是消灭农村地主阶级内部阻碍发展农业生产的反动地主阶层，为支援战争扫除障碍。因此尽管部分地区存在对地主过激的人身攻击，整体上却打击面有限，地主阶级相对比较完整。中华人民共和国成立初期的土改则是彻底消灭地主阶级，向社会主义公有制过渡。由此土改不仅是均田的经济问题，而且是阶级斗争的革命问题。其次，解放战争时期的土地政策主要是各根据地摸索，中共中央纠偏过激行动。当时，革命胜利尚未到来，农民斗地主的心态比较复杂。有些地区农民担心解放军如果转移，地主恶势力就会反扑和报复农民，因此有种"一不做，二不休"的心态，要么把地主斗死，要么就避开斗争，呈现出阶段性的高烈度和低烈度斗争并存的特点。中华人民共和国成立初期的土改的土地政策是自上而下的运动，在极短时间内就在全国同步展开，进而斗争进入高潮的态势。

新庄村土改比较彻底，在保留地主生产生活正常需求的条件下，对全村土地和地富多余财物重新分配。贫农刘光明高兴地说："中华人民共和国成立以来红星闪，党拨乌云见晴天。中华人民共和国成立后，革命的曙光照到了这里，家里分到了土地，也分到了大车、农具和其他一些物资，生活一天天好起来了。后来又添了一头牛和一些其他农具，家里也有了热水瓶、雨鞋和雨伞各一个。"

中华人民共和国成立初期的土改斗地主具有严密的制度安排。在总结解放战争时期土地政策实践的基础上，中央的土改方案经过充分讨论和细致工作，经中央统一部署，各地土改工作有序推进。首先，区分对待大、中、小地主，恶霸地主和非恶霸地主，开明绅士和一般地主。这样做既分化了农村旧势力，又避免了斗争扩大化。其次，斗地主的方式比较规范，由土改工作组牵头组织，既凝聚了群众基础，又加强了党在群众中的威信，同时限制对地主进行私刑和肉刑，保护了地主的人身安全。部分地主后来顺利地被改造为自食其力的劳动者。最后，斗地主行动中没收了地主的多余土地，有限制地没收地主的财产，没有直接没收地主经营的工商业，避免了对农村经济的破坏。

征收地主的土地是土改中党的重要革命举措，在社会主义路线的指引下，消灭剥削制度首先就要消灭农村土地的少数人占有权。地主大量占有土地的现实在党的革命历史上一直是要处理的农村问题之一，只是在抗日战争期间出于团结各阶级的需要而暂时停止。单纯从意识形态看，取得政权并不意味着消灭了剥削，而是要利用政权更加强有力地进行社会主义改造进而消灭剥削。在广大农村，如果大量农民没有土地，仍然为地主劳动，那么革命就没有取得彻底胜利。中华人民共和国成立后，征收地主多余土地就迅速提上了日程。征收地主土地分给农民实现了农民的经济解放，会大大刺激农民生产积极性，这成为政府和农民的共同诉求。另外，从农民生活需求看，中华人民共和国需要解决广大农民的吃饭问题，还要为工业化供应充足的粮食，这就要求必须打破土地被地主集中占有的现实，并顺势消灭封建残余性质的地主阶级。败退台湾的国民党也认识到，未能满足占中国八成以上人口的佃农和雇农的生存要求，是国民党失败的主要非军事因素之一。后来国民党在中国台湾地区实行了类似大陆地区的土改政策：有偿征收大地主的土地，然后将有偿征收的土地再有偿放领给无地或少地的农民[52]。中华人民共和国成立初期的土改通过没收地主土地，搞拉平，把地主多余的土地分给没地或少地的农民，按家庭人口分配土地。

这些土改政策从根本上改变了封建社会租佃制的土地私有制，实行自给自足基础上的自耕农土地私有制，结束了几千年以来土地所有权和经营权分离的体制。但现代社会两权分离是主流经营方式，在中国人多地少的情况下，单纯依靠技术进步提高亩产并不能彻底弥补小农经济的弊端。因此，中华人民共和国成立之初的土地改革注定了只是阶段性的土地政策，合作社运动时期土地所有权与经营权将迎来进一步调整。

（二）保存富农经济

在中国革命历史上，富农是个摇摆的阶层。解放战争胜利之前，富农无论在经济上还是政治上都是既得利益者，其地位依附于当时的执政者——国民党政权。富农因此比较敌视和反对以土地革命为特色的农村所有制改革，倾向支持地主阶级和官僚资产阶级集团。在这个时期，期望富农阶层整体上支持新民主主义革命、支持土地改革是不现实的。根据地政府大多把富农视作革命对象，和对待地主一样执行政策，以强行没收其多余的土地和财产为主。解放战争期间需要农民提供大量公粮和义务工，并且大后方要维持安全稳定的政治局面，确保政权牢牢掌握在革命先进分子手中。所以阶级队伍思想统一、成分纯洁、不断清理潜在的反革命集团成为重要的政策准则。富农占有大量土地和财产，同时思想上更趋于保守，这就导致富农在政治上容易被孤立，在经济上容易被清算。

1950年之后，农村土地重新分配被提上日程，中央非常重视该项工作，并把农村工作作为当时工作的中心。新的土改政策的前奏是清匪反霸、减租减息，为土改推行扫除障碍，并建立起思想政治基础和组织基础，巩固群众的政治支持。为保证土改有序进行，后续又增添了土改复查与组织建设两个阶段。对待富农的土改政策是当时备受争议的问题。1949年之前的主流认识是：中国无地少地的农民数量庞大，而富农占有的土地仅次于地主，因此要把富农的土地也分了。另外，苏联的富农由于反对苏维埃政权，所以在苏联农业集体化阶段被全面镇压。但中共中央讨论后认为，中国的富农在革命胜利之后整体上没有站在反革命一边，政治上处于中立，不是镇反的对象。同时，富农的农业生产经营较先进，保存富农经济对尽快恢复农业生产比较有利。因此，中央决策"富农予以保留，但允许个别地方因地制宜，有权根据情况决定是否征收富农出租的小量土地"。[53]但在实际执行中有些地方政策难免过激，富农自己耕种的土地大多能得以部分保留，而多余的和出租的土地会被征收。这一做法其实在《中华人民共和国土地改革法》中得到了确认，该法规定："对于富农出租的小量土地，亦予保留，但在某些特殊地区，经省以上人民政府的批准，得征收其出租土地的一部或全部；对于半地主式富农，出租大量的土地，超过其自耕和雇工耕种的土地数量者，应征收其出租的土地，富农租入的土地应与其出租的土地相抵计算。"

当时的政策指导是要保存富农经济，但《中华人民共和国土地改革法》并没有规定富农经济将保存多久，这就为弱化和消灭富农经济留下了政策变化空间。1953年毛泽东审查修改后发布的中共中央宣传部《关于过渡时期总路线学习和宣传提纲》正式宣布："逐步由限制富农剥削直到最后消灭富农剥削"。1953年12月，中共中央在过渡时期的总路线颁布，标志着农业社会主义改造步伐的加快和对富农经济政策的改变，即将原来保存富农经济的政策改为逐步由限制富农经济到最后消灭富农经济的政策。为了逐步消灭富农经济，国家对富农的农业收入征收重税，即实行农业累进税制，就一般中等地区而言，各阶层农业税负担占其收入的比例为：贫农12％，中农15％，富农25％～30％。1954年年底以后，中共中央颁布的文件将富农与地主、反革命分子、坏分子等划在一起，变成了人民的公敌。而合作化运动时期是弱化富农经济的主要阶段。高级社时期，富农的土地被完全转为合作社公有，一律取消土地报酬，等于将富农的土地充公；一些富农的耕畜、农具等其他主要生产要素实际上也被无偿收归公有[54]。

1930年的新庄村一共42户，210口人，土地900亩，存在着"一家富万家穷，人吃人"的不平等现象。全村42户人家中，只有刘如江、刘俭、刘胡、袁世昌四大家是富人，其中刘胡是地主；刘昌、刘万、张均三家是富农；其他35户都是贫困不堪的贫雇农。四大家在全村的900亩土地中占去了390多亩，占全村总土地43％，三户中间户占地150亩，占全村土地的16％，这七户总共占全村总土地的59％，财主们占有大部分生产要素。多数的贫苦劳动人民只占少数的土地，生产工具更少，生活只有靠当长工打短工来维持，有8户还无家可归，流离失所，靠乞讨度日。村民这样描述那时候的村子："富的骑马坐轿，穷的上门乞讨；国民党反动派的苛捐杂税，敲诈勒索，使多数穷苦人民过着食不果腹、寒不得衣的凄惨生活。"中华人民共和国成立初期新庄村的土地改革适度保存了富农经济，但仍分了三家富农的部分土地。资料显示，土地改革后贫雇农平均每人分了1亩6分地，按家中情况的不同还给分了牲口、农具、房子和家具，贫雇农翻身做了主人。

总的看来，土改时期保存富农经济是积极的。当时农村的主要任务是从暴力革命向恢复和发展生产过渡，富农一般占有较好、较多的土地，有丰富的耕作工具、畜力和其他生产条件，并且有较高的生产技术组织能力。更重要的是，富农相对于地主来说，更容易被贫下中农接受。保存富农经济是平衡土地细碎化与农业规模化生产之间的较好选择。

（三）维护和扩大贫下中农的利益

20世纪50年代初期土地改革的总政策是：依靠贫农、雇农，团结中农，中立富农。土改总体上扩大了贫雇农的利益，保护了中农的利益。在政策倾向上看，当时的贫雇农和中农是名副其实的农民阶级。

中农历来是党团结的对象，党的土改政策一贯保护中农的利益。1931年中央苏区颁布的《中华苏维埃共和国土地法令》提出："所有封建地主、豪绅、军阀、官僚及其他大私有主的土地，无论自己经营或出租，一概无任何代价的实行没收。被没收的土地，经过苏维埃由贫农与中农实行分配。"1947年2月，中共中央发出《迎接中国革命的新高潮》的党内指示，其中再次强调保护中农利益："在实现耕者有其田的全部过程中，必须坚决联合中农，绝对不许侵犯中农利益。"但在1949年之前的政策执行中，由于中央没有作出统一的中农划分标准，各解放区在划成分过程中有扩大地主和富农比例的倾向，通过"查三代""看生活"和"看政治态度"等附加标准，把部分中农错划为富农和地主等剥削阶级，从而侵犯了中农的利益[55]。中华人民共和国成立初期的《中华人民共和国土地改革法》延续了团结中农的精神，规定："保护中农（包括富裕中农在内）的土地及其他财产，不得侵犯。"团结中农的前提是提高中农的政治觉悟，提高中农的政策参与度，纠正排斥中农、歧视中农的做法，允许中农代表参加各种土改相关会议、农民组织中要有中农代表、要吸收中农参加斗争行动[56]。

贫雇农则是土改的主要行动者，"斗地主"是最主要的专政工具，整个过程主要分为划成分确定斗争对象、访苦、引苦、诉苦、清算等环节。为了唤醒农民斗地主的积极性，土改工作队对农民重点进行翻身教育，以激发起农民对地主的阶级仇恨，使他们意识到地主剥削了贫雇农的劳动成果，是贫雇农的阶级敌人。翻身可分为两个层次，即经济上的翻身和政治上的翻身。首先通过大会、小会，反复向农民说明：以前贫雇农受穷受苦，根源就在于没有自己的土地，长期受地主的欺压和奴役；土改就是要通过分田分地使贫雇农真正成为土地的主人；有了土地，贫雇农将会在经济上翻身，过上丰衣足食的日子[57]。经济上和政治上的两重翻身，把农民现实生活中的物质利益与精神渴望紧密地结合起来，这对世世代代都艰难地生活着的农民而言，极具诱惑力。土改工作队不仅适时地宣传"中国共产党和中华人民共和国新政权坚决地给贫雇农撑腰"；而且在现实中明确地站在贫雇农一边：工作队员吃、住在贫雇农家；在贫雇农中寻找能够依靠的"根子"并通过他们了解当地情况；给贫雇农出主意、想办法等[57]。

新庄村在土改"斗地主"过程中发动贫雇农"诉苦"斗地主，贫农刘光明诉苦："天下乌鸦一般黑，地上地主心都狠。在暗无天日的旧社会里，地主阶级的魔爪紧紧地抓着穷人，逼迫穷人走投无路，不让穷人有一刻喘气的机会，残酷地剥削和压迫穷人，穷人的处境越来越不好。我爹逃难到甘肃，给地主刘景南干活。刘景南不但骂人而且打人，有一次，他看见我爹给我家泥墙，他就连说带骂地把我爹打了一顿。当时要不是人多，别人把他拉住，我爹可能就丢了性命。地主阶级真是凶恶无比、残酷无情，他们应该受到国家的镇压。"贫农刘德贵提到土改赞不绝口："1949 年家乡解放了，穷人重见天日。在党的领导下，经过土地改革斗倒了地主，获得了土地。我两个孩子也都大了，能参加劳动，生活一天好过一天，那吃糠咽草的日子一去不复返了。"新庄村民则说："解放后，把身翻，人民当家掌大权；斗倒地主分了地，人民生活更富裕。"

土地改革运动获得了巨大成功，通过这场革命激活了广大中国农民的生产积极性和革命热情，农民有了自己的土地，农民生活有了保障和改善，农村经济活跃，农村基础建设和农业规模化生产开始提上日程。与此同时，党内出现土地改革是否促进了土地私有化的争论，如何保障社会主义的政治方向成为当时的重大议题。

二、小农私有制经济

中华人民共和国成立后的土改运动促使农村经济格局发生深刻改变。土改过程中没收了地主的土地房屋，征收了富农多余的土地房屋，彻底废除了封建地主土地所有制和封建租佃关系。这些从根本上破除了传统封建农地产权制度，消灭了不合理的旧社会土地占有关系，从根本上改变了在中国延续了几千年的农村经济体制。这样一种土地资源和社会财富的农地产权制度变革和农村经济体制改革，有利于农业生产的进步[65]。

（一）土地小农私有制

1949 年之前长期战乱致使农民生活处于绝对贫困中。同时，由于农村地权分配不均，地主阶级和贫雇农的对立比较严重，地主和富农将经济危机转嫁到了佃农身上，导致佃农负担深重，生活更加困苦，普遍面临地租越来越高、租期越来越短、收租越来越严苛的现实。一方面，1949年之后要发展农村生产就有必要继续革命，把长期隐性存在的地富阶级的经济支配权剥夺，把党的组织领导下沉到基层，取代地主阶级的隐性领导权。另一方面，发展农村生产需要消除广大佃农的负担，把地租这种剥削工具彻底消灭。消灭地租也意味着要消灭地主阶级。基于以上政治和经济动因，消灭地主成为1949年之后土改的必然结果。近代以来世界各国普遍需要解决人地矛盾、限制地主阶级割据的问题。

西方国家废除地主土地所有制，在理论和实践上有三种可能途径，即"踢去地主""买去地主"和"税去地主"。"踢去地主"是以暴力手段推翻地主阶级，没收其土地分配给农民；"买去地主"是由国家发行土地债券或筹措现金将地主土地收买；"税去地主"是按照政府估价或地主呈报的地价，重征土地税，使地主无利可图自动放弃土地[66]。其中"买去地主"对国家造成巨大财政负担，以当时中华人民共和国成立之初一穷二白的现实情况，执行起来困难较大；而"税去地主"见效缓慢，与推进社会主义建设的大局格格不入。1949年之前根据地的土地革命是以俄国十月革命通过暴力手段推翻地主阶级的模式为样板，根据地曾经在苏联的干预和指导下采用了"踢去地主"的途径推行土地政策。1949年之后的土改继续沿用该政策精神，重新分配土地，然后改造地主和富农，使其成为社会主义自食其力的劳动者，达到消灭地主和富农阶级的目标。

以当时条件看，无论农村土地实行国有还是集体所有，土地都必须交由农民耕种。中国历史上长期延续的是租佃制和自耕制两种主要形式。土改使贫雇农与土地的关系由佃农或半自耕农转变为自耕农，并受到国家制度和基层政权的保护。自耕农性质的农民没有地租的负担，勤恳耕作，积极发展农业生产，使"耕者有其田"的口号变为现实。

中华人民共和国成立之初经济基础薄弱，城市化不足，无法使众多人口离地转移，从事其他产业。一户固守一小块土地的小农私有制，从事农业集约精细生产，养活一家人，还是最好的选择。小农私有制容纳和安排着中国众多人口，农村犹如一个保持社会稳定和促进经济发展的"蓄水池"。土改后的农村人均占有耕地面积很少，仍然是人多地少局面，有诸多的农业人口无法消化，需要扎根农村从事基础性的农业生产。这就形成了土改后农民占有细碎化土地、整个农村地区实行土地小农私有制格局[67]。但这一格局只是暂时的。土地改革之后，农民拥有了自己的私人土地，贫雇农经过土地改革，分到了土地和其他生产要素，生产和生活状况都有所改善。但是，和农村其他阶层比较，他们所占有的生产要素最少、收入最低、生产也最困难。有些贫农家庭甚至连简单再生产也难以维持，遇有天灾人祸就要负债。根据1954年的调查，贫雇农平均每户所占有的生产要素和中农、富农比较，耕地相当于中农的 63.4%，相当于富农的 36.1%；耕畜相当于中农的46.4%，相当于富农的 27.7%；犁相当于中农的 48.6%，相当于富农的29.5%；水车相当于中农的 46.2%，相当于富农的 37.1%[68]。土地政策注定还要继续推进。

紧随其后的合作化运动打破了土地私有制，确立了集体所有的主导地位。包产到户之后，在集体所有制基础上给农民分配土地耕作成为长期的政策选择。从另一个角度来看，土地小农私有制是介于大地主土地私有制与土地集体公有制的过渡阶段，经过土地革命，地主土地私有制被消灭，减小了实现土地集体所有制的政策阻力。

（二）生产要素交易

土改后土地小农私有制基础上的生产要素市场交易进入全面萎缩状态。这一时期原有的市场交易主体，例如工匠、学徒、商贩等个体买卖者，还有城市商业资本、农村集市等市场参与者及其交易平台供给不足、流动性减弱。而国家计划经济体系的商业流通渠道尚未建立，生产要素市场交易不畅，主要表现在：

首先，小农私有经济交易不足的惯性凸显。一方面，自给自足的自然经济本身就缺乏商品经济的交易意愿，小农以生产性活动为主，经营性活动为辅。相应地，农村中的协会、农会等科层组织缺失，生产要素组织交易规模较小。这时期农民生产的剩余产品不多，能用于市场上变卖的农产品更少，交易需求不足。这种生产要素供需双不足的状态是中华人民共和国成立初期农民生活贫困的特定时代出现的暂时市场主体参与问题，与其后人民公社否定商品经济而产生经济交易萎缩有本质上的区别。另一方面，小农私有经济的农业生产效率不高，副业生产和多样化经营没有大规模发展，初级粮食作物农产品交易在比较优势中处于劣势地位，导致该时期农村生产要素市场交易的内生性不足，这反过来进一步限制了农村生产要素市场交易比较优势的形成和交易效率的提高。

土地改革彻底废除了封建地主土地所有制，打破了非经营性土地占有的垄断，为土改后土地等生产要素的合理流动创造了一个良好的环境。而按人口平均分配土地的土改政策实现了"耕者有其田"，使得新民主主义经济下的土地、劳动力等生产要素更加有效地结合。但由于某些地区土改中执行政策过激，一再出现侵犯富农和富裕中农多余土地的绝对平均主义的做法。其直接后果是许多地方的富农、富裕中农因怕"露富""冒尖"和"再来一次土改"，怕提前"实行社会主义"而不敢出租土地，一些缺乏劳动力的鳏寡孤独和老弱疾病户不敢出租土地，以至于土地抛荒；一部分劳动力多或强的贫雇农和中农却无法租到土地，造成农村劳动力的剩余。这些都对土改后的土地买卖，租佃关系的健康发展产生重大影响[59]。这一现实对土改后的小农私有经济交易又带来阴影。

其次，宏观层面上限制农村生产要素市场自由交易的倾向性比较大。以土地交易为例，当时国家限制农村生产要素市场自由交易有现实的意义。土改之后，国家需要汲取农村的剩余产品支持工业化建设，因此农民应当与国家进行农产品生产要素的交易，而非农村市场内部自由交易。基于私人产权基础上的要素交易在规则上不易调整，但可以通过调节私有制产权的完整性达到遏制自由交易的效果。后来国家运用公权力实行粮食统购统销，就是对农业生产要素市场交易的进一步限制行动。从当时的生产条件看，这样的限制可能是必要的。以国家统一主导农产品生产和流通，在经济基础较薄弱的时代能带来更高效率，同时又促进了粮食专业化生产和城乡产业分工布局的优化，快速实现产业扩容。这样的布局扩大了产业间市场交易规模，使市场范围更大，分工更明确，农村劳动力和农产品在国家政策指引下按需流动，进而形成城乡二元经济结构。

土改后农村中发生的土地买卖和租佃、雇佣、借贷、贸易关系，有利于恢复农业生产，活跃农村经济，帮助农民克服生产生活的困难。但这却引起了人们的普遍关注和一部分人的担忧，害怕农村会走向资本主义。1953年

10月毛泽东在关于农业互助合作的谈话中，指出"个体农民，增产有限，必须发展互助合作。对于农村的阵地，社会主义如果不去占领，资本主义就必然会去占领""现在农民卖地这不好。法律不禁止，但我们要做工作，阻止农民卖地。办法就是合作社。互助组还不能阻止农民卖地，要合作化要大合作社才行。大合作社也可使得农民不必出租土地了"。这些讲话把小农私有经济基础上的土地自由交易问题、资本主义路线与社会主义路线的意识形态问题相联系，基本上否定了农民土地自由交易的可行性[69]。

再次，微观层面上各阶级市场交易意识不强。一方面，贫雇农土地普遍增加，生产积极性较高，生活在一定程度上得到改善，加之阶级成分好，因此生产经营成果较好的贫雇农愿意增加生产要素的购买，例如买入更多土地进行耕种。但也有贫雇农由于贫困程度较高，或懒惰等原因，依赖社会救济，习惯平均主义，对生产要素的买卖意愿不强。但总体上看，贫雇农经济基础薄弱，一些先进户在短期也难以积累足够的资本大量购置土地；另一方面，各地政策虽然有差异，但对土地买卖方面的政策比较谨慎和保守，贫雇农大量购置土地仍受到隐性政策的限制。一般中农和新中农经济条件比贫雇农好，而且在生产条件和副业生产经营方面有更多优势，有能力购入更多土地和其他生产要素。但这时的中农大多经历了土改后怕"露富"和"冒尖"，担心"再来一次土改"，更担心土地占有过多升为富农地主，因此多数中农阶层宁愿维持现状，不买入更多的生产要素。土改后的地富是阶级斗争的对立面，是改造的对象，在身份上不能作为正常的交易主体进行土地买卖；在心理上存在畏惧心理，不敢轻易买卖生产要素；实践中有些地方甚至不允许地主买卖、出典、赠送土地[70]。

基于以上原因，土改后农村生产要素交易市场发育停滞，直到人民公社后期才逐渐繁荣。

（三）粮食统购统销

与"土地社会化（即没收地主的土地）"相对的观点是"地租公收"。"地租公收"来源于西方土地改革学说。1848年英国经济学家约翰·穆勒的《政治经济学原理及其在社会哲学上的若干应用》认为，土地私有不仅不正当，而且没有必要；论及地租时主张把土地发生的地租，没收归公。英国土地制度改革协会（Land Tenure Reform Association）主张以"征收地价税"的方法解决土地问题，就是践行穆勒的理论与方法。1881 年，美国土地问题理论家亨利·乔治（Henry George）出版了《进步与贫困》，主张废除土地私有制，把土地当作"公共财产"，进行土地改革，用课税的方法全部征收不劳所得的地租[71]。"地租公收"反对土地私有制，但不强调土地革命，这点存在折衷主义的局限性。而认为地租应该收归国家、不应该由地主享有，这点有借鉴意义。土改后的中国短暂地出现了小农私有制，国家此时不收取地租，而是取代地主阶级参与农村剩余产品再分配，这与"地租公收"方案有类似之处，典型的做法就是以粮食统购统销政策为核心的公粮农业税体制。

土地改革没收了地主多余的土地，农村的租佃旧制度也走向消亡。与此同时，城乡粮食供需却因为土地小农私有化和市场管理混乱而出现了新问题。1952 年是一个丰收年，但 1952 年下半年开始，全国许多地区出现抢购粮食的现象，这种粮食紧缺的态势一直延续到 1953 年上半年。这个问题出现的直接原因是：中华人民共和国成立初期的粮食市场还是自由市场。由于粮食紧张，粮食贸易有利可图，私商积极同国家争夺粮食。此外，城镇人口急剧增长、农业支援工业优先发展战略也是造成粮食需求量迅速上升的重要原因。于是中央在 1953 年开始全面实行对粮油统购统销：对农村余粮户实行粮食计划收购，简称统购。余粮户，是指留足全家口粮、种子、饲料和缴纳农业税外，还有多余粮食。统购一般占余粮户余粮的 80%～90%。对城市人民和农村缺粮人民实行粮食计划供应，简称统销[72]。随后统购统销逐渐发展成一个完整的体系。1954 年国家对棉花实行统购，此后又陆续对生猪、茶叶等上百种重要的农副产品实行了派购。这样，伴随对主要农产品实行国家垄断、限制城乡贸易，对农业控制生产的内容和领域等系列措施的实施，国家真正管控了农村生产经营。统购统销政策是为解决粮食供求危机而突发制定的政策，而后与合作化一起发展成为社会主义体系的重要组成部分，因而带有强烈的国家意志。统购统销政策同合作化一样，都反映出当时领导人全面掌握农村资源、管控农业生产经营的经济思想[73]。

统购统销人为地割裂了农民与市场的联系，国家取代粮食市场而执行统一的粮食购销，农民没有市场的导向，也无权对自己的产品进行处理，生产积极性被抑制[74]。统购统销制度的长期实施，对农村经济发展产生了较大的负面影响。它不仅使工农产业价值交换和流转关系失衡，农业剩余产品向工业转移，削弱了农业自我积累和自我发展的能力，而且这种限制农村集贸市场的制度安排，排斥了商品生产和市场机制，致使农村经济形成结构单一的产品经济的封闭体系[75]。

1985 年开始，粮食统购统销政策改为粮棉合同定购制度；1993 年 11 月，中共中央、国务院《关于当前农业和农村经济发展的若干政策措施》指出："经过十多年来的改革，粮食统购统销体制已经结束，适应市场经济要求的购销体制正在形成。"至此，统购统销政策彻底宣告结束。

三、土地改革时期自耕农私有制变迁

土地改革是种强制性制度变迁。在历史上，精英阶层长期掌握着政权，通过政治、文化和军事手段牢牢钳制了农民的思想和行动，阻断了农民向社会阶层金字塔顶端流动的机会。而在革命进程中，农民子弟大量参军入伍，进而更深层次地了解了农民贫困的根源在于剥削制度。解放战争胜利后，一方面阶级力量对比发生了根本性变化，另一方面历年的土地政策为土改积累了大量的实际经验，并为全国培养了大量优秀土改干部，因此这时工农联盟政权空前壮大，大面积、大幅度解决封建社会农地矛盾的时机已经成熟。从社会经济发展规律看，推翻封建地主阶级是资产阶级的任务之一。但中国共产党以工农联盟形式取得人民民主革命胜利之后，以摧枯拉朽之势迅速推翻旧地主和新式地主，这一过程必须依靠广大农民的支持并不断扩大土改革命成果才能成功。这时期阶级关系复杂，经济和政治体系正在建设，利益集团间的博弈带来的阻力较大，最终"打土豪、分田地"模式的强制性制度变迁成效最显著。

通过"斗地主"提高农户的政治觉悟不是最终目的。土改的阶级成分划分清晰地将农村地区分为地主和农民两大对立阶级，这两大阶级既是革命斗争中的对立面，也是政治倾向的对立面。革命实践证明，农民支持新民主主义革命，为革命队伍输送兵源。革命胜利后，工人阶级的同盟者——农民有强烈意愿继续进行反剥削反压迫的社会经济斗争；而地主阶级则继续接受斗争。

这种阶级划分的结果促进了中国农村社会结构的重大变动。一方面大多数贫雇农上升为新中农，农村普遍出现了中农化趋向。从思想觉悟来看，土地改革进一步瓦解了封建势力，改造了农民思想。中国的农民由于长期受到封建思想的毒害，造成了他们逆来顺受的性格。运动初期，对土地的渴望，使他们义无反顾，投身于反封建斗争[58]。从这个意义上看，土改是政治军事斗争向经济斗争的转折。结果是实现了"耕者有其田"的新的土地制度。土改之后，旧社会的贫雇农在政治和经济地位上发生了颠覆性的变化，不仅拥有了农村政治的话语权，而且有大量贫雇农升为新中农，农村出现中农化趋势，为小农经济的进一步发展奠定了坚实的制度基础，土改运动调整了农村经济结构，大力发展了农业生产，为国家工业、军事等领域的升级奠定了强大的物质和制度基础。

由于农民家庭条件和经营能力存在差异，土地买卖兼并等交易会导致土地实际占有有可能重新分化组合。农村中的传统精英阶层拥有更多的社会资本和人力资本，而贫雇农虽然分得了土地，却可能由于生产能力或生活需求而将自己的土地变卖出去。随着时间的推移，占有越多土地的人越有能力购买更多的土地。这实际上就形成一种隐患：分田到户导致土地细碎化，土地自由市场交易更容易促成土地集中。中央很早就发现了这个问题，但解决的办法在各时期有所不同。

首先，解放战争时期党对土地私有制容许度较高，基本允许合法、有限的土地租佃和买卖。例如，新的社会经济条件下，确保农民土地产权私有，鼓励租佃和雇工自由，不仅可以帮助农民克服生产生活上的困难，而且可以减轻政府的负担。各解放区将纠偏与调剂土地、确定地权和春耕生产结合起来。中共晋察冀中央局指出，土地改革只是废除"封建的财产制度，并不是根本废除一切私有财产制"，在平分土地后，不仅对于劳动人民的财权、地权及私有财产予以保护，对于地主与旧式富农分得或保有的土地财产及其在新的条件下所得财产，一律加以保护。在土地租佃关系方面，中共中央指出，在已完成土改的地区，允许特定条件下的租佃关系。1949 年 7 月 18 日，华北局对上述中央政府颁布的相关土地租佃关系政策做了具体的阐释：租额在政府未统一规定前，可由主佃双方自由约定；烈军工属符合特定条件出租土地时，亦应由双方自愿约定；用强制办法将租额提得过高，承租者无利可图，使烈军工属无劳力或劳力不足部分之土地无人承租致陷荒芜，对社会生产与烈军工属均属不利；至于租额比率，应视地方具体情况而定；土改后的租佃关系已根本上不同于以前地主对佃户之关系，故只要是双方自愿约定，应不限制。上述政策的实施促进了土地买卖和租佃关系的恢复[59]。

其次，中华人民共和国成立之初的土改出于制度建设固化的需要，为了巩固土改建立起来的所有制关系的稳定，在政策层面上逐渐限制土地大量自由流转。土改之后，农村生产力的基础仍然十分脆弱，农业剩余较少。针对当时农民个体经济的普遍贫困，国家一方面通过一系列救济救灾，社会优抚，农贷政策和对农业的技术支持，来改善贫困农户的生活水平和提高其经营能力。同时，通过允许土地等生产要素的流动来实现资源的优化配置。《中华人民共和国土地改革法》第30条明确规定："土地改革完成后，由人民政府发给土地所有证，并承认一切土地所有者自由经营、买卖及出租其土地的权利"。1951年2月2日，政务院《关于1951年农林生产的决定》明确提出，新解放区在土地改革完成后，立即确定地权，颁发土地证。这表明中央政府此时主要强调农民在土地买卖和租赁市场上的行为不受非经济强制因素的制约，而一些地方性的实施细则，甚至更加强调对农民的土地处置权不加限制[59]。

当土改完成后，以"一大二公"为特征的社会主义公有制登上历史舞台，出于对农村土地自由租佃和买卖可能造成的土地占有两级分化的担忧，土地政策在争议中转向阻止土地交易。土改使农民土地产权个体私有的地权制度得以建立，土地所有权和经营权可以在不同的劳动者之间自由流动和转让。在地权个人私有存在的短短几年时间内，中国共产党的相关土地政策发生了重大的变化：从废除封建地主土地所有权到保护农民土地产权私有以及倡导土地买卖、租佃自由，从对各阶层和团体买地、出租采取区别对待的政策到逐渐批判土地买卖、租佃自由，最后通过土地、劳动力等生产要素入组入社的合作化运动，从根本上杜绝了土地自由流转存在的合法性。纵观整个政策演变过程，一方面，土改结束后，针对当时农村生产力水平的低下和农民个体经济的普遍贫困，国家通过允许土地等生产要素的流动，来实现资源的优化配置，一定程度上改善了贫困农户的生活水平和提高其经营能力，地权个人私有基础上的土地买卖和租佃关系因此继续存在下来并有所发展。另一方面，在具体的政策执行过程中，由于受当时社会经济条件的限制，中共领导人对农民个体经济基础上的土地买卖、租佃关系存在着认识上的偏差，把主要发生在普通劳动群众之间的土地流转看作是农村出现资本主义自发趋势和两极分化的主要标志，过分强调由此带来的社会经济条件的不平等，而忽视其对劳动力和土地资源优化配置的作用，这种观点在今天看来值得反思[60]。

综上所述，土改以国家强制性制度变迁为特征，在农村确立了集体组织享有的对其所有的土地的独特性支配权利，制度的路径是让更多农民有土地耕种，而根本目的是优化资源配置，增加产出。对此《中华人民共和国土地改革法》第一条就指出："废除地主阶级封建剥削的土地所有制，实行农民的土地所有制，借以解放农村生产力，发展农业生产，为新中国的工业化开辟道路。"随着人们对"三农"问题的日益关注，一些农业经济学者也开始借助制度经济学理论来考察土地改革并取得不少成果。如张红宇认为，从1949年到1979年中国农地制度经历了两次强制性制度变迁过程：一次是1949—1952年的土地改革；另一次是1952—1978年，先合作化，进而"人民公社化"[61]。胡元坤在研究新区土地改革时，运用了交易环境约束下的利益集团博弈理论[62]。董国礼运用新制度经济学的框架，认为1950年开始的土地改革是出于国家意志的强制性制度变迁，从产权的角度来讲，农民有了对剩余产品的索取权，极大地鼓舞了农民的生产积极性。土改所形成的农民私有制不是产权市场长期自发交易的产物，也不是国家仅仅对土地产权自发交易过程中施加某些限制的结晶，而是国家组织大规模群众斗争直接重新分配原有土地产权的结果[63]。有学者用1949—1953年的农业产量增长的全国统计数据来证明土地改革对生产力提高的作用，却没有考虑社会政治环境，区域差别以及技术条件等因素的影响，研究结论可供借鉴[64]。

土改后农民的私有制产权已实现，但解决土地细碎化生产、激发农民生产热情却成为土改后农村工作亟待解决的问题。从国家战略看，农村土改不仅仅是让农民吃饱，而且还要为城市人口和工业生产等方面的需求生产出尽可能多的产品。农民的私有制产权能促进自给自足经济的发展，但缺乏对剩余产品生产的激励。为此，集体化组织生产进而土地集体化占有成为后续改革的必然选择。1950 年爆发的朝鲜战争和 20 世纪 50 年代后期中苏关系破裂等重大历史事件和国际形势的变化促使中国做出"备战备荒"的战略决策，农业领域的集体化进程随之快速推进，合作化运动和创办人民公社因而成为农村集体化之路的必然选择。

第四章　合作化集体经济

合作化运动的组织形式分为互助组、初级社和高级社等三种主要形式。农业生产互助组是个体农民在生产要素私有基础之上组织起来的一种互助组。同时还产生了以少数土地入股与分红的农业生产合作社，它们也是以私有制为基础建立起来的互助合作组织[40]。1951 年 9 月 20 日至 30 日，第一次全国农业互助合作会议通过了《中共中央关于农业生产互助合作的决议（草案）》。会后，从 1951 年秋至 1953 年春，全国大部分省区开始逐级试办了以土地入股为特征的农业生产合作社（初级社）。1953 年下半年开始，合作化形式互助组转向初级社。1956 年 6 月，全国人民代表大会第三次会议通过了《高级农业生产合作社示范章程》，总则规定，高级农业生产合作社是劳动农民在共产党和人民政府的领导和帮助下，在自愿和互利的基础上组织起来的社会主义集体经济组织；生产合作社按照社会主义原则，把社员私有的主要生产要素转为生产合作社集体所有，组织集体劳动，实行按劳取酬。从性质上看，初级社和高级社已经属于农村集体组织，农户开始走上集体化的道路[78]。

一、互助组

互助组通常由 4～5 个相邻的农户组成，在农忙时各家劳动力互补，牲畜、农具等生产要素共同使用，通过协作劳动应对紧张的农业生产。而农户个体的生产决策、日常经营仍然自主[76]。在互助组高潮时期，规模能达到约 12 户 1 组。互助组有临时互助和常年互助两种形式。在临时互助组中，农户保留土地、农具、牲畜等生产要素所有权及独立经营权，仅在农忙时对劳动力和其他生产要素调剂使用，劳动所得归土地占有者所有；常年互助组实行农业生产互助和副业生产互助相结合，互助组内部有时制订共同的生产计划，有时还存在技术分工[77]。

新庄村在互助组成立之前就有变工队。变工队由若干户农民组成，各家人工或畜工互换，轮流为各家耕种，秋收按等价互利原则结算。这种形式的变工队就是一种临时互助组。1950年乡上要求新庄村组织互助组，于是在驻村工作组的指导下，新庄村成立了常年互助组，名称仍然叫变工队。最初的常年互助组是只有6户的变工队，到了1951年增加了5户，变工队增加到11户。刚成立的新庄村变工队劳动具有季节性，他们的劳动主要是在收种季节，不是经常在一起劳动，他们的变工队选一个队长一个记工员，每人每天劳动三晌，牲口两晌，人畜都按晌记工，最后按土地多少，将晌数平均，算出长短晌，以后再做活还工。

互助组通过有领导地分批逐步发展，从临时互助组逐步过渡到常年互助组。互助组织目标是暂时不触动农民的土地所有权，在农民私有财产基础上实行集体劳动[79]。1951年12月中共中央发布《关于农业生产互助合作的决议（草案）》，1953年2月、12月，中共中央又发布了《中共中央关于农业生产互助合作的决议》。截至1953年冬季，全国的互助合作运动仍以互助组为主[77]。

农业合作是提高农村生产力和维护社会稳定的必然条件。1949年以后的土地改革使农民成为土地的主人，对生产的热情空前增长，集体主义精神空前热烈。为了响应党的号召，大量农户基于相互利益，自发组织了劳动互助组织，在一定程度上帮扶了生产困难的农户，有助于全国农业生产的快速恢复和发展。

1952年至1953年春新庄村组建了正式互助组。上级委派的工作组在新庄村传达了乡会议精神——要求全体村民都要参加互助组。大部分村民都积极报名参加，但是有的村民持观望态度，还有极少数人没有参加。原新庄村的变工队升级为互助组，共有22户参加，刘清瑞任互助组长，刘田任副组长，刘清耀任记工员。他们和新庄村的村民常年在一起劳动，仍计晌数，每个季节一总结一公布，算出各户长短。互助组在活少的时候会叫短的人多做一些，到年终总结再算出各户的长短。互助组的工日、工价比当时市场上低贰叁角钱，具体低多少由组员大会研究决定，在定下来之后，当时兑现。有的人有时兑现不了，互助组会当面说清记到名下，有钱时还清。互助组没有现金账，用工单算账，短款户和长款户互相定了付款时间，以后都按时付清。

从传统农业特征的角度来看，中国农民有互助的传统和需要。个体私有基础上的小农经济的缺陷是缺乏生产要素，特别是当灾害发生时，维持正常小规模生产也变得不可能。因此，长期以来，农民始终需要相互合作、共同发展生产，这就是长期存在的原始形态的民间自发形式互助。经过土地改革后，私有制土地被重新分配，农民获得了自己的土地，农户生产积极性得以充分发挥，农村经济持续好转，农业生产和耕地面积回到了历史最高水平，体现出农民个体土地经济相对于封建私有制农村经济的优越性。随之而来的生产互助变得更加频繁和持久。这种根深蒂固的互助精神是互助组进一步发展的心理基础。即使没有合作化运动，自发的临时性的生产互助仍然会在一定范围内存在，只是缺乏组织性和稳定性[80]。

从意识形态角度来看，互助组是土地制度改革的延续，它使土地集体所有制得以初步实现。1949 年至 1952 年，为了活跃农村经济，各大区中央局和军政委员会曾先后颁发布告，允许在农村中实行土地买卖和租佃自由、雇工自由、借贷自由、贸易自由的政策（即"四个自由"）[81]。随着农村生产互助、组建合作经济条件的日益成熟，农村政策层面开始强调公有制的绝对地位，土地私人占有、租赁和买卖被视作资本主义残余，是社会主义的对立面。在相关政策的推进下，所有地区加快了集体化进程，鼓励农民发展互助组。1950 年年初，在党的领导下展开了如何处理农民个人经济问题的讨论。经过两次讨论，合作运动成为防止农村土地集中进而出现农户土地占有不均等的主要手段，后来采取了一系列措施来促进农业生产中的互助合作。中央仍然鼓励个别农民之间的普通土地交易方面的"四个自由"，但在现实中已经出现因土地买卖而引起的两极分化。此后，"四个自由"范围逐渐缩小。支持互助组的发展对限制土地流转有巨大作用。1952 年 7 月中央明确规定：互助组内限制土地买卖、出租关系；原则上不允许仅以土地参加互助组。中共中央农村工作部部长邓子恢于 1953 年 4 月 23 日在全国第一次农村工作会议的总结报告中谈道："土地买卖和租佃的自由，土地法上规定了，今天还不能禁止。但这种自由的范围很小，实际上仅允许鳏寡孤独烈士军工属及没有劳动力从事耕种的人出租土地……这个自由很有限度，并应尽量缩小这个范围"。[59] 由此可见，互助组也是当时集体化的工具，大力发展互助组有利于土地逐渐退出市场交易，进而锁定于集体化组织内部。当时农民又完全依附于土地，结果农民也间接锁定在集体组织内部，集体经济日益强大。

从经济建设战略角度来看，互助组迅速发展的推手则是自上而下的行政指令。中华人民共和国成立初期中国共产党就确立了社会主义现代化的基本模式：将计划经济作为主要手段、限制市场经济的范围、优先发展重工业的路径。经济发展状况决定了地方必须提供大规模工业产业需要的资金。主要方式是农产品剪刀差，通过汲取农业收益支援工业建设。这很难在小农经济体系下实现。土地改革后，农村经济依然是自给型的小农经济，农产品的商品率低，大规模农产品生产和交易发展不畅，分散的个体农民土地私人占有制度与社会主义现代化基本模式不相适应。这种背景下，搞集体经济才是最终目标。当社会主义公有制改造在各产业相继推进时，农村集体经济改造成为重要的并且是首要的阵地。这实际是生产关系适应生产力发展要求的产物，只是因为各种原因，生产力被高估了，而生产关系的调整相对急切了。不可避免地，土地改革运动建立起来的个体农民的土地所有权制度，在不到3年时间就被否定了[82]。

二、初级农业生产合作社

土地改革后，基于解放区生产互助的经验，中央鼓励农户成立互助组，试图借助农民的互助合作，突破小农经济风险大、效益低的局限性。互助组在组织农民生产，帮助困难户度过生产难关方面起了积极作用。但互助组是以个人所有制为基础，实质上仅仅是松散的劳动协作，达不到集体化生产的需求。因此，互助组进化为生产合作社成为必然趋势。1951年4月，山西省委在向华北局的报告中指出：互助组存在涣散现象，并建议组建生产合作社[80]。

初级生产合作社一般由 20～30 个农户组成，高潮时期社员规模达到约

50 户 1 社。初级生产合作社按照统一的生产计划集中使用农户的资产。收入分成或按土地、牲畜和农具分红，或按劳动完成情况付报酬[76]。初级生产合作社生产实行"土地入股，统一经营"，耕畜和农具等生产要素根据需要实行有偿共同使用；各社积累适当比例的公积金；农户收入来自土地的分红和劳动贡献报酬，劳动力分红比例原则上高于土地[77]。

如果说互助组是集体生产的雏形，那么初级社就是真正意义上的集体生产。由于各家庭的劳动力、生产经验和技术存在差异，农村地区的富裕阶层和贫困阶层的两极化出现苗头。1951 年东北局给中央的报告提道，部分农户家庭条件较好，通过增加生产投入，不仅实现了粮食增产，而且增加了家畜养殖，购置了更多的农具、衣服等。而有些农户由于劳动力不足，或由于疾病、灾害，或由于劳动条件差，或由于好逸恶劳，生活依然贫困。甚至有农户开始出售土地或出租土地、打长工。农户两极分化的现象引起了中央的警惕，走集体化道路、扶危济贫成为继续坚持社会主义道路的一种解决方案[80]。第一，初级社实现了小农经济集体化。小农经济在当时被认为是一种低效的生产组织形式，需要进行更高级的合作制转变。无产阶级取得政权后，农村经济建设方向上需要对小农经济进行彻底改造，把私人生产和私人占有变为合作组织的集体生产和占有。第二，初级社实现了土地国有化。农村经济存在不平衡性，如果没有国家干预，那么农村土地也容易在自由交易中逐渐集中到少数人手里，成为阶级剥削的工具。土改之后的小农暂时实现了土地平等，但在后期的"四个自由"中，部分农民通过卖出土地又丧失了分到的田地，农村阶层分化苗头显现。第三，初级社实现了农业集约生产。小农经济与社会化大生产脱节，农业生产方式与生产要素分离，导致与现代社会化大生产不匹配的问题。初级社把细碎化的土地通过入社的形式聚集起来，实现大规模统一生产，打下了集约生产的初步组织基础[83]。

1953 年下半年开始，在政策鼓励下，临时性、季节性的互助组向常年互助组发展，部分常年互助组开始试办初级农业生产合作社。截至 1954 年 3 月底，全国已经建立初级社 9.5 万个[40]。这种安排适应了中国当时计划经济管理模式，奠定了农业生产的稳定格局[79]。

1953 年 10 月、毛泽东在关于互助合作问题的谈话中指出"现在农民卖地，这不好。法律不禁止，但我们要做工作，阻止农民卖地。办法就是生产合作社。互助组还不能阻止农民卖地，要生产合作社，要大生产合作社才行。大生产合作社也可使得农民不必出租土地了，一二百户的大生产合作社带几户鳏寡孤独，问题就解决了。小生产合作社是否也能带一点，应加研究。互助组也要帮助鳏寡孤独。生产合作社不能搞大的，搞中的；不能搞中的，搞小的。但能搞中的就应当搞中的，能搞大的就应当搞大的，不要看见大的就不高兴。一二百户的社算大的了，甚至也可以是三四百户。在大社之下设几个分社，这也是一种创造，不一定去解散大社。所谓办好，也不是完全都好。各种经验，都要吸取，不要用一个规格到处套。"这番谈话为互助社发展为生产合作社这一方向定下了基调。1953 年年底召开的第三次互助合作会议，党中央强调在互助社基础上大办生产合作社。会后各地掀起了大办初级社的高潮[59]。

1953 年秋收后，政府开始动员组织大小不限的初级农业社。新庄村当时成立了两个初级合作社，该村的第一合作社，共 32 户 120 余人，土地将近 500 亩，牲口牛 10 头，马 2 匹，驴 8 头，共 20 头，大车 5 辆，小件农具都有。在当年冬季，新庄村的初级社制定了章程和管理制度，选举产生了初级社管委会，领导班子由 5 人组成，正副主任各 1 名，会计 1 名，生产委员 1 名，财务委员 1 名。该初级社分了 3 个小组，各组正副组长各 1 名，记工员 1 名，保管员 1 名。村子里的土地全部入了社，牲口农具也评了价，男女社员给评了底分，把牲口农具价总起来，再把男女社员底分总起来，摊纳牲口农具价款名目就作为股份基金。当时初级社拿不出股金，就记在账上，逐年清账。在初级社财务管理方面，当社员有困难借款的，3 元以内由社主任批，3 元以上至 5 元由社管会批。社里购买东西时，5 元以内由社主任批，5元至 10 元由社管会批，10 元以上由社员大会决定。所有钱由出纳管，从出纳手中拿钱的人要有社主任批字或借条。还钱或者东西买回来后交东西、交发票，抽借条。出纳账要做到日清，互助组的出纳手头只能存 20 元，其他钱要存到信用社。社主任有权随时查看出纳账，钱账不符就算挪用，少则批评教育及时补上，多则开会做检讨。

由于缺乏经验，初级农业社在实际运作中管理比较混乱。新庄村第一合作社有次卖了 1 头骡子得 180 元，卖骡子人回来没有给会计交账，把 180 元直接交了出纳，出纳也没有给会计说。社主任查出纳账时发现出纳账上钱多了 180 元，就找会计问原因。会计也说不清，社主任就给会计说先不要声张。社主任走后会计以为自己账有问题，就给社主任请示后，去和出纳对账，一对账发现社里的钱比账上的钱多了。会计问出纳你管的钱为什么多出这么多，出纳说他私人的钱和社里的钱放到一起了。晚上开会时，管委会主任把钱账不符的事给大家说了。当时会计说已经和出纳对账，村长就问出纳为什么多出这么多钱，出纳说他私人的钱和社里钱放到一起了，只要钱不少就行了。但当时村主任批评了会计，说："叫你不要声张，你想私人哪来这么多钱，既然大家都说不出什么，那就肯定是有问题的。"于是工作组提议第 2 天村长和社主任跟出纳进行谈话，搞清楚多出的钱是从哪里来的。第 2 天村长、社主任和出纳谈话，出纳坚持说是私人钱和社里钱放在一起了，村长问他这么多钱从哪里来的，他说是他儿子寄来的。因为当时寄钱需要用邮政邮寄，村长就要求出纳把邮寄的信或凭证找出来。出纳找了一会儿说找不见了。后来工作组和社主任研究决定召开社员会，由会计公布账，特别是收支要细致公布一下。会上，会计公布完账，就叫大家讨论有什么钱交了还没有收账。社员刘功当时就问会计："我交了 180 元骡子钱你怎么没公布？"会计说："你没交账，我账上没有。"刘功于是问出纳："我把钱交给你了？"出纳回答："对着哩。"刘功又问："你为什么不报账？"出纳说："我以为你报了。"这时，多出来的这 180 元就搞清楚了。大家在会上批评出纳不老实，出纳当即承认了错误，作了检讨。

初级农业社还存在所有权虚置问题，容易导致集体财物无谓地损耗。新庄村成立初级农业社后，没有地方存放已经评了价的牲口，只能分散管理。为了割断私人念头，村里统一将原来牲口换槽喂养。有些社员认为既然不是自己的牲口，就偷牲口的料面，才 1 个多月牲口就掉了肥，对此新庄村的社员意见很大。社主任召集管委会研究，他们认为这样长期下去问题就严重了，经过反复开会研究，决定集体不设专门地方，不换槽按原来喂养办法先解决当务之急，时间不长牲口就有了好转。但新的问题又出来了：有些饲养员认为这是他的牲口，就不让别人用，还将耕具藏起来，不配给牲口，结果矛盾就激化成了吵架打架。后来有的人为了用上强壮牲口就直接拉牛退社。还有，1954 年夏收又出了问题。有社员提出他投资多，因此施肥、种子、犁地等方面要受照顾；有社员施 1 亩地但报称施了 2 亩多；有社员，种子是从社里取的，但硬说是买的或到别人家换的；有社员说他的牛大犁地深要额外补贴。各种问题比较多。社管委会研究之后发现意见太大，无法处理，就上报了乡政府。乡政府决定：夏收谁种谁收，但 1954 年秋到 1955 年按集体种集体收，分配是地劳比例劳六地四，地多的人还有意见，但这是上级政策谁都不能改变。

三、高级农业生产合作社

初级农业生产合作社只是一种过渡形式，当社员逐渐增加、生产要素共有、集体生产经营、按劳分配的基础形成后，高级农业生产合作社这种集体所有制最简单也最纯粹的生产合作组织就迅速出现了。

高级社最初大约由 30 个农户组成，但经过合并，很快整个村庄的全部农户都加入了高级社，一般高级社大约 150～200 户。在这种集体制下，农民的私有土地收归生产合作社集体所有，耕牛和大型农具等生产要素折价入社，取消土地分红，劳动计量采用工分形式按劳分配，股份基金由社员分摊。相对而言，初级生产合作社以土地入股，按要素分配和按劳分配相结合，以按劳分配为主；高级生产合作社将土地和其他生产要素集体化，采取按劳分配原则。这种所有制和分配制度，实际上是抽肥补瘦，损害了中农和富农的利益，部分中农和富农阶层在很大程度上是被动员甚至强迫入社的[77]。另外，随着集体制的深化，互助组和初级社的组织形式缩减了农户的土地买卖和租佃；高级社中，由于农户的土地由集体统一经营，杜绝了农户土地买卖和租佃的可能性[59]。

1955 年 7 月—1957 年，在全国合作化高潮的形势下，绝大部分生产合作社没有经历过渡步骤，连续升级，迅速进入高级农业生产合作社阶段。合作化运动过程中主要实行强制性公有制运作方式，把农户的生产要素归公。广大农民信任和拥护党的政策，积极响应号召，敲锣打鼓入社[79]。1956 年年底，全国参加农业社的农户占农户总数的 96.3％，其中高级社为 87.8％。农业生产基本实现了合作化，生产要素的个体农民私人所有变成了农业生产合作社集体所有。农业社会主义改造基本完成[40]。

1956 年新庄村在初级社的基础上建起了高级社，由于经济发展水平的限制，初级社和高级社时期新庄村的合作社是四无社：无会议室、无办公室、无仓库、无饲养室。高级社取消了土地分红，实行按劳分配，多劳多得。但是粮食分配有专门政策。村里从 1953 年春查田定产，统购统销政策，人人都要有饭吃，粮食分配是人八劳二，按比例分配。分配时将全年收的粮食加总起来，扣除国家任务、种子、牲口饲料等以后，按人劳比例分配。人的口粮 1 年不能低于 360 斤，最高不能超过 495 斤，分完后的余粮归集体储备粮。社员刘光明在高级社成立后说："在农业生产合作社里每年都分到了足够的粮食和一些现金，社员生活更加美满，不愁吃穿。1960 年前后，村里遭受严重的自然灾害，粮食产量少了，但是社员没有受饥饿，因为合作社及时供给了钱粮。现在的生活日日改善上升，共产主义的幸福生活在即！"还有社员形象地描绘了农业生产合作社带来的巨变："党领导人民先成立互助组，再成立农业生产合作社。村里土地和生产资料归集体所有，社员走集体化、共同富裕的道路，生活从此再上一层楼。现在一进村，一排排新房子映入眼帘，村民家里差不多都打起了新围墙，把新庄村点缀得更高级、更美丽了。村里家家有垫壶（暖水瓶），有的户还买了架子车和自行车，添了新衣新被；社员都有吃有穿，人人有胶鞋，有不少人还穿上了皮袄，戴上了眼镜。真是人财两旺、幸福无疆！这一切都多亏了党和毛主席。"

以高级社为代表的合作化运动，是在改造农民旧式互助形式的基础上，借助行政指令方式推动和发展起来的。与农户之间以往结成的互助组比较，首先，它不是农户自发组织、仅限于劳动互助范围的活动，而是在党和政府领导下建立的生产互助型集体经济组织。农户在高级社中被动地接受劳动安排和报酬分配，并根据生产需要承担思想教育和其他社会服务任务。其次，高级社多以社区为单位组建，打破了传统以血缘关系为中心的"差序格局"社会关系网，使高级社的用工和管理更加规范化。最后，高级社规模更大、组织动员能力更强，能从事更繁重或更紧迫的农田建设、粮食增产等任务，不仅高效地支持了农村经济发展，而且有力地支援了国家工业优先发展战略[84]。高级社符合当时农业生产力低下条件下的劳动组织要求，可以使稀缺的生产要素配置更合理，产生激励机制，提高劳动效率，发挥规模优势[84]。

四、合作化集体经济组织载体变迁

中国过渡时期的集体经济是通过合作化运动实现的。合作化运动承认土改后农户对土地的个人占有，但主张土地应当由农业生产合作社统一支配和使用，通过农业生产合作社的生产经营进行共同生产、共同劳动、按劳分配和按股分红，最终引导小农经济走向集体化，完成社会主义改造[3]。

经过土改建立起来的小农经济在农村没有持续下来，在完善集体主义的政策推动下，刚刚获得土地的农民就在合作化运动下迅速参与了集体所有制变革。1958 年秋后变成国家主导的集体化进程。合作化运动前期以自愿加入为主，有效地提高了生产要素的利用效率，使劳动力分配更加合理，产生了规模经济效益，在一定程度上避免了小农生产的弊端。而在后期，由于政策的迅速推动，合作化运动全面铺开，导致生产合作社规模过度扩展并且管理成本日益增加[76]，反而降低了农业产出[77]。

相对小农经济，合作化组织能有效实现劳动力集中，为农业基础设施和公共建设提供充足的劳动力供应。合作化劳动解决了农村劳动力季节性闲置问题，通过行政命令和地方组织动员，高效率地把农村劳动力配置到农业生产和基础建设环节，满足了当时宏观农田水利建设和工业辅助建设的要求。同时，在土地细碎化的条件下，农户生产往往依赖于生活的正常需要，地块通常以种植粮食、蔬菜等基本家庭吃用物品为主，土地利用率低并且难以实现精细化粮食规模生产。合作化组织能消除土地细碎化耕种的弊端，使统一生产决策和经营更加便利有效。

农业合作化运动还是政治和经济双重影响的结果。1949 年以后制订的重工业优先发展的工业化路线，需要农业领域建立对应的合作组织来支持工业建设。在当时面临国际封锁的严峻形势下，为了将人力资源、资本、粮食等战略资源集中利用并且高效配置到更多的产业，特别是重工业，需要及时改造小农经济，推进集体化以增加粮食生产，但更重要的是，用集体制方式组织粮食生产和供应，确保粮食征购工作的开展[76]。1952—1957 年，城市人口增加了大约 30%，但政府征收到的粮食几乎没有任何增加。政府出于形势的需要，在农村快速推进合作化运动[76]。

合作化运动虽然经历了曲折的道路，很大程度上在农业领域实现了社会主义转变：一是合作化运动确立了基本农业生产要素的共同所有权。土地改革确立了小农经济为基础的土地所有权和使用权，促进了细碎化农业生产的发展，但它没有实现农业集体所有制。通过合作化运动建立起来的土地等生产要素集体所有权，在农村社会消灭了固有的私有经济基础，为未来中国现代化的发展提供了稳定、高效的农业资源规模化使用机制。二是合作化运动把家庭经营变成集体经营，在中国历史上第一次实现了农业区域性大生产的布局，把零散的小规模个体农户生产单位组织成大规模的集体生产单位，并通过整合不断扩大生产合作社的规模，充分发挥了规模经营的优势，为以后农村双层经营打下了组织基础[85]。

合作化运动也带来一些经验教训：一是从当时的农村经济状况看，合作化比较激进。在合作化组织动员过程中，能否在当地迅速组建高级社被当作政治立场是否坚定、社会主义方向是否正确的检验标准。合作化运动在行政压力下加速发展。短期内，农户的土地和其他生产要素被公有，生产组织受到影响。二是合作化运动过早地否定农户个体所有制。合作化收回了社员对土地等生产要素的所有权和经营权，也没有完全按照自愿互利、按股分红的原则分享收益，损害了部分农户的利益。三是初级社转为高级社时，初级社的多种合作形式被取消，标准化集体统一经营模式的高级社所有制取代了初级社多样化所有制，抑制了集体制效率的发挥[79]。

第五章　人民公社集体经济

1958年1月1日《人民日报》发表元旦献词，指出："人们的思想常常落后于实际，对于客观形势发展之快估计不足"，因此，要求"必须彻底纠正那种落后于客观实际的思想状态，就必须鼓足干劲，力争上游，充分发挥革命的积极性创造性，扫除消极、怀疑、保守的暮气"。于是，"大跃进"运动登上历史舞台。在党的八大二次会议上，"大跃进"正式上升为新一轮发展战略。在"大跃进"运动背景下，生产要素高度集中、生产经营高度统一的人民公社成为最适合的组织形式。这时期，中央核心决策层希望改变"小而散"的农村基层组织形式，建立共产主义公社。1958年8月29日，《中共中央关于在农村建立人民公社问题的决议》在北戴河会议通过，决议认为"人民公社将是建成社会主义和逐步向共产主义过渡的最好的组织形式，它将发展成为未来共产主义社会的基层单位""应该积极地运用人民公社的形式，摸索出一条过渡到共产主义的具体途径""看来，共产主义在我国实现，已经不是什么遥远将来的事情了"。北戴河会议以后，各地一哄而上，迅速掀起了建立人民公社的高潮，1958年9月底全国农村中普遍地建立了人民公社[87]。

人民公社既是中国农村社会的基层经济单位，也是基层政权单位。一般一乡即为一社。它包括了农、林、牧、副、渔各个方面，是工农商学兵相结合的统一体，一个公社就是一个完全可以自给自足的小社会。在组织管理上，公社实行政社合一的模式，共设置公社管委会、管理区或生产大队、生产队这三级管理机构；在生产和生活上，公社强制实行"组织军事化，行动战斗化，生活集体化"。"大兵团"作战是人民公社生产的主要组织形式，家庭失去了它原本的意义。在人民公社内部，生产要素实行纯公有制形式，分配上实行工资制与供给制相结合的制度，70%左右的生活用品按人均免费供给，除"吃饭不要钱"以外，衣食住行、生老病死、婚丧嫁娶、教育医疗等统统由公社包下来。之所以实行这种形式，主要是为了改变当时的私有制社会基础，发挥人的能动性和创造性。毛泽东认为，若生产要素始终为私人所占有，那么就不能真正解放人的本质与天性，进而不能更大程度地发挥其主体性作用。

以 1958 年 4 月河南遂平诞生的第一个人民公社为起点，以 1983 年 10 月 12 日中共中央、国务院联合发出《关于实行政社分开建立乡政府的通知》为终点，人民公社体制在中国农村整整存在了 25 年。这 25 年的人民公社时代是中国农村从贫困走向稳定的历史过程，是"一大二公"时期以指令性计划为主的计划经济的实现形式[86]。

如今，当谈论起农村人民公社时，人们往往将其与那以"浮夸风"和"共产风"等为显著特征的"大跃进"和人民公社运动相提并论，也通常都会将 20 世纪 60 年代前后罕见大饥荒的出现全都归咎于公社，全盘否定公社的存在与运行。但以新庄人民公社的实例看，早期的人民公社最重要的贡献在于社会效益，社员从事了大量农田水利建设方面的义务劳动，经营收入却相当微薄。

1957 年秋季，原蟠龙乡政府撤销了，成立了蟠龙人民公社，新庄村高级社改为蟠龙人民公社新庄大队，高级社支部书记刘清瑞改为新庄大队支部书记，高级社社主任刘均改为新庄大队大队长，会计刘凯、贫协主席刘田等都由高级社职务名称改为新庄大队职务名称，分配办法和其他工作都和原先一样。但公社刚成立时队里没有钱，因为过去义务工太多，20%左右的劳力出力不挣钱，生产队还要给每人每天补助伙食费 0.3 元。例如，从 1951 年开始，给阳平修河堤，给下马营、天王、吉家庙挖育林坑，给引渭、六川河、冯家山修水利，给牛头山、县功、千阳、蟠龙修到宝鸡市的公路，给大兵团平整土地等，以上这些工程任务完成了，大队都没挣到钱，生产队还要出补助伙食费。因而生产队买化肥也没钱，队里很穷，没人愿意当干部，每年选干部要花 1 个多月时间，选上的干部没计划没目标地干 1 年。干部不稳定，生产上不去，群众积极性不高，生产上不去就越来越穷。

后期人民公社发展进入正轨，社会效益和经济效益逐步提高。社员刘德贵评价道："公社化后我们生活更幸福了，大孩子在工厂工作，二孩子在家劳动，也都娶了媳妇。我现在全家欢乐，子孙满堂，盖了新房，添了家具。这是敬爱的共产党和毛主席给我们带来的幸福。我以后要努力生产，响应党的号召，起模范作用，搞好生产，报答党和毛主席的恩情。"

一、三级所有、队为基础的集体所有制

在人民公社创办之初，大部分地区实行的是公社一级所有制，以公社为基本核算单位，但公社所有制脱离了当时的农业生产力发展水平。之后，中共中央在纠偏的过程中，将基本核算单位逐步下放。1962年2月，中共中央确立了"三级所有，队为基础"的所有制形式。这种所有制形式在新庄村一直延续到1983年，直到被"家庭承包、联产计酬"所取代。

（一）划分作业组

人民公社与高度集中的计划经济体制相联系，实行农产品统一生产、统一收购和统一销售制度，保障了当时的重工业优先发展战略的实施。但人民公社也存在劳动组织管理的弊端：第一，它增加了对集体财产的监督成本。由于人民公社集体资产存在虚置问题，社队对集体资产的监督缺乏激励措施，社员缺乏利益共享，因此，集体资产增值和维护的制度供给不足。第二，平均主义降低了社员的劳动积极性。生产队的劳动成果主要按人口和工分进行分配，而且人口在分配中所占的比重比较大，工分以出勤天数计算，按劳分配的原则没有落在实处，导致社员产生干多干少一个样、出勤不出力的消极怠工现象蔓延[102]。加强生产责任制是解决以上弊端的主要方式。

划分作业组是人民公社实行生产责任制的产物，通常以生产队为单位，根据农业生产的实际需要组建几个临时的或固定的作业组，将农活包工到组，实行定额计酬。划分作业组是为了促进生产，不是为了增加管理层。因此，作业组应匹配相应的权利，以便发挥积极性。

在劳动管理方面，作业组有利于合理支配劳力，真正做到因人而用、落实劳动考勤、记清工分、加强定额管理，从而提高劳动工效、节约劳力。在财物管理方面，作业组有利于管好、用好各类物资，科学合理地使用生产队分配的农药、水等资源、切实提高效益，作业组对生产要素都更加爱惜，大部分作业组自觉建立了损失赔偿制度，用好生产队的投资，节约费用，降低成本。在集体管理方面，作业组在生产队统一领导下开展协作生产，向集体致富努力前进。

作业组的划分有两种形式：一是在生产队内部根据生产内容和作业对象进行专业分工式的划分。例如，划分出专门种植小麦的专业组、专门种植棉花的专业组、专门从事牲畜养殖的专业组、专门从事副业的专业组等。二是基于劳动组织管理而进行的劳动力组合式的划分。这种方式首先是在生产队内部把所有劳动力划分成若干组，再把农田、棉花、牲畜等生产要素分到对应的组，以小组为单位独立组织生产。专业分工式作业组需建立在有一定规模且较发达的农村经济基础上，劳动工具相对丰富、有一定的农业机械化水平是其前提条件，由此便可以通过技术效率的提高来推进农村经济发展。

在"十年动乱"后的中国农村，思想解放还未展开，割资本主义尾巴、以粮为纲等观念仍然处于主导地位。采用专业式的作业组既缺乏政策依据，更缺乏客观条件。劳动力组合式作业组更适合当时中国绝大多数农村现实状况，这种作业组建立在基础弱、功能单一的农业生产条件上，作业组本身规模小、对技术条件要求较低；更重要的是，在 1949 年以来的长期农业政策中，合作社运动已经得到阶段性肯定，划分作业组在本质上同样是把集体农业生产分割为小集体农业生产的形式，政策阻力相对较小，并且易于组织管理，因此成为划分作业组的主要形式。

新庄村这时期相当贫困，划分作业组时沿用劳动力组合式，采取"四固定"方法：即固定劳力、固定土地、固定牲畜和固定工具。具体而言就是以提高劳动生产率为原则，根据生产队的规模大小和自然分布情况来确定划编作业组的多少，再按照作业组的规模来确定劳动力、土地、耕畜、农具的固定使用问题。

作业组的劳力范围是常年在队参加田间劳动的男女全半劳力，在划编时以户为单位，相对集中连片，兼顾骨干力量、劳力强弱、技术力量的均衡搭配。生产队首先提出方案，交由群众民主讨论并选举出作业组正副组长。原则上，生产队队长、会计、保管都编定作业组，但不兼任作业组组长，而副队长及其他干部均可被选任作业组长。在固定作业组的劳力时，一般川原区为 20～30 个劳力，山区相对小一些，但也不得少于 15 个。土地划给作业组耕种后，相对稳定，一般不会轻易变动。划分时从便利生产出发，区别土质地力好坏、远近、水旱等条件逐块定产，在此基础上考虑作业组劳动力多少，按比例合理搭配，做到大体平衡。除此之外，固定土地时不片面搞平均主义。牲畜划给作业组固定使用，一般按照作业组的土地多少和牲畜的役用能力来进行搭配。集中饲养的依然统一饲养，固定到组使用；分散喂养的山区，固定给作业组饲养使用。大型农机具（如汽车、拖拉机、电动机、水泵、铡草机、粉碎机及机井、陂塘等设施）由队统一管理使用，小型农机具（如犁、磨、绳索、锹、扫帚等）则固定到作业组保管使用。"四固定"确定后，无特殊情况，在一年内不轻易变动，下一年度开始时才对各作业组已发生变化的劳力、土地作适当的调整，通过调地和调劳，再次达到新的平衡。牲畜如有大的变动也做相应调整。

划分作业组实现了稳定劳动组织管理的作用。20 世纪 70 年代以后，新庄大队进入稳定发展时期，大队辖 3 个生产队，劳动力达到 200 人左右（表 5-1）。

表 5-1　1973 年新庄大队农村人民公社基本情况

	单位	数量
生产队核算	个	3
农村人民公社户数	户	97
其中：农业户数	户	97
农村人民公社人口	人	491
其中：农业人口	人	491
农村人民公社劳动力	人	193
农业劳动力	人	193
生产的劳动力	人	10
有储备粮的生产队个数	个	3
储备粮总数	斤	95 758
其中：年末实际库存储备粮	斤	56 822

1979 年 10 月，生产队对作业组的生产环节实行"五统一"管理，即统一领导，统一计划，统一调配生产要素，统一核算，统一分配；并对作业组的计酬实行联系产量计酬，当时被称为"三定一奖"，即定产、定工、定投资、超产奖励。至此，基本健全的"人民公社—生产大队—生产队—作业

组"这种典型的生产经营模式正式确立。

定产是按生产队前3年平均产量为基数，加上增产的幅度定常产，然后按土地好坏等级逐块定出亩产，最后按各作业组所划定的土地面积和事先确定的田块等级产量逐块计算出全组定产。

新庄大队以队为基本生产管理单位，大队每年给队下达生产任务，队按作业组方式完成承担的任务，例如，1978年大队全年粮食生产任务是324 120斤，任务经分解下达给3个生产队（表5-2）。各生产队再分配任务给作业组。

表5-2　1978年粮食任务分配表

单位：斤

	全年粮食任务	其　　中	
		夏季完成	秋季完成
第一队	97 610	25 750	71 860
第二队	82 860	53 790	29 070
第三队	111 920	58 730	53 190
大队	31 730	1 730	30 000
合计	324 120	140 000	184 120

对作业组定工时，生产队有两种办法：第一种是按作物面积而定：先按各种作物生产的工序计算出单位面积的用工量，再根据各组固定的土地面积和所下达的种植计划，算出全组总投工数作为定工数；另一种是以产定工：确定每个劳动日生产的实物量来定所得工分。确定每个劳动日生产的实物量可以按前几年的每劳动日生产的实物量来计算，但在计算时比较繁琐。为简化计算，可采用按地亩给作业组计算的投工数去除所定总产量，得出该作业组每劳动日生产的实物数。

在定投资方面，各作业组的机械作业、灌溉、化肥、农药等费用一般由生产队统一开支，合理分配使用，其中，机械作业和灌溉按面积计算，农药按需要供应，化肥按面积和产量按占比分配，生产队搜集的土肥按化肥分配的办法分给各组，社员投肥按作业组收集使用，投肥工由作业组记。给作业组固定使用的中小型农机具的购修定到作业组，按照"超支不补，节约归己"原则实施。若作业组需要增加投资，生产队可以垫支，年终在分配中扣除。

对作业组超产实行奖励是联系产量计酬的重要体现。生产队对作业组超、减产部分有的全奖全罚，有的按比例奖惩，有的奖惩仅限于作业组内部劳力，有的奖惩还包括从事工副业及其他人员，有的奖物资，有的奖现金，有的奖工分。

在经济发展水平比较低的情况下，实行全奖全罚，对群众的劳动积极性刺激可能更大。但是，全奖全罚也有不合理的地方，因为产品中一部分价值是由生产队投资所取得的，是物化劳动，搞全奖全罚实际上生产已赔了本，特别是定产过低、投资增大，而增产幅度很大的情况下不搞全奖全罚。按比例奖惩的大部分是奖给作业组，奖惩比例一般一样，惩的比例有时略低于奖的比例。实行以产代工的，将超产部分计算成工分奖给作业组。所奖工分的价值不高于超产的价值，一般所奖工分低于超产部分的二、三成，减了产的以定产定工的比例加减工分。新庄大队奖惩的范围仅限于作业组内部劳力。对农田作业以外从事工、林、牧业及其他生产的劳力则建立生产责任制，实行联系产量计酬。作业组所受奖惩的分配，原则上按在作业组所得工分进行分配。奖励一般以奖工分为主，如果有超产粮就奖一小部分粮食。

包工到组、联系产量计酬赋予作业组一定权利，发挥了作业组的积极性，促进作业组加强劳动管理。作业组在执行统一计划的前提下，因地制宜地决定本组补充增产措施，如增施化肥，精耕细作，搞间作套种，地头地边水渠边增种作物等。但划编作业组后，新庄大队发现组与组之间产生了争水、争肥、争劳、争机械等矛盾，这种情况一方面是开展竞赛必然导致的结果，另一方面也是本位主义造成的后果。对此，大队制定相应的制度，做好各组的平衡工作，在生产队统一领导下，开展生产竞赛，共同把集体事业办好。同时，大队也加强政治思想工作，提倡讲大局、讲团结、讲协作，不把分组看作分家，教育干部社员认识到生产和作业组是"一损俱损、一得俱得"，与各户社员都有直接关系，纠正片面要求组与组绝对平均而斤斤计较、影响生产的现象。

划分作业组是对农业生产关系的一次重大调整，也是对农业经济改革的重要尝试。以此为契机，曾经备受批判的"单干风"逐渐在实践中被接受。从某种意义上看，划分作业组初步打破了高度统一的大集体生产组织方式，生产经营自主权开始下放，农业生产活动初步调动起来。后来，当生产单元需要进一步细分、农户需要更高的经营自主权时，家庭联产承包责任制就登上了历史舞台。

（二）粮食包干

在人民公社时代实行的是粮食包干制度。粮食包干破除了"大锅饭"的弊端，最初是安徽省凤阳县小岗村农民的自觉选择。这种责任制形式"责任最明确、利益最直接、方法最简便"，与当时农村的生产条件和人民公社体制相适应，因此推广非常迅速[88]。

20 世纪 50 年代合作化运动时期，中共中央在《关于发展农业生产合作社的决议》《关于农业合作社问题的决议》等一系列文件中就明确了"包工、包产、包财务"等生产责任制的主要原则。在"一大二公"的时期，这些生产责任制被或多或少地放弃。20 世纪 60 年代恢复"三级所有、队为基础"的时候，"包工、包产"等原则也逐渐恢复。

粮食包干制度的基本做法是：国家对人民公社的粮食统购统销，以公社为单位进行包干，公社应以生产队为单位划分余缺，将任务包干到队，由公社保证，由队执行。根据双方签订的有关权利、责任和利益的承包合同，由农户自行安排各项生产活动，产品除向国家交纳农业税、向集体交纳积累和其他提留外，完全归承包者所有。这一制度的目的在于改变农民生产积极性低下状态，结束农村集体耕作的弊端[89]。

粮食是人民生活中必不可少的，是农业经济，乃至整个国民经济发展的重要根基。20 世纪 70 年代中期以后，中国农村的主要任务仍是粮食生产，不仅有解决全国人民温饱问题的直接需求，也有工业发展、出口创汇等派生出来的间接粮食需求。经过划分作业组之后，原有的高度计划指令式生产指挥链发生了一些变化，以"包产"为主要特征的生产责任开始大面积推行。其实在这之前，生产责任制已不是新生事物。粮食包干主要依据的是近年的土地变动情况，并据此对国家机关、社属企业、农科站，农建等单位调、征土地，已修建的斗、分渠占地，规划扩大路面占地，大队企业和社员庄基占用耕地上报进行核减；此外，也会参照前 5 年产、购、留的实绩，负担轻重，结合生产条件，以及未来 3 年粮食生产发展、农作物布局变化的因素等来计算各队应负担数量。

例如，1982 年至 1984 年公社给新庄大队核定的粮食包干指标为每年401 万斤，其中：夏粮 326 万斤，秋粮 75 万斤。生产队在落实国家分配的征购包干任务时，公粮除原 7％ 的自留地面积外，可按 98％ 耕地面积合理负担。购粮除自留地、口粮田面积不负担外，按其余耕地面积的产量和生产队的分配水平合理负担。大队、生产队和承包组、户，超交的夏粮可以抵顶秋粮任务。实行粮食包干后，超购粮加价奖励政策不变，仍实行分夏、秋两季结算。油品一类较为特殊，其任务按县规定，暂不实行包干，仍沿用一年一定的办法。当年村油品任务依据上一年公社分配各队播种面积和当年各队油菜长势进行分配。

大队为了完成粮食征购任务，实行分级负责，层层包干的办法，逐级落实。大队对生产队负责包干，生产队对承包组、户负责包干，把包干任务落实到有能力完成的队、组、户，不搞平均分配，防止任务落空。包干任务落实后，大队与生产队签订合同，付诸实施。实行包干的生产队同社员户签订合同。签订合同时，将包干交售任务和交售品种一并纳入合同。结算时，凡以生产队进行核算和分配的，交售粮食仍实行队交队结；实行了口粮包干定额上交的队，实行户交队结；而实行了大包干的队，也实行户交队结，由队给户兑现。为了考核任务完成情况，粮食包干入库作为干部定包奖的重要内容，实行奖励。

粮食包干制度推动了农业生产目标管理。1979 年新庄大队有耕地 912.7 亩，其中粮田占大多数，面积为 723 亩。在当年粮食大丰收的基础上，随着农业基本条件的改变以及耕作技术的改革和中央两个文件的落实，上一年小麦亩产 600 斤。1980 年全大队播种面积 622 亩，比上一年面积增加了 30 亩，大队党支部就此制定了总产力争 38 万斤的总目标，高粱玉米亩产要达 800 斤。经过核查，全大队还有 140 亩田地，按 100 亩种早秋，计划可产粮 8 万斤，谷子计划亩产 300 斤，豆类 200 斤，晚玉米 500 斤，复种面积按 40％ 晚秋下一年可种 360 亩，预计晚秋总产可达到 12 万斤，力争全年产粮 58 万斤，比 1979 年增加 4 万斤，人均产粮 1 095 斤，在满足社员口粮的基础上给国家贡献粮食 10 万斤。从目标的确定来看，党支部的出发点是希望村内的农业生产大踏步地发展与前进。产业搞好了，人民幸福了，整个村子才能真正活起来。

实行生产责任制是增产增收的动力。实践证明，在农业生产中实行责任制的地方都取得了较好的效果。群众说："联产如联心，谁联谁操心，政策出干劲，产量往上升。""搞一年，吃两年，不缺粮，不缺钱，再搞三几年，面貌大改变。""中央 75 号文件是个能多打粮的文件，给啥都不如给个好政策。"推行生产责任制后大队把好播种关，把选用良种，适时播种，提高播种质量作为一项关键措施来抓，使主栽品种明确、搭配品种合理。

在确定了粮食目标和粮食战略后，大队党支部认为相应的基础设施建设也要跟得上，于是提出要大搞农田基础建设，逐步实现水利化。水利是农业的命脉，也是粮食丰收的根本前提，要夺取粮食丰收不解决水的问题是不行的。新庄大队当年决定在 1980 年一年中再打 2 眼井，为夺取粮食丰收解决干旱问题。

二、自留地

自留地是 20 世纪 50 年代农村社会主义改造过程中，从公有耕地中分配给社员家庭长期使用的小块土地。社员可以在自家的自留地上经营日常生活所必需的农作物和副业产品，主要是各种蔬菜等。自留地产品一般由社员自行管理，主要供自己消费使用，如有剩余产品可以到集贸市场上销售。"文化大革命"时期，有的地方一度取消自留地制度，"文化大革命"结束以后各地又先后恢复了这一土地制度[90]。自留地制度并不触及人民公社的根本制度，在党内较容易取得共识[91]。

党和国家一直很看重这项制度。经过土地改革和合作化运动后，1961年 3 月 22 日，中央工作会议通过《农村人民公社工作条例（草案）》（简称《农业六十条》或《六十条》），后来经过修改，被视为"人民公社的宪法"。它的贯彻执行部分地克服了人民公社体制内生产队之间和社员之间的平均主义，为自留地留下了存在空间。而到了 20 世纪 70 年代初，全国尚处于"无产阶级文化大革命"时代，广大贫下中农和社员大众高举毛泽东思想伟大旗帜，批判了在农业生产上所推行的反革命修正主义路线。在无产阶级大革命的"斗、批、改"过程中，农民自留地问题则是其中最为敏感的问题之一。1962 年，中国共产党第八届中央委员会第十次全体会议通过的《农村人民公社工作条例（修正草案）》第四十条规定："自留地一般占生产队耕地面积的百分之五到百分之七，归社员家庭使用，长期不变。在有荒山和荒坡的地方，还可以根据群众需要和原有习惯分配给社员适当数量的自留山，由社员经营。自留山划定以后，也长期不变。"

为正确处理集体和个人利益，调动广大社员集体生产积极性，1970年8月，经过县革委会组织群众讨论后决定自留地可以保留。大队革委会随即对大队辖区内的自留地制定了原则性处理方式：若自留地以前未动，当时仍由社员家庭经营的，坚决不动；若自留地过去改为生产队集体代耕的，按照《六十条》归社员家庭使用这一条，自留地仍保持长期不变；如果经群众讨论，大多数人愿继续由生产队集体代耕，或大部分代耕，给社员留少量菜地的，也可允许；经过群众讨论后，若自留地继续由生产队集体代耕，那么收获产品按当年参加生产队分配的人口计算，若改变为社员继续使用的，按照原有人口或者按现有人口划分。划分时间以秋收为准。对自留地要合理计产，不能超过生产队大田平均产量。按规定的投工、投肥任务分配产品，产品生产，不论采取哪种经营方式，自留地数量按《六十条》规定，占耕地面积的5%~7%。生产队在执行中就低不就高，原划面积超过规定的要扣回来，达不到的不再扣。自留地的经营方式，在一个生产大队内应尽量达到统一，且经营方式和分配办法经讨论最终确定后，今后不变。自留地经营方式，讨论确定后，根据《六十条》第二十八条规定："生产队应该合理规定社员交售肥料的任务，并且按质论价付给报酬"，鼓励社员积肥。明确了自留地归属之后，大队耕地权属在人民公社时期基本稳定不变。新庄村自留地占比较小，自留地问题处理得比较顺利（表5-3）。

表5-3　1964年新庄大队耕地面积

单位：亩

指标	数量
年初耕地	957.2
年内增加耕地	11.19
年内减少耕地	1
其他基建占地	0.6
年末耕地	967.39
旱地	967.39
公社集体经营	900.63
社员自营	66.76
其中：社员自留地	58.56

　　个别自留地是作为养猪饲料地，新庄大队按照省革委会〔70〕27号文件，即生产组《关于全省养猪会议情况的报告》制定了对应办法：已划给社员养猪饲料地不收，没有饲料地的不再划拨，社员养猪可由生产队给适当数量的饲料粮。在完成国家征购粮任务之后，根据各地具体状况，一头猪可付50～80斤饲料粮，集体猪可适当多留，但最多不能超过100斤。无论给了耕地的或付给饲料粮的，社员必须保证养猪，保证完成肥猪交售任务。

　　自留地政策最初是服务于人民公社的家庭副业，究其本质而言，家庭副业并不能算作是经营性质的活动，在当时的计划经济体制下，当然鼓励农民利用自家的土地实现创收。后来允许它存在的原因是，它可以弥补人民公社所无法满足到的农民的一些需求，从而保证农民生活质量维持在相对稳定的水平。

三、人民公社的集体生产

　　1958年《中共中央关于在农村建立人民公社问题的决议》写道："人民公社是形势发展的必然趋势，几十户、几百户的单一的农业生产合作社已不能适应形势发展的要求"。人民公社的一个重要特征是政社合一——将国家行政权力和社会权力高度统一，对农村社会实行从政治到经济到文化直到所有方面的控制。"人民公社的生产、交换、消费和积累，都必须有计划，且公社计划纳入国家计划中，服从国家管理"。[92]因此，人民公社时期的农业生产较以往相比，有着明显的特征和差别。

　　1949年以来，农业生产取得了很大成绩。1978年粮食总产比1949年初增长了1倍，农副产品购销顺利，农业生产的基本条件也有了一定的改变。但农业发展的速度还很慢，生产水平还很低，基础相当薄弱，靠天吃饭、手工劳动在农民生产生活中占比依旧很高，还有一部分农民的生活水平跟1949年初差不多，这就远远不能适应提升人民生活水平的要求。

　　在那个时期，建立农林牧副渔共同配合、协调发展的人民公社，是指导农民加速社会主义建设，加快农村经济社会发展所必须采取的有效手段和方法。然而，与前两个时期相比，人民公社时期的产业运作比较激进，制定了一些难以实现或在当时现有的条件下不可能实现的目标和计划，赋予农村治理和农村产业运作较多强制性的色彩。从历史发展看，这一时期的产业运作从动机和出发点来看是好的，也符合党的八大二次全会所制定的社会主义建设总路线要求；在实践操作时，农民群众也被大量地组织起来，这个农业生产在更高程度上实现了强有力的统一与整合[93]。然而，急躁冒进的方式终究是不可持续的，在这种带有强制特征的计划经济体制下，资金没有大量地流入农村地区，而是更多地向城市的工业部门转移，对农村的整体投入还是相对较少，此外，城乡之间设有很高的壁垒，很大程度上限制了城乡劳动力的自由转移，这一点加剧了城乡之间二元结构的矛盾，给农民群众的生产、生活带来较大影响，农村产业也在相当长一段时期内停滞不前，甚至还有倒退的趋势。这一时期的生产实践告诉我们，不能只着眼于眼前片刻的利益与发展，而要稳步前进、夯实产业基础，并与当地生产实际相结合，积极探寻个性化、科学化的针对性解决途径。

（一）夏季预分方案

夏季预分是计划经济时代的产物，源于 20 世纪 50 年代。搞好夏季预分工作对于改善社员生活、调动广大群众生产积极性的作用很大。在实际操作中需统筹考虑，对特殊情况需要统一口径。

1978 年的新庄大队在艰苦努力下，夺得了当年夏季粮食的大丰收。全大队有耕地 1 020 亩，夏粮预计亩产可达 401 斤，总产可达 409 000 斤。在丰收情况下，如何认真贯彻执行党的"三兼顾"政策，做好夏季预分工作，是新庄村在考虑全村产业发展时所必须搞清楚并处理好的问题。当年实行了大队核算，如何通过夏季预分体现大队核算的政策（即：承认差别，不抽肥补瘦，贫富拉平），显示大队核算的优越性更为重要。基于此，新庄大队在确定夏季预分方案时，重点考虑了以下方面：

第一，做好清工结账。劳动工分是实行按劳分配的主要依据，新庄大队清理的结果是，第一生产队定工 7 240 个，实做工日 7 185 个，节余工日 55 个；第二生产队定工 8 330 个，实做工日 7 790 个，节余工日 540 个；第三生产队定工 10 634 个，实做工日 10 915 个，超过定工 281 个；第四生产队定工 9 423 个，实做工日 9 668 个，超过定工 245 个；第五生产队大队定工 9 369 个，实做工日 9 667 个，超过定工 298 个。全大队共定工日 44 996 个，实做工日 45 225 个，超过定工日 229 个。

结账工作主要是核实收入和支出。这个大队当年夏季总收入是 59 772 元，其中农业收入 48 855 元，林、牧、副、渔收入 10 917 元。在落实收入的基础上，核实各项费用支出，当年夏季费用支出 15 496 元，其中农业生产费用支出 13 124 元，林、牧、副、渔费用支出 2 194 元，管理费用支出 178 元。截至五月底结清了各项账目，为预分工作做好了准备。新庄村结合各项核查数据，总结原先的生产经验，为后续生产蓄力、铺垫。

第二，做好产量预测。产量是物资分配的基础。在预测产量工作上，思想问题比较复杂，有些干部怕产量估高了，增加公购粮任务；有的干部怕估得高了达不到，落了个吹牛皮说假话的笑话；有的怕估得低了，落了个赔产队，大队受罚会影响社员情绪。事实上，他们普遍在意的问题是怕增加公购粮任务，因而是宁低勿高。比如，这个队夏收前测产是 426 000 斤，平均亩产 419 斤。为了比较确切地掌握产量，要召集大队干部、生产队长、会计进行座谈，由各队自报，结果是 378 000 斤，为比较准确地掌握产量，为分配提供比较可靠的依据，又召集大队支委，根据各队自报的数字，联系各队地形、地力、管理措施、小麦长势、收割碾打，逐队做分析。根据小麦后期长势变化情况，全大队确定夏季粮食总产为 409 000 斤，这个数字既略低于原来测产的数字，又略高于各队自报数字，经过征求干部群众意见，大家认为这个数字比较切合实际，于是选定其为产量估计量。

第三，做好预分方案。编制预分方案体现党的"三兼顾"政策，恰当处理好三者的关系。粮食丰收了，对国家多作贡献。上一年公社给他们分配了 10 万斤任务，实际完成了 68 000 斤，当年他们计划完成 130 000 斤公购粮任务，比上一年实际多卖了 62 000 斤，增加了 1 倍，人均贡献 165 斤，粮食丰收了，集体留粮也相应增加了，上一年他们没有留储备粮、生产用粮，当年准备留 8 000 斤储备粮，2 000 斤生产粮，饲料粮也由上一年的 24 011 斤，增加到当年的 34 560 斤，留种子 30 000 斤，总计集体留粮由上一年的 54 200 斤增加到当年的 74 660 斤，粮食收入增加了，社员口粮也应适当地增加。上一年社员口粮分配全大队为 135 521 斤，当年增加到 168 318 斤，当年人均比上一年平均增加了 384 斤。

第四，做好现金分配方案。收入增加了，也要正确贯彻"三兼顾"政策，不能偏顾一头。参照福建龙海县九湖公社的方法，他们在分配中坚持少扣多分，以按劳分配为基本原则。在可分配的全部总收入中先是合理扣除了税收、生产费用、管理费用、公积金、公益金等，将一半以上的收入留下来用以分配给社员。在分配过程中，坚持按劳分配的原则，按照社员实际的具体劳动工分来进行合理有效分配。也为特殊群体提供相应的福利保障：对于五保户，当地实行全部供给的方法；对于贫困户，为其发放以往评定中的确定下来的固定补助，此外在夏季时，也会为贫困户发一定比例的补助。

新庄村的分配方式与上述方法既有共性，又有自身独特之处。新庄村的这个大队当年的总收入为 59 772 元。除去各项费用 15 496 元外，分配总计为 44 276 元，占总收入的 74.1%，比上一年的 29 262 元，增长了 51.4%，其中国家税款 4 022 元，占 6.7%，公积金按 8% 计提，共提取 4 782 元，公益金按 2% 计提，共提取 1 196 元。生产费积金按 2% 扣留 1 195 元，储备金为 1 104 元，占 1.9%，四大积金扣留总计占 18.9%，比上一年增加 3.8%。社员可分配部分 31 978 元，占 53.5%，其中实物 24 000 元，现金 7 978 元，劳值 0.71 元，比上一年 0.453 元增加了 0.257 元，人均分配 3 997 元，人均分配现金 10 元。综上所述，从分配情况看，这个队当年突出的特点是"七增一降"，即总产量增加，总收入增加，对国家贡献增加，公共积累增加，集体储备增加，社员口粮分配增加，社员分配现金增加，生产费用下降。

关于口粮开成比例问题，在经过干部、群众讨论后，大家达成一致意见，同意采用"人八劳二"的分配办法。由于各队实做工日不同，劳动分粮队与队均不一致，如，第二生产队大队定工有节余，每个劳动日可分粮 0.965 斤，第三生产队实做工日超过了大队定工，每个劳动日分粮 0.721 斤，两队相差 0.244 斤。

关于奖罚问题，根据中央〔77〕49 号文件，实行大队核算时承认差别，不抽肥补瘦，贫富拉平。大队在过渡后确定"四定一奖罚"是根据重奖轻罚的原则，确定超产奖 40%，减产罚 20%，这个队在当年夏季，虽比往年大幅度增产，但比 50 万斤定产的任务还相差 10 万斤，占 20%，为了体现重奖轻惩，采取按 20% 统降比例的办法，这样五个队就成了"四增一减"，一队增产 3 636 斤，奖励 1 454 斤，二队增产 3 546 斤，奖励 1 418 斤，三队减产 1051 斤，罚 210 斤，四队增产 1618 斤，奖励 647 斤，五队增产 891 斤，奖励 356 斤。由于增产幅度不一，奖罚也有所不同，结果各队口粮也不相同，五个队均不一样，一队增产加奖励粮，劳动日又有节余，三队减产，又罚了 20%，劳动日又超了一些，故两队口粮高低相差 15 斤，比上一年相差 19 斤，差距缩小了一点。

关于奖罚粮和自留地粮食的处理问题，要结合大队的现实实际。全大队有四个超产大队，供应奖粮为 3876 斤，因超产粮少，因此大家建议，超产粮按劳动日进行分配，故将各队奖励粮列入劳动粮部分分配，罚粮在减产队的社员分配粮中扣除，其余按人劳比例分配。全大队共有自留地 91 亩，按平均亩产算，共计 36127 斤，将这部分粮从总产量中提出，按现有人头进行分配，人均 45 斤，自留地粮按成本扣回需要的工分和投肥工，再不作计价。

关于"两基本一保证"问题，根据多劳多得，少劳少得，不劳者不得食的社会主义分配原则，对于无正当理由没有完成基本出勤天的，适当扣减基本口粮，并给予批评。关于过渡后资金粮食平衡问题，鉴于夏季收入单纯，棉花、瓜果、辣椒、烤烟等经济作物，都是秋季才有收入，故放在决分时进行平衡，预分要按账面的 70%～80% 兑现，粮食平衡夏粮夏季平，秋粮秋季平。

分配工作既是一项政策性很强的工作，又是一件人人关心的大事，既是一项经济工作，也是一项政治工作。分配工作是检查一年来抓革命促生产的标尺，搞好了就能实现物质变精神，激励社员大干社会主义的积极性。新庄大队通过分配工作，教育群众、鼓舞群众、激发群众决心，以秋补夏，以秋超夏，努力完成全年任务，新庄大队在三夏基本结束以后，立即召开总结抗旱斗争经验，表彰先进和分配兑现社员大会，为完成新时期的总任务做出更大的贡献。

具体的分配方案是以工分为基础，兼顾各方面情况综合奖罚。实际执行中根据需要进行方案调整。例如 1979 年和 1980 年的分配方案就有所不同。

1979 年夏季，分配是由生产队核算过渡到大队核算后的第一个分配，大队认真贯彻党在农村的各项方针政策，特别是按劳分配政策，认真执行定额管理，贯彻各尽所能、按劳分配的原则，进一步调动广大群众的积极性。

粮食和现金由大队统一分配，成立七人分配小组，所有一切口粮分配和现金分配都由分配组统一分，各耕作队没有权力分配，对于经济作物和柴火由各耕作队按政策自行分配。

实施现金分配部分时，大队认真贯彻了各尽所能按劳分配的原则，留定积累，打足收入，坚决反对分光吃光、不留积累的错误倾向。四大基金的扣除，按每人平均纯收入的多少提取，纯收入每人平均在 80 元以上者，其四大扣除不能低于 12%；纯收入每人平均在 80 元以下者可适当少扣一些，但不能低于 6%，除去四大扣除，剩余部分就是按劳分配，核算劳动价值。

实施粮食分配部分时，在粮食分配上，大队仍然坚持各尽所能、按劳分配和不劳动者不给食的原则，做到既调动最大多数社员的劳动积极性，又要保证烈士军属、职工家属和劳少、人口多的社员户能够吃到一般口粮。坚决按照"双基本一保证"和劳动工分相结合的原则分配，当年按人 75 劳 25 开成，按照标准人计算，标准人划分四个等级：1～3 岁 4 成，4～6 岁 6 成，7～9 岁 8 成，10 岁以上分大人粮。

工分既是大队集体评议的产物，又是社员的命根子。以工分为基础的分派方式在集体经济发展过程中起过积极作用，然而长期的历史实践表明，工分制也是造成分配上平均主义的重要因素。首先，无论在一开始是实行评工记分还是死分活评的方式，在实际执行过程中，由于标准不易统一以及耗费大量时间精力等问题，最后都常常变成"死分死记"的做法，即不管实际劳动情况，一律按"底分"计分。其次，农业产业特殊，本身受自然条件影响大，劳动定额很难合理把握，由于农业生产条件又是复杂多变的，这使得劳动定额方法也总是不能真实地反映每个人所付出的劳动数量和质量，其结果也会造成平均主义或者不合理的过大偏差。按实现的产量计算工分比前两种办法较能真实地反映劳动量付出，通过这种方式确定包产指标，可以把影响产量的其他非人为因素排除掉，从而使产量所反映的基本上是劳动者支付的劳动数量和质量。但按产量计工的办法也有一定的缺陷，使计算相对困难，程序比较复杂。

新庄村在分配工作方面是以工分为基础，但并没有僵化死板地沿用过去落后的方式，新庄村一切从当下具体实际出发，并充分结合当地百姓的愿望和建议，在分配方面下足功夫，努力为大小事宜制定分配标准以供参考，这在一定程度上保证了政策的不失误、不偏差。与同时期江苏省的部分地区相比，具有明显的积极性和借鉴意义。江苏省的部分地区，依旧是"平均主义"和"共产风"盛行，冒进主义和瞎指挥不仅使得当地土地面积骤减，农民收入大幅下降，人民苦不堪言，生产队里由于各种原因社员患病的比率上升，死亡率触目惊心，形势十分严峻。由此可见，科学合理的统筹与安排在工作中是起到导向性作用的。

大队在当年也贯彻"双基本一保证"的原则，这一原则历来是按照"基本天数保基本口粮"和"基本粪肥劳保基本口粮"进行分配，当年仍然按此执行。基本天数的评定应按男60岁以下，女45岁以下来评定，由各耕作队组织社员统一评定，出勤天数完不成的社员扣除本人的口粮，完成多少分配多少。养猪头数由各耕作队根据大队的规定，按照人口分别定出各户的粪肥劳，每年按10个月养猪投肥，除掉2个月的流动时间。如果家中没有养猪，则在全家口粮中扣去100斤，如果养猪但时间不够10个月，那么每少1月扣10斤，按投肥月份计算，在外长期探亲者，按照法律制度办，超过时间者如数扣除本人的口粮，完成多少分多少，要求各耕作队在夏收前评定好出勤天和养猪任务，同时还要清出已完成的出勤天和猪粪肥劳。

大队的分配政策考虑周全，基本面面俱到，也尽可能做到与大局政策相配合、相统筹。对于特殊群体或受特殊政策限制的群体，也规定了具体的分配方法。为与当时计划生育方面的政策相协调，规定了与计划生育政策相配套的奖罚措施。提倡晚婚，规定结婚年龄为男25岁，女23岁，不够年龄者坚决不给写介绍信、领结婚证。关于知青口粮的分配问题，村内也有所考虑。知青每月都要完成出勤26天，其口粮按单身汉的分粮标准计算。如数完成出勤天数者，分给标准口粮；完不成者，按照完成比例扣粮，完成多少分多少。

此外，认真清理超支欠款户、狠抓分配兑现也需要及时处理。有些生产队超支欠款相当严重，有些人胡挪乱借，长期欠队上粮款不还，因而存在着增产不增收、多劳不多得、超支不偿还、分配不兑现、生产队负担过重等问题，严重影响了社员群众的社会主义积极性。新庄大队坚决实行一手交钱一手拿粮的办法，对于确有困难无法立即归还的村民可以适当延缓，定出还款计划，缓期归还即可。另外还可以采取自找对象、互相还账等办法，促使分配兑现。严格来讲，欠款户应提前预交口粮款。

公社当时作出决定，改变处理社队企业人员（包括民办教师、赤脚医生、双代员、电磨工等这些人员）的工分报酬问题的方式方法。一般地，男性工分不能低于 10 分，女性不能低于 6.5 分。在生活补贴方面：在家吃饭者没有补贴；在单位吃饭者可适当发给本人生活补助。根据公社的决定，对大队所属企事业人员的工分报酬特作以下决定（以前的不再变）：从 6 月 1 日开始对电磨工人员计酬办法是每个工日应磨粮 700 斤计 1 个工，超过者每百斤按 20 斤给本人奖励，按照每月平均计算，半年核算 1 次，机器修理和管理均包括在内。医疗站人员的报酬从 6 月 1 日开始每天按上工转工分，男 7 分，女 4.4 分，建立考勤簿，每年在分配时统一转工，其他时间在队劳动。在药地需要劳动时，及时向大队说明，讲清楚需用几人等要求，下班时在大队扯工票，由队记工，当天清。还有防疫等其他工作需要也同样。政治学习和业务学习都放在晚上和业余时间，煮针、消毒在上班时间处理，不能占用劳动时间。生活补贴仍按以前的标准照发。此外，规定每天下午和晚上为双代店的营业时间，每天 3.5 分建立考勤，分配时统一转清，其他拉货、开会等工作随务随记。民办教师也对应建立考勤簿，等分配时一次转工。以上这些都是从 6 月 1 日开始实行。

大队按照"三兼顾"政策，留粮标准是先国家，再集体，后个人。留足集体用粮、种子饲料，按照计划标准留取。猪饲料每头猪全年留 80 斤，由大队统一按粪肥分配；储备粮、口粮标准在 360 斤以下者不留，超过者适当留些储备粮。当年借出的储备粮应如数扣回、存放。在分配经济作物和柴火时，经济作物分配按粮代，对于超支欠款户可以自愿选购，当即付现办清，不能包生活；柴火按人劳各半进行分配，能做猪饲料的柴火都要按猪分配，规定柴火一律不计价。

1980 年 6 月，大队对分配方案作出了调整。大队将裁劳时间定于 7 月 5 日，秋季工分从 7 月 6 日开始。干部务工：生产队正队长全年 36 户，副队长 30 户，妇女队长 10 户，运纳保营 15 户，记工员 15 户。夏季按总务工的 60％参加分配。

从秋季开始已经划给社员自己耕种和未划由生产队代耕的自留地，夏季全部按原来的标准分配，划给社员自己耕种的应按一分八划分给社员。长期不划的自留地继续按原来标准分配。同时，为与计划生育政策相适应，方案做出部分调整改变。

清理超支欠款，做到分配兑现。当年的分配按上级有关政策规定，采取交钱分粮的办法。在外职工的超支欠款，要限期归还；社员的超支欠款要分清情况，真正困难的可由公资金予以照顾。个别暂时交不上的由社员讨论确定交款时间，对家庭"三转一响"齐全、有钱不交的社员，采取交多少钱，分多少粮的办法，不交钱的粮食放在仓库。夏季口粮到秋季分配时还未分清的夏粮不再分配；秋季口粮到第 2 年夏季未分完的，秋粮不再分配。将这些剩余的口粮当作当年收入按比例分给全队社员。

各生产队以队为单位，组织 3～5 人构成四清小组，清工，清账，清物资，对当年收入的钱粮、物资逐项向社员公布。同时编制预分方案，报大队审批后，再作分配，改变过去方案未批、粮钱分光的错误做法。

（二）加强农业生产

20 世纪 70 年代前没有很好地执行党在农村一系列经济政策：在分配上搞平均主义，搞政治工分，把定额管理当工分挂帅批判，造成干多干少一个样，干瞎干好一个样，使得农村群众对于生产发展的积极性不高，阻碍了生产发展。在粮食征购上搞高征购、购过头粮。在所有制上搞基本核算单位"穷过渡"和"一平二调"。在一些错误指挥下，强行把政策允许的集市贸易、自留地、房前屋后的树木、社员家庭副业，当资本主义尾巴砍掉，还大批所谓"集体经济内部的资本主义倾向"，这都造成了严重的恶果。在指导农业生产上，受形而上思想的影响，片面强调"以粮为纲"，搞单一经营，抓了农业，忽视了林业和牧业；抓了粮食，忽视了多种经营。

新庄大队成立后经过多年积累，建了办公室、会议室、仓库等办公经营场所；建了学校、缝纫组、副业队、供销店、烤烟楼、科研室、打井队等经营组织。各生产队也建起了办公室、仓库、饲养室、车库、保管室；建起了豆腐坊、养猪场、砖瓦厂等。全大队还种植经济作物，想大干一场。但当时规定，大队要按上级指示进行种植和安排各项任务。比如，搞副业人数要按总劳力的 15%，一个都不能超过，超了就是资本主义；种植品种由公社分配，超了不行，完不成不行。公社曾经给新庄村的一个生产队分了十几亩棉

花种植任务，生产队不接受，想少种一点，但是在当时行不通。公社分配的
任务实行领导负责制，领导确定地块带领社员下种，完不成任务要处理负责
人。小韩村邻村曾经发生过一个典型事件：他们的一个生产队在棉花地里套
种了玉米，玉米长得很好。公社发现后召开了现场会，参会人员每人一把镰
刀将玉米全部砍倒。公社领导讲，这就是割资本主义尾巴。新庄村大队和生产
队原来想在棉花地里套种菜，这件事情后也不敢套了。新庄村大队召集干部会
研究决定：不搞经济作物专搞粮食作物，让社员有粮吃就行，粮打多了也就有
了钱了。这项政策也有相应的成绩——新庄村大队的粮食产量一年比一年高。
社员讲："此后种西瓜的提瓜腕，烧砖瓦的抽棱条，搞经济像做贼似的。"

　　以新庄大队第三生产队为例，1970 年农作物全年生产计划主要安排小麦种
植（表5-4）。一些支农产品质次价高，农副产品价格偏低，甚至用关、卡、没
收等行政命令的办法，强行收购农副产品，搞不等价交换，使农民赔钱赔粮，
伤害了农民利益。

表5-4　1970 年新庄大队农作物产量全年计划

指标	合计			公社集体经营			社员自营		
	播种面积（亩）	亩产（斤/亩）	总产量（千斤）	播种面积（亩）	亩产（斤/亩）	总产量（千斤）	播种面积（亩）	亩产（斤/亩）	总产量（千斤）
粮食作物合计	406	268	108.867	364.4	271	98.902	41.6	240	9.965
夏粮	237.8	330	78.367	217	329	71.402	20.8	335	6.965
其中：小麦	218.8	336	73.567	198	336	66.602	20.8	335	6.965
秋粮	168.2		30.500	147.4		27.500	20.8	144	3.000
玉米	45	300	13.500	45	300	13.500			
红薯	3.4		200	3.4		200			
棉花	0.6		10	0.6		10			
油料	15	67	1	15	67	1			

　　1979 年，中央提出把全党工作的着重点转移到社会主义现代化建设上
来。县委要求全县人民要党内党外一条心，上下左右一股劲，坚决地、毫不
犹豫地把工作重点转移到生产建设上来，全党动员，大办农业，加快农业发
展的步伐。党的十一届三中全会提出了当前发展农业生产的一系列政策措
施，为了把农业生产搞上去，大队做了很多工作。大队从事副业生产的劳力
可因地因时制宜，同时允许"十大匠"串乡走户，交钱记工。允许粮、油、

肉、蛋上市出售。社队自产的蔬菜、瓜果、鲜鱼和土特产品，除合同规定的交售任务以外，可以在城镇摆摊设点，串乡叫卖。大队积极推行以作业组为主要形式的生产责任制，即在生产队（或大队）统一核算和分配的前提下，划分若干专业组，生产队对作业组实行定任务、定工分、定投资，超产奖励。有些特殊的活路还可以责任到人。超产奖励的部分可以奖工分、奖现金、也可以奖实物，但不包产到户，不分田单干。社员口粮分配一般实行"三七"或"四六"开成的办法，也可以采取社员大多数决定的其他办法。在保证完成征购、派购任务的前提下，对于粮、油等农副产品和现金，可以多产多分多留，不加限制，使生产好的队和劳动多的社员能够分得较多实物和现金，使他们先富起来。

大队党支部在政策的指引下，总结经验教训，逐步调整农业生产，推动农业发展。贯彻执行粮食政策。粮食征购指标继续稳定在 1971 年到 1975 年"一定五年"的基础上不变。"一定五年"指标在当年夏征前要落实，坚决不购过头粮，保持征购的粮食品质和数量稳定。积极发展社会主义经济的目的就是不断地改善人民的物质生活和文化生活。中央领导同志指出：要允许一部分地区、一部分企业、一部分工人、农民，由于主观努力成绩大而收入先多一些，生活先好起来，经过 5 年左右的努力，使农村有 10% 的社员，每人每年平均达到 150～200 元。根据这个精神和实际情况，大队设想，两三年内使 20% 的社员户，在 5 年以内，使 50% 的社员户，人均收入达到 150～200 元。政策就是允许和鼓励那些办得好的生产队、劳动好的社员，收入先多一些，生活先好起来，允许和鼓励他们"冒尖"。生产队也鼓励和扶助社员在搞好集体生产的前提下，种好自留地和搞好家庭副业。自留地应由社员自己耕种。这项工作应在 3 月底以前落实。在评定社员基本劳动日时，男全劳力每月最多不超过 26 天，女劳力不超过 20 天，以便使社员有时间搞家庭副业。自留地和家庭副业产品，可以交售给国家，也可以上市交易、产销见面。

（三）三夏工作

20 世纪 80 年代初，党中央提出的在经济上实行进一步调整，在政治上实行进一步安定的方针，对完成国民经济计划，发展经济的大好形势有着十分重要的意义。1979 年夏季，大队提出狠抓以秋补夏，搞好三夏工作的意见。

注重麦收工作。当年小麦成熟期普遍提前，雨水缺乏，造成了小麦枝稀，杆矮，穗小等现象，严重地影响了当年的产量，根据大队的情况来看，当年麦粮减产 13 万斤，预计产量 15 万斤。为搞好当年的麦收工作，大队所属企业、各专业组，副业人一律下队参加麦收，各耕作队统一安排，医疗人员下队时身背药箱，一边劳动，一边治病，各耕作队组织所有的劳力编成组，割麦组、运麦组、垒、搂、拾等组织，选好场长，做到细收细打，颗粒归仓，收割要细，防止脱粒，对于那些只顾挣工分，不讲质量的个别人，一旦查出扣去当天的工分。动员一切人力物力，参加麦收，调动一切积极因素。在麦收期间任何人不得违法，更不能缺勤，如有随便缺勤者，缺一次扣一天工。不论白天黑夜和吃饭时间，当听到生产队的铃声时就得立刻出动，全力以赴和大自然作斗争，任何人不得在家睡觉或给私人干活。在安全保卫工作中，搞好"四防"，即防火、防盗、防破坏、防特务，白天组织学生站岗放哨，晚上组织民兵轮流值班，大队组织巡回检查。拾麦工作一律由教师组织学生统一拾麦，任何大人或小孩不得给自己拾麦。对拾麦自己拿回家者，罚款、扣粮、严肃处理。此外，也认真做好了小麦的选种工作，选好优良品种，争取下一年丰收，场长、保管切实负起责任，管好种子。

搞好当年的麦播是关系到全年的口粮能不能保证的大问题，当年麦田减产，要收秋补麦，公社分配给的晚秋任务为 410 亩，大队则利用一切闲散地方完成此项任务，抢时早种，种足种好晚秋。1981 年 5 月，大队三夏工作正式开始启动，这年的三夏领导方案具有承前启后的里程碑意义，大队依据公社指示精神，全面开展三夏动员活动。

第一，适时偏早收获，做到丰产丰收。在党的十一届三中全会和中央工作会议精神鼓舞下，全村广大干部、社员群众认真贯彻中共中央关于发展农业的两个重要文件和 75 号文件精神。落实党在农村的各项经济政策，实行各种形式的生产责任制，开展科学种田，狠抓夏粮和油菜生产。加之当年天雨比较适时，丰收在望。通常说"三夏是龙口夺食"，的确是一件不容易的事，还要去克服困难，去做艰苦的工作，付出辛勤的劳动。绝不希望有自然灾害，但一定要总结经验教训，立足于抗灾夺丰收，做到丰产丰收。

大队根据三夏工作的特点，做到适时偏早收获，坚决纠正"宁割一落，不割一缩"的旧习惯。看天、看地，从实际出发，及时掌握天气情况。通过逐块观测，做到黄一块，收一块。抢时间，急速度，收、运、垛、碾、打、播种合理安排。充分发挥各种生产责任制的作用，尽量实行小段包工和定额管理，提高收割质量。生产队还组织学生和辅助劳力搂麦、拾麦，付给合理报酬。根据当年小麦生长情况和几年的实践，村小麦品种组合仍以丰产三号为主，搭配种植 68113-42、小偃五号、武农 99，扩大繁殖早偃 78-18 等品种。油菜品种仍以陕油 110 为主，搭配 7211 等。在收获前严格进行去杂去劣工作，单收、单运、单垛、单打、单藏，严防混杂。各队还要做好当年的夏选工作，为搞好小麦提纯复壮打好基础，做好油菜的主花穗选和留种工作。有种子田的队要做好当年的片选工作，为秋播备足良种。对丰产田、试验田，单收单打，核实产量，写出总结上报。

第二，积极抓好秋粮生产，夺取全年农业丰收。1979 年夏田丰收之后，大队狠抓了以秋超夏，全年粮食总产创造了历史最高水平。1980 年夏田减产严重，大队抓了以秋补夏，全年粮食总产达到了中上水平。加上国家减免了征购任务，全村人民人心稳定，经济繁荣。但集体储存较少，社员口粮数较低，粮食底子仍然较薄。

随着水利建设的发展，生产条件的改变，人口的增加，大队需要逐年适当增加一些复种面积。经过几年的实践，按照自然规律，在当时生产条件下，大队坚持以小麦生产为主，发展油菜生产，扩大收成。有灌溉条件的水地力争一年两料，旱地搞两年三料。

在生产环节上，大队实行抢时早播。麦子腾出地，扎犁种秋田。早上收，下午种。收一块，种一块。通常说"晚秋争的前后响"。随着播种时间推迟，有效积温减少。新庄村播种晚玉米品种是陕单七号、陕单六号、鲁原单四号、白双交等。这就表明，新庄村夏玉米务必于夏至前播种，再迟播将不能成熟。播种时增施种肥，提高播种质量。墒情差时立足抗旱播种，力争达到苗齐、苗匀、苗壮。凡能实施机播的就进行机播，完成全村机播面积 1 500 亩，机耕 26 600 亩，任务落实到车组和生产队，实行岗位责任制。大队根据经验，确定了留苗密度，晚玉米留苗密度：陕单七号亩留苗 2 500～2 700 株，陕单六号亩留苗 2 700～8 000 株；鲁原单四号亩留苗 8 500～

4 000 株为宜。

第三，搞好早秋和经济作物管理。夏收前，大队对所有的早秋作物施上苗肥，玉米培上土，高粱定苗完毕。在收割小麦的同时，开展查苗、补苗和间苗、定苗，防止草荒苗荒。县委将新庄村列为辣椒、烤烟基地。分配辣椒面积700亩，烤烟面积700亩，据统计已栽早辣椒828亩，已栽早烟195亩。各队还有部分中辣椒和中烟，有些队还有部分晚烟。这样一来和夏收夏种挤在了一起，显得特别紧张。大队统筹安排，全面考虑，在夏收前对移栽的辣椒和烤烟统一进行一次中耕和松土，破除板结；对未移栽的中辣椒、中烟及时移栽到大田；对晚烟待小麦收后及时栽上。另外，监测烤烟、辣椒病虫害，发现蚜虫、烟青虫及辣椒的炭疽病、烤烟的病毒病时，及时防治，保证作物正常生长。

第四，认真贯彻落实"三兼顾"政策，搞好夏季粮、油征购和分配。大队继续实行按劳分配加照顾或基本口粮和按劳分配相结合的办法。究竟采取哪种分配方式，由生产队干部和社员民主讨论确定。年初已经讨论确定了的，一般不再变。人劳比例，一般人分四等（1～3岁折合4成；4～6岁折合6成；7～9岁折合8成；10岁以上折合10成。）人六劳四或人七劳三开成，少数口粮标准很高的队，也可以人劳各半开成。实行按劳分配加照顾的生产队，被照顾人的口粮，分到生产人平均口粮的70%。坚决制止和纠正那种违反政策的"粮油全部按劳分配不照顾或按劳分配假照顾"的错误做法。无论实行哪种分配办法，都要做好四属、五保户的照顾工作。切实落实士兵军属、烈属评定的优待劳动日。

各项基金，包括公积金、公益金、生产费基金、储备粮基金的提留，合计不低于总收入的10%。特别要留足生产费用，储备粮和生产用粮，按各队实际情况提留。社员借欠储备粮较多的队，先还后留。生产队的粮食、现金分配方案，经大队审核，鉴注意见，统报公社批准，才能分配。外出搞个体工副业的社员，按规定向队交钱记工，或交公积金、公益金。不交者，从全家分配中扣回。无现金可扣的，交款领粮。自留地由集体代耕的，按大田平均产量分配，并扣回工本费，不能由集体贴粮补钱。

根据中共中央〔1081〕13号文件和县委、县政府的通知，结合村里实际情况，大队决定适当扩大自留地，坚决划给社员耕种，在扩大自留地的问题中做了一些规定。

适当扩大自留地的限额这一行动被放在了首位。中央〔1981〕13号文件规定："在不搞包产到户的地方，扩大自留地最高限额不能超过生产队总面积的15%。"县委和县政府通知："以生产队计算，在人均耕地面积3亩以下的，可划15%的自留地。"村没有搞包产到户的生产队，也没有人均土地超过3亩的生产队，因此，全村统一以生产队为单位，划耕地总面积15%土地作为社员自留地。社员自留地在一个生产队划多少，人均划多少，报大队审查，公社批准。但自留地总亩数最多不能超过总耕地面积的15%。此后，自留地、饲料地合并计算。不再区分。对村庄周围的零星耕地，也要纳入自留地以内计算。

在计算总耕地和人口基数时，土地按1980年年报数为准，人口按1981年5月30日晚12时的人口为准。现役军人、学生和社员同等对待，划给自留地。军官、大学、中技、中专学生不再划给自留地。为了有利于计划生育，凡1979年1月1日起超生的一律不划给自留地。领取独生子女证，保证再不生的，独生子女划两个人的自留地。自留地扩大后。要保持相对稳定，5年内增人不增地，减人不减地，来者不补，走者不减。为了有利于集体耕种，有利于社员经营，有利于团结，在划分自留地时，以户为单位争取连片，尽量不划好地、水地。过去已划的自留地随着数量增加适当调整。

自留地不需交农业税，不交公购粮，播种什么，由社员自己决定，产品归社员所有，不准扩大，不准买卖、转让、出租。为了有利于发展多种经营，提高土地的利用率，自留地应由社员自己耕种，再不能由集体代耕。凡代耕的生产队，尽快地划给社员耕种。随着自留地的扩大，除大忙外，社员户可留辅助劳力耕种自留地。生产队要支持社员户管好自留地，发展生产，增加收入。

第一，经过历年的三夏奋战，大队完成了预期目标，广大群众说：当年夏粮之所以能获得丰收是"政策好，人心顺，天帮忙，科学种田多打粮"。大队从三夏工作中也得到了重要启发，积累了宝贵经验。

一是冬前早管。过去一些社队对小麦冬前管理重视不够，抓得不紧，灌水施肥时间偏迟，对培育壮苗，打好丰产基础不利。后来不少大队、生产队早抓冬前管理，收到显著效果。许多地方把夜冻日消、冬灌正好一次灌水改为冬前灌两水，即分蘖水和封冻水。

二是春季巧管。根据植联一号小麦生育特性和高产田经验，春季管理采取了"立促适控促稳发"的办法，凡群体适宜的麦田2月下旬就开始追肥灌水，对群体偏大偏旺的麦田，水肥措施推迟至2月底3月初，大队对春季控制措施不轻易采取断水断肥的办法。植联一号小麦对水肥反应特别敏感，如果采取较长时间断水断肥的措施，会次分蘖消亡慢，导致穗头小，粒数少，降低产量，是一种消极的控制办法。由于抓了科学管理，春季最高分蘖总数70万至80万，很少超过90万，最后成穗40万到45万，很少倒伏。因为积极开展春锄保墒和遇雨追施拔节肥，使当年小麦穗多粒大，增产效果显著。

三是一管到底。搞好小麦后期管理是增粒增重，夺取丰收的最后一环。不少地方改变了忽视后期管理的做法，抓了一灌浆水、叶面喷肥、防治病虫、拔除野燕麦和杂草等措施，收到很好效果。当年大队都很重视后期管理，对绝大多数小麦进行了叶面喷肥和防虫等，由于抓了后期管理、注意了科学管理，水灌在了关键时期，肥施在了高效期，所以，在当年初春干旱，五月初干热风和冰雹等自然灾害影响下，仍然获得了丰收。正如群众所说的"人没出大力，地没少产粮，科学管理不能忘"。

适时偏早收获是实现丰产丰收的保证。当年大部分社队根据小麦早熟的特点，吸取上一年的教训，做到了适时偏早收获。由于做到了适时偏早收获，减少了掉穗落粒，避免了不必要的损失，实现了丰产丰收。

第二，关于夏粮、油菜的生产建议。1982年，大队又对夏粮、油菜生产提出意见，认为要搞好1982年夏粮、油菜生产，必须坚决贯彻党的六中全会精神，认真学习六中全会通过的《关于建国以来党的若干历史问题的决议》坚定不移地贯彻执行党的十一届三中全会以来的路线、方针、政策，继续清理"左"的思想影响，鼓足干劲，振奋精神，靠政策、靠科学，把夏粮生产提高到一个新的水平。

首先，把好播种关，为夺取来年小麦丰收打好基础，努力提高播种质量，保证苗齐、苗匀、苗壮。"麦好在种"要种好，从备耕工作抓起。为小麦一播全苗、培育壮苗，夺取高产创造良好的物质条件。要提高播种质量，主要是抓好以下几件事：

一是深耕保墒，精细整地。土是小麦生长的基础。创造深厚而肥沃的土层，是夺取小麦高产稳产的重要条件，也是实现小麦高产低成本的重要途径。生产实践证明深耕可以增加土壤孔隙度，促进养分分解，提高土壤肥力，增强蓄水保墒能力，有利小麦根系发育，不论川、原、山区，水地旱地，都有显著增产效果，一般可增产 20%～30%。当年山、川、原都要抓好土地深翻工作。大队合理使用现有的柴油机、电动机等机械（表 5-5），对有机翻条件的田地都要实行机翻，没有机翻条件的要用畜力进行耕翻，耕后适时耙磨、平整，为播种创造良好的条件。

表 5-5　1980 年主要机械拥有量

机械	单位	数量
柴油机	台/马力	30
电动机	台/瓦/马力	17
农用水泵	台	2
小麦脱粒机	台/马力	1
电动机	台/马力	4.5

二是饱施底肥，增施磷肥。小麦高产的一条共同经验就是重视底肥的施用。西秦、联合等大队每年施底肥面积占麦田的 85%～90%，土肥亩施用量均在 10 000 斤以上，同时结合旋耕亩施氮素化肥 40 斤，磷肥 50～100 斤，小麦连年高产稳产。当年要大抓肥料建设，开展养、积、沤、种，广开肥源，千方百计扩大施肥面积。当年秋播时，川、道社队施底肥面积要达到麦田面积的 80% 以上，亩施用量达 10 000 斤以上，山、原社队施底肥面积达到 60%～70%，亩施肥量达到 8 000 斤以上。

据土壤普查显示，大部分耕地缺磷，特别是山、原远地、薄地和川道地缺磷比较严重，施磷增产显著。固川公社固川大队第一生产队有一块田种植联一号小麦，亩施土肥 10 000 斤，磷肥 80 斤，亩产 672 斤。而相邻一块田未施磷肥，其他条件相同，亩产 560 斤。施磷比不施磷增产 20%。总之，在小麦施肥上要克服忽视底肥靠追氮肥，忽视农家肥靠化肥，忽视磷肥靠氮肥的倾向。坚持以农家肥为主，以底肥为主，做到精细结合，氮磷搭配。

三是选用良种，合理布局。选用良种是一项简便易行，经济有效的增产措施。在同样条件下，品种选用得当可增产20％～30％。根据生产实践和高产经验，川道应以植联1号、郑引1号为主，搭配种植小偃6号、南阳707、西育7号等。原区应以丰产3号为主，搭配种植武农68113－42、68113－16，扩大示范宝临1号；原区新灌区可适当试种一些植联1号、小偃5号等。山区以双丰收、宝临9号为主，搭配武农132、陕农1号，扩大示范7165－4、7165－6等。地形比较复杂，在品种布局上，因地制宜，但总的来说品种数目不宜过多，但也不能单一。川、原地区一个队以种植2至3个品种为好；山区一个生产队以种植4至5个品种为宜。为了克服品种混杂退化现象，各地都要建立"三圃"田，即穗行圃、穗系圃、原种圃。搞好提纯复壮，保证大田用种有较高的纯度，严防以粮代种。

四是不违农时，适期播种。适期播种是实现苗全、苗壮、苗匀、夺取高产的基础。当年秋播一定要把好适时早播这一关，力争80％以上的小麦种在高产期。根据气象资料分析，各地适宜播种时间大体是：川道播种从9月底开始，在10月15日前结束；原区从9月下旬开始，于10月10日前结束；山区从9月上旬开始，10月上旬结束。在播种适期内，力争早播，力争把块块麦田都种在播种适宜时期。

油菜是主要经济作物，发展油菜生产对壮大集体经济，增加社员收入，改善群众生活起着重要作用。由于种种原因特别是干热风出现时间早，当年大部分地方油菜产量不高，一些地方对油菜生产产生了松懈情绪。因此，一定要向群众宣传发展油菜生产的重大意义和油菜高产社队的经验，保证完成计划面积。

发展农业一靠政策，二靠科学。要夺取夏田丰收还是靠这两条。对此，县委召开了全委扩大会议，总结交流了实行生产责任制方面的经验，对生产责任制问题进行了专门讨论和研究，作了具体安排部署。大队党支部依照上级精神，具体落实以下几点：

实行统一经营、联产到劳责任制，既能发挥集体经济统一经营的优越性，又能有效地克服平均主义，充分调动劳动者个人的积极性，从而促进农业增产。这种生产责任制形式既适合大秋作物，也适合小麦、油菜生产，是一个成功的经验，要普遍推广。对于一些生产水平高，多种经营开展好，有一些固定的工副业生产项目，积极提倡专业承包、联产计酬责任制。总之，对任何有利于鼓励生产者最大限度地关心集体生产，有利于增加生产、增加收入、增加商品的责任制形式都给予支持。抓紧做好工作、民主商定具体实施方案，在秋播前落实下去，使群众很快安下心来，扎扎实实地搞好秋播各项准备工作。

大队总结了包产到户、包干到户的经验，及时研究和解决实行责任制过程中出现的新情况和新问题，使其不断完善和提高。为了有利于培肥地力、有利于前后作物连作倒茬，全面增产，责任田和包产田相对固定，不轻易变动。

实行责任制后，大队切实加强领导，满腔热情帮助干部和群众解决生产中的实际问题，加强农业科学技术的宣传和指导。搞好良种、化肥、农药、机械的供应，搞好农业技术培训，提高广大群众科学种田水平。

大队还积极开展农技推广联产责任制，实行农技推广联产责任制是加强农业科技部门与生产单位紧密联系，调动农业科技人员的积极性，推广农业科学成果，促进农业生产发展的一个有力措施。

（四）农业生产规划

1980 年是完成国民经济调整的重要一年，也是翻天覆地大变样、战天斗地换新装、改变新庄大队面貌的极其重要的一年。党支部确定了 1980 年农业生产的奋斗目标是干部群众提前动手、趁早安排，采取措施完成任务。

当年全大队直播油菜面积为 47 亩，移栽面积 22 亩，合计油菜总面积共67 亩，在 1979 年全大队亩产 230 斤的基础上，党支部认为 1980 年实现亩产 300 斤是完全有可能实现的，如果目标达成，那么当年油菜总产可达20 700 斤。布种绿肥压青是夺取粮食大丰收的又一个重要措施，1980 年全大队布种绿肥面积要占总面积的 20%，全大队布种绿肥 150 亩，这为粮食生产提供更多的有机肥料。

党支部提出了尽快把林牧业搞上去的迫切要求，要搞好四旁植树和村庄绿化，同时提倡和推广以养牛为中心的畜牧业，实现农、林、牧的协调促进发展。在积极发展集体养畜牧的基础上，村党支部还鼓励社员养牛，以此增加收入，按照县委的领导精神，以后无论是集体养牛还是社员养牛，都可以自由出售，集体饲养牲畜的收入可以纳入当年分配。

随着农业生产的不断发展，不但要抓好粮食生产，而且要办好社队企业，为农业生产提供更多的资金，对现有双代店、医疗站、电机等单位要加强领导。在现有大队企业巩固和提升的基础上，大队打算在1980年再筹办一些新兴企业，另外还要组织劳力出去承包一些副业。在这种产业发展的新形势下，力争到1980年年末，副业收入可达3万元，做到粮钱双丰收，人均纯收入达到100元。

为了实现1980年农业生产的宏伟目标，新庄大队采取了以下措施：

第一，大队以中央发展农业的两个文件为指针，以公社"三千会"为动力，加强党对农业的领导，充分发挥党支部战斗堡垒和生产指挥部的作用，想新的干大的，掀起大干社会主义新高潮，支委分队包干，深入实际抓生产，出主意想办法，制定生产计划，落实增产计划，协助生产队解决生产生活上的困难。

第二，大抓收集肥料，种好绿肥，为农业生产解决肥料问题。在养猪积肥的基础上，有计划地逐年扩大绿肥种植面积，并利用树叶、麦衣开展高温堆肥，生产队要建好公厕，对坏了的厕所要限期维修，扩大肥料的储存量，加强肥料管理，力争1980年亩施土肥2 000斤，改进施肥办法，提高肥效。

第三，建全科研组织，培育优良品种，实行科学种田，不断推广新的耕作技术，加强大队科研组织，提纯复壮，培育优良品种，指导大田生产。

第四，大搞农田基本建设，扩大灌溉面积。水肥是实现粮食增产的关键和根本前提，除对现有的7眼机井加强维修使用外，1980年全大队准备再打2眼机井，逐步实现水利化，扩大灌溉面积，大队由一名副大队长分管农田基建工作，搞好西干二支深分配的60米渠道开挖任务，冬季农田劳动量要占总劳动量的50％，生产队要由一名队长分管农田基建工作，加强领导，突出完成农业基建任务。

第五，以副养农，大力发展农村副业生产，为农业提供更多的资金，一手抓粮，一手抓钱，做到粮钱双丰收，在不影响生产的基础上一个生产队可抽出10～15人外出搞副业，承包基建工程，发展副业生产队都要考虑如何赶春节前，拿回人均纯收入10～15元，千方百计，想尽一切办法完成，同时还要鼓励社员开展以养猪、养牛为主的畜牧业，发展家庭副业，还要求各队要考虑第二年如何完成副业收入1万元任务，为农业生产积累更多的资金。

第六，加强定额管理，建立生产责任制，推广作业组，联系产量计算报酬的管理办法，近几年来，普遍存在出勤不出力，做活不讲求质量的现象，根据这种情况，推广划分工作组联系产量计算劳动报酬，在生产队分配的前提下，可划分若干工作组，生产队对组实行三定一奖罚，即定产、定工、定投资和超产奖、减产罚，打算先搞一个试点，取得经验后再全部搞。

四、人民公社集体经济组织载体变迁

人民公社为中国"工占农利"经济战略的实施提供了强有力的制度支持；它的一整套行之有效的社会保障制度维持了中国农村近 20 年的平稳运行[94]。一方面，国家每年可从农村获取多达 200 亿元的资金[95]；另一方面，农村基层干部和社员的辛勤劳作、积极努力，中央政府对农村的政策也由原先的"攫取"转变为扶持，这使得中国农村的面貌发生了很大的改变。短短20 余年中，用来评估农业经济的各项指标呈现直线式增长，农业生产条件也得到大幅度改善，其生产条件的改善与同期其他发展中国家相比也是相当显著的。

人民公社时期的中国农业保持了略高于人口增长的实绩，人民公社制度在经济需求的驱动下，通过国家强制制度安排，推动人民公社迅速创建并高度集体化运行，并不断调整人民公社基层政策，推行发展家庭副业、实行粮食包干、划分作业组等政策。人民公社的一些制度安排为后来的农村经济体制改革奠定了稳定的组织管理基础[96]。

创办人民公社的动因来自双重制度约束（图 5－1）：一是微观产业主体

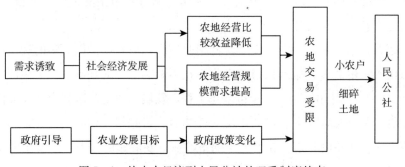

图 5－1 从小农经济到人民公社的双重制度约束

需求诱致路径。由于小农经济基础上的农地经营比较效益较低，现实条件需要提高经营规模弥补细碎土地的弊端。二是宏观农村集体化发展目标的政府引导路径。政府集体化导向加速了土地集中，但这是通过政府自上而下的行政力量推动实现的，必须排斥土地市场上细碎土地自由流转的干扰。在这两种制度约束共同作用下，农地交易被阻断，人民公社成为土地快速集体化的唯一工具。

在人民公社 20 多年的发展历程中，公社的领导者和广大的社员群众都为探寻一种能够充分调动社员生产积极性的更加科学合理的农业生产经营制度而努力，并对此不断进行改革，推翻旧模式、旧束缚，在探索完善的过程中也取得了一定的成功经验，为后来农村生产经营制度的全面改革积累了经验，准备了条件。从这个意义上说，人民公社是历史必经的阶段，是向着更加先进更加科学的方向发展过程中必须迈过的一道坎。中国的农业经济本质上是一种自然经济，劳动者在其中起着主要乃至决定性的作用。也就是说，劳动者生产积极性的高低在农业生产中的作用是最突出的、不可替代的。因此，农业生产的制度安排的核心目标就是充分调动劳动者的生产积极性。人民公社体制下的各种经营管理制度，无论是工分制、劳动定额还是其他生产责任制，最根本的缺陷就是它们都把劳动绩效和农产量割裂开来，因而在建立、健全劳动激励机制，调动社员的生产积极性方面还未发挥出充分的作用。

中国农村集体化是国家为降低交易成本、最大限度汲取农业剩余以支持国家工业化而确立的农业产权制度安排。国家行为受到的竞争约束较小，从而增强了国家为了支持工业发展而强制推行农业集体制产权的自由度[97]。出于国家战略的利益导向和政治经济体制改革的需要，从国家到公社的政府机构的目标具有一致性，继而形成了统一的利益联盟（图 5-2），构成了人民公社体制的主导者。

首先，对于执政党——中国共产党来说，实现政治支持不可或缺的条件就是，不断提升中国人民的生产生活水平，稳定和发展经济。国家通过人民公社体制能够实现对农村和农民的低成本控制，从而也为这一目标的实现提供了可能。国家可以通过对农村市场的控制，以较低的成本获取工业发展所需要的原材料，促进原始积累，以实现国家经济的整体发展和进步。人民公

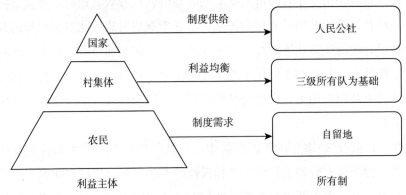

图 5-2　人民公社体制下制度与利益的实现

社体制很大程度上满足了中央的利益需求。其次，对这一制度的具体执行者——政府机构及其代理人来说，通过人民公社可以实现他们两方面的利益目标：一是通过人民公社的集体所有形式能够低成本地完成国家下达的任务目标，从而能够很好地实现中央对地方的要求；二是通过人民公社体制可以满足基层政府（县级尤其是公社一级政府）最大化本部门利益的需要。人民公社体制下基层政府能够通过"一平二调"的方式对其所辖范围内农村地区的土地、人力、物力、财力实施绝对控制，最大程度地满足基层部门的现实需求。利益的满足，促使各级政府及其代理人成为人民公社体制的积极维护者。执政党和政府机构及其代理人利益的一致，以及下级服从上级的政治制度安排，使人民公社体制顺利推行。对于农民来说，没有也无法形成统一的利益联盟来发出自己的声音。面对人民公社的这一制度安排，农民通过近乎一致的行动形成一个强大的"利益集团"，通过划分作业组、粮食包干、加强农业生产规划等方式，促进农业的全面丰收。所以为取得某种利益的农民也是这一制度的维护者[98]。

"三级所有，队为基础"使人民公社体制相对稳定。首先，对于制度供给者的国家来说，通过确立人民公社集体所有制度，国家享有了对农业生产要素的统一支配权和分配权，配合了国家经济战略需求。其次，在高度集体化的生产组织条件下，集体经营单位设在村级生产队这一基层生产单位，实现了责权对等，同时有利于利益均衡分配[98]。第三，从制度需求者农民的角度看，农民的生产生活在组织中得到了一定程度的保障，这对当时尚处于追求温饱阶段的农民来说是一种隐性福利；后来，生产队内部允许部分农民保有自留地，生产队内部实行粮食包干，消除了绝对的平均主义，农民个体利益得到一定程度的维护。

20 世纪 80 年代末，在改革开放方针指导下，农村经济取得了突破性的发展，粮食总产有了较大的增长，多种经营全面发展，乡镇企业稳步上升，农民生活得到了明显的改善，农村形势较好。但是，农业生产也面临着不少新的问题和矛盾，主要是对发展农业生产，稳定国民经济的重要性认识不足，片面地追求抓"现成"，放松了对粮食的生产；对科学种田认识不足，新的耕作技术没有得到很好的利用；农田基础设施破坏严重，抗御自然灾害的能力减弱，因此，粮食生产出现了新问题。新问题的出现放大了人民公社可持续发展危机，加速了人民公社退出历史舞台。在新形势下，人民公社没能顺应社会经济发展时代潮流，按照生产力发展要求和农民意愿，进行商品生产，农民没能够从中发家致富，也没有在发展农业、保持农业持续增长的基础上，推进国家工业化和城市化。按照当时决策者制订的工业化、城市化战略，对农业、农民、农村执行经济掠夺政策，这使得农业长期徘徊不前，农村面貌没有发生特别喜人的改变。

第六章 双层经营下的家庭经营

1978 年，中央及时发现和总结了农村涌动的"大包干""包产到户"和"包干到户"等创举，并且坚定地给予支持。家庭联产承包责任制替代了人民公社"一大二公"和"三级所有、队为基础"的旧体制。农民个人付出与收入直接挂钩，迅速解放了农村生产力，促进了农村经济的发展，中国农业生产进入了高速增长期，同时也为乡镇企业发展创造了条件。这段时期国家大幅度提高农产品收购价格，并逐步取消了农产品统购政策，开放了农村集贸市场，有力地激发了农民生产的积极性[102]。

从 20 世纪 80 年代开始，新庄大队从联产到劳政策入手，着力调整生产关系。联产到劳实质上使集体化的土地经营方式回复小农经济形式，背离了合作化运动的方向，但与当时生产力相适应。联产到劳在新庄村顺利推行之后，家庭联产承包责任制也开始施行，调动了全村劳动力的生产积极性。与此同时，在中央政策的指引下，新庄大队推动家庭企业、专业户、个体户、联营经济等多种经营的发展。因为当时认识的局限性以及保障粮食生产的需要，多种经营最初处于从属地位，受到种种限制和质疑。新庄大队把握政策方向，坚持以粮食生产为主，多种经营为辅适度发展家庭经营，调动了村民的生产积极性，带动了村民致富。

一、家庭联产承包责任制

家庭联产承包责任制是以农民家庭为单位，向集体经济组织承包土地等生产要素和生产任务的农业生产责任形式，是农村土地制度的重要转折，也是中国现阶段的一项基本经济制度。在家庭联产承包责任制下，农户作为一个相对独立的经济体，按照总体合同自主进行经济生产和经营，农户经营收入除合同规定需要上缴的部分之外，大部分都由农民自主使用。该制度通过调整农村生产关系，调整国家、集体和农民三者之间的分配关系，将原来的"工分制"调整为"交够国家的、留足集体的、剩下都是自己的"，突破了"一大二公"和"大锅饭"的旧体制[104]。家庭经营是以家庭承包和农户为基本单位，主要利用自有资金、自有生产要素和剩余劳动力所进行的自主经营的一种经济形式。它是中国长期、广泛存在着的一种农村经济组织载体，始终影响着农村经济制度的改革和发展。

1982年1月1日，中共中央批转《全国农村工作会议纪要》指出，目前农村实行的各种责任制，包括小段包工定额计酬，专业承包联产计酬，联产到劳，包产到户、到组包干到户、到组等，都是社会主义集体经济的生产责任制；1983年中央下发文件，肯定联产承包制是在党的领导下中国农民的伟大创造，是马克思主义农业合作化理论在中国实践中的新发展，要在全国推行这种社会主义集体经济的生产责任制。至此，一场由农民自发掀起的改革转变为国家自上而下的政策推动。

（一）联产到劳

在新庄大队，家庭联产承包责任制的前身是统一经营联产到劳责任制，是在坚持集体化方向和生产要素集体所有制不变的情况下，粮食生产实行口粮包平、定额上交，劳力田实行定产、定工、定投资，定产内的交生产队统一分配。如果承包土地减产了，承包者要负承包责任；如果超产，超产部分全部归承包者所有。实行专业承包或包干到劳（组）既发挥了集体经济的优越性，又调动了社员的生产积极性，使农林牧副渔全面发展，逐步走农业综合经营的道路。

1981年年初，生产责任制在推行过程中徘徊不前，各大队观望心态比较严重。推行生产责任制工作中，由于有的队领导工作不力、认识没信心、方法不得当，致使工作进展不平衡、遇到问题束手无策，有的甚至还在观望、等待。公社要求各大队做出详尽的安排稳妥而又有步骤地把各项工作抓紧抓好，并以此推动小麦、油菜冬管、农田水利建设和粮食、农副产品生产、收购等各项工作顺利开展。

1981 年 11 月，新庄大队全面推行联产到劳管理办法，完整方案如下：

社员承包责任田由群众讨论，按人劳比例划分，以劳为主。经济作物和机动用地，可占总耕地 10％～20％，主要用作制种、育苗、植桑、种植棉、油、烟、菜等经济作物和少量的其他用地。这些耕地可以专业承包到组、到劳，也可以按人劳比例划分到户，分户管理，向队包干上缴现金并承担派购和提留任务；口粮田的比例以其定产能保证口粮为原则（口粮数额可参照三定标准，不包括自留地产量），口粮田按生产队现有人划分（包括解放军战士）；口粮田只用来种粮，不种植其他作物，产量除上缴公粮以外，全部顶作口粮；按劳划分的土地，叫劳力田。在队常年从事农业生产的劳力者均承包劳力田；有常年固定工作的社员，如民办教师、赤脚医生、代销员、社队企业人员、合同工等不划分劳力田。家庭无主要劳力的工干家属和个别人多劳少户，根据本人自愿，可以少划或不划。劳力田按定产，一部分交队，一部分作为劳动报酬，不记工分。交队部分保证公购粮、生产用粮和烈、军属、五保户、困难户的口粮补助。工副业收入比重大的队，劳力田承包到组、到劳，由队记工，定产以内全部交队，超减产全奖全赔；在划地时，集中连片，以利机耕、灌溉和管理。自留地、口粮田、劳力田按户分别计算，合并划分地块；耕地承包以后，保持稳定，增人不添、减人不抽。生育、迁入人口，将劳力田转为口粮田（即减少上缴任务）；死亡、迁出人口，将口粮田转为劳力田（即增加上缴任务）；自留地、口粮田、劳力田经济作物均属集体所有，社员只有使用权。一律不能买卖、典当、出租、转让、弃耕和雇工耕种，不准建房、烧窑、起坟、挖坑起土，不准破坏原有排灌系统。沙滩、荒地、空闲庄基地、水面不经生产队统一规划和安排，任何人不得开垦和占用。

坚决控制占用耕地建房，珍惜和合理使用每一寸土地。社队和社员占用耕地建房一律停止审批，已经批准尚未修建的，重新进行审查，一律收回。对未经审批擅自抢占、强占庄基地的从严处理，农村建设按村镇规划来实施，凡建房者只能在旧庄基空闲地内调剂解决。

口粮田除负担公粮外，不再上缴。劳力田应上缴的粮食，公购粮由户交售，价款归队，其余交队，统一支配。社员上缴生产队的粮食和集体生产的粮食，主要用于保证完成国家公购粮任务、生产用粮（包括种子、饲料）以及五保户口粮和烈军属、困难户口粮。油料、辣椒、烟叶等经济作物，在完成国家统购、派购任务以后，棉花、油按人分配。辣椒、蔬菜、烟叶等以现金购买。将经济作物田划分到户，应将任务分配到户，包干完成。

当时的果园、桑园、苗圃、成片用材林由大队生产队集体经营，专业承包，联产计酬或专人管护。不能平分给社员，更不能乱砍滥伐。集体零星树木权属归队，确定分成比例，由社员管护。零星果树由社员管护，包干上缴。集体现有的羊群、牧场、猪场、鱼池、蜂群等包给专业户或专业人饲养，收入分成或包干上缴。社队企业，实行独立核算，利润包干上缴。从业人员实行工资制，公社、大队企业人员向生产队交7％的公积益金，不再交钱记工。有的也实行工分加奖励，向队交钱记工。集体组织的副业生产，采取收入分成的办法，一般交队10％～20％，其余归己，不再记工。合同工、副业工向队交7％的公积益金。

大队支部书记、大队长、副大队长和会计，生产队的队长和会计，享受定额补贴。每人每年定额补贴120～180个工日，其他干部实务实记。补贴工日现金标准，可高于全大队前三年平均劳动日值20％～30％。补贴多少，经群众讨论后由上一级批准。除定额补贴外，还根据增产幅度和各项任务完成情况，年终评比奖励；民办教师的报酬，包括国家补贴在内，每月不少于30元。双代店、医疗站等实行单独核算，包干上缴，差额补贴；军、烈属、残废军人，按照政策规定予以优待。五保户的吃、穿、烧、住、用和疾病医疗要由生产队统筹，保证供应，每月每人发三至五元零用钱。社员因工伤亡、致残，其家庭生产、生活有困难的，由队照顾。

生产队与社员签订承包合同，合同内容主要包括承包的耕地面积、经营项目、集体投资、上缴任务、奖赔办法等。合同可一年一定，也可以一定几年不变。承包合同由大队、生产队、社员各执一份，合同受法律保护，签订以后，双方都共同信守，不可随意变动，当发生争执，经调解无效时，由法院裁决。遇到人为不可抗拒的自然灾害、需要统降上缴任务时，经社员大会讨论，报公社批准。对违反合同或有意抗拒上缴任务的，大队、生产队采取必要的经济制裁措施。实行责任制后，社队都加强了思想政治工作，对社员进行社会主义教育，组织社员学习党的方针、政策，树立爱国家、爱集体的社会主义新风尚，自觉遵守国家的各项法律、法令，维护集体经济，保证完成合同规定的各项任务。为此，大队、生产队干部承担了大量职责，例如：贯彻执行党的方针政策，做好社员思想政治工作；管好集体财产；统一规划和组织实施农业基本建设。签订、执行定包合同；执行国家计划，推广先进技术，实行科学种田，抓好当年生产；做好集体提留粮食现金的管理、使用和分配，负责完成粮油及其他农副产品的交售任务；办好集体工副业，扶助社员搞好家庭副业；做好五保户、军烈属和困难户的优抚照顾；办好文教、卫生、文化福利事业；处理好民事纠纷，维护社会秩序。

在实际执行中，新庄大队在村土地承包中还实行了"口粮田"加"包产田"的办法。有时大队村机动用地可占总耕地面积的 10%～15%，最低不少于 10%；所留地能够保证经济作物能落到实处；村口粮田（不包括自留地应占人均占地的 10%～20%，最高不超过 20%）按照常住户口（包括解放军战士）划到各户，村劳力田（即包产田）一般按人劳比例，以劳为主，可以人三劳七或人四劳六，凡在队常年从事生产的人、劳均承包包产田，有常年固定工作的社员不划包产田。

生产队的收入主要是出售粮、农副产品和林牧工副业的收入。其用途有：国家税款；管理费（包括干部补助和办公费用）；公益金（包括民办教师、赤脚医生的补贴；烈军属、五保户、因公伤亡、残废社员家庭的生活照顾；文化体育活动开支）；公积金（包括购买农业机械和农业基本建设投资）；当年生产费用（主要是开支电费、水费、机耕费和农药化肥等）。集体现有耕畜，或集体饲养，统一使役；或由几户合养，共同使役；又或分户饲养，养用合一，保本保值，损失赔偿，逐年提取折旧费。集体现有的大中型农机具，如拖拉机、脱粒机、抽水机、磨粉机等专业承包给有技术的社员管理，不拆散变卖。集体房屋、仓库等作为发展工副业生产和兴办文化福利事业使用，有多余的时候，就临时租借给社员使用，但不能变卖私分。

（二）家庭联产承包责任制

农业领域推行的各种形式的生产责任制是在党的领导下，继社会主义改造后，坚持生产要素所有制长期不变的前提下，生产关系适应生产力发展的结果，是高速度发展农业生产的社会大变革。自农村实行经济体制改革以后，家庭的作用发生了重大变化，它不单是生育教养的场所，而且直接担负着农业生产任务，成了一种独立的经济实体。基层农业生产在家庭这种社会细胞中都找到了自己赖以生存和发展的原生质。在各种具体问题处理中，承包责任制的推行坚持不削弱集体经济，实行民主协商，基本做到公平、合理。基层部门在符合承包经营制度的基础上，积极引导农户进行农业生产，发展农村经济，为实现社会主义现代化农村积极工作。

最初工分制是按照社员的劳动能力制定的，即"死分死记"，但它只反映了一个人潜在的劳动能力，不能反映人们在生产中的实际劳动付出。为解决集体劳动中出工不出力的问题，在基本工分的基础上，实行群众评议，即"死分活评"，可是"活评"缺乏客观科学的尺度，同时又碍于亲戚邻里关系拉不下情面，往往流于形式。在管理实践中，广大基层干部和群众创造了"定额包工"的办法。这种办法虽然有利于减少出工不出力的现象，但又滋生了只求速度、不顾质量的问题。为此，各地对"定额包工"的办法不断地进行改进，总的趋势是：从每日包工逐步延长到几日一包、季节包工、一个生产周期包工，最后发展到全年包工；与包工的时间相适应，包工的地段从不固定到固定；从按小组、劳动力进行包工发展到按户包工；从包农活的数量发展到包农产品的产量；联产记工分、按工分分配，超产减产部分计算奖赔。以上方面的结合便产生了包产到户责任制[109]。

在生产责任制安排意见确定之后，大队党支部、大队管委会查找了生产责任制推行过程中出现的问题，提出在实行生产责任制过程中的财产界定方案，以保障生产责任制在本村顺利开展：社员申请修建房屋、围墙，一律按照原批准划定的范围修建，原庄基不能随意扩大，新批庄基更不能超占；除属社员管理使用的小型农机具合理折价分配给社员使用外，凡大、中型农机具、房屋一律不变卖、拆除和损坏；凡属于集体的大、中、小型农机具、用具、机电设备等一律由原人管理、经手人清点造册，妥善保管；除过去用坏者外，如有意损坏的东西要照价赔偿损失；严格禁止哄抢、暗偷、乱拿集体财物；对集体林木如实清理、组织专人管护，严格禁止乱砍滥伐，每违规伐一棵树，除所伐树木收归集体外，处罚现金3～20元；对于正在修建的井、塘和支、斗、分渠等建筑物及其设备，除管护好、不损坏外，继续按照规定和原来承担的任务进行施工；任何人不能干扰责任制的实行，在实行生产责任制过程中其他人不得寻衅闹事，已经集体讨论通过形成的决议，少数人不得随意更改和推翻；各种问题的研究与处理由各户主参加，不准徇私舞弊。对土地、青苗、耕畜、农具的分包及其折价，必须经全体社员民主讨论决定，各级干部不能强加个人意志，更不能徇私舞弊；各级干部不多吃多占、请客送礼；要继续坚持按劳分配原则，贯彻三兼顾政策，搞好年终决分；除完成国家任务外，按规定留足应扣除部分，凡留给集体的钱、粮、物，经手人必须如实办理，妥善保管；不大吃大喝、请客送礼、非法侵占或挪用私分、变相贪污；对麦田、油菜要组织力量搞好施肥、冬管、冬锄、移栽、防虫、护青等越冬管理；教育社员严管猪、羊、禽，禁止放猪啃青。

1981 年 11 月，新庄大队分三个阶段推行联产承包责任制。

第一阶段：主要抓思想动员、培训骨干，建立组织，确定户主，清理财物，丈量耕地。

思想动员主要是大队、生产队召开社员会，讲清推行生产责任制的重要性，阐明生产责任制的形式和利弊、实施办法。在积极引导的基础上，民主确定责任制形式。对大队和生产队的干部、党员进行培训。在此基础上大队干部分工包队。各生产队以现任干部为主，选择 2～3 名社员代表参加成立责任制领导小组，具体负责整个工作。给每户社员讲清选择一人作户主，户主作为推行生产责任制的家定代表，参加各种问题的处理和最后签订合同。生产责任制的领导班子在这一段分成两部分，以会计、保管为主清理、登记生产队各种财物，造册登记；以队长和社员代表为主对生产队实有土地全部丈量，建立土地清册。

第二阶段：抓好具体问题研究和处理。

在确定好口粮田的基础上，定劳力（划分常年从事农业生产与从事其他固定工作的劳力），定土地（划分口粮田、包产田、机动地的比例和面积后，定好包产田的人劳比例和机动地田块），定产量（土地分等，参照前三年或前五年的平均产量，定好各等土地的产量），定工分（按照各类作物的定额工序定出每亩投工标准），定投资（参照集体经济的力量除去机耕、机播费用外，确定化肥、农药的投资额）在宜统则统、宜分则分的原则下，处理好各类牲畜、小型农具、林木等财产的权属。经过协商清理和处理好债权、债务。对于社员欠生产队的款一般采取限期归还和转嫁贷款的方式进行处理。对于集体贷款随着责任制形式，确定归还办法。

第三阶段：搞好定地段，计算到户，调整领导班子，签订合同等。

按照生产队土地的编号，由户主抓阄，然后按各户所抓各类土地号数，把口粮地、包产田按地段划分到户，建立登记册，逐户翔尽归入档案。按照各户的口粮田、包产田的面积计算出各户的承包产量、工分、投资。

以包干到户为主的联产承包责任制适应了当时的社会主义农业经济形势，和小农经济时的单干有着本质的区别。新庄大队采取多种形式落实包干到户责任制，已经建立大包干责任制的，不轻率变动，不走回头路。没有搞大包干但社员要求实行的，生产队积极支持、尽快完善。按照集体统一规划和国家有关水土保持的规定，提倡社员在自己承包的土地上修建梯田、土坝，修建坡塘、渠道，结合工程植树种草，增产增收部分归承包者所有。十年内不增加集体提留，也不变动承包地块。为了便于耕种，社员可以互相之间自愿兑换和调整各自不便耕种的田块。

生产责任制建立以后的关键问题是处理好"统"与"分"的关系。要做到宜"统"则"统"，宜"分"则"分"，以保持统一经营为主，统筹安排好群众个人不能解决、要求由集体统一办的事情。"统"就是为了解决分包后社员个人不能解决的问题和困难，如机耕、水利、植保、防疫、制种、配种等生产项目。生产队统筹安排，统一管理，分别承包，建立健全管理制度。林、牧、渔及工副业生产等多种经营项目逐步地建立联产承包或专业承包合同责任制。同时也允许社员个人或联户购置农产品加工机具和从事生产、运输的小型农业机械，如小型拖拉机。对于农民个人或联户购买的大中型拖拉机、汽车，大队原则上不予禁止，在油料来源允许的情况下也供给油料。农村涌现的重点户、种养专业户有的在信用社开户贷款，也有的去租赁集体空闲的饲养室、库房、猪场和场地院落来从事生产和经营活动，还有的承包集体的责任田，也有的在按期交纳规定的公共积累和其他提留的前提下，少包或不承包责任田。

国家统购、派购任务后的农副产品和非统购、派购的农副产品，实行多渠道流通和经营，也有的自行加工，进城、出县、出省跨地区销售，购销价格有升有降，但得经过工商部门登记，依法纳税。农村经济政策放宽以后，保证按质按量按时完成国家统购派购的农副产品交售任务，按期上缴集体提留，切实执行国家政策、法令，自觉接受税收、物价、工商、公安运输部门的监督和管理，及时坚决地处理各种违法犯罪活动，保持良好的农村经济秩序。

大队通过契约的形式把国家、集体和农民个人的利益挂起钩来。合同不仅规定了社员上缴国家的粮食、多种经营项目以及集体提留数，也有国家、集体对社员生产及生活资料的供应项目，这样就同时兼顾了国家、集体和社员个人三者的利益。大队允许村集体和社员个人经营的企业和经济组织单独或联合建立产、供服务机构。

党政分工后，大队党支部抓大事，跳出事务圈子，一是抓全盘工作的安排部署、党的方针、政策的贯彻执行。二是抓思想政治工作，抓干部的考核选拔和配备，以及党的基层组织建设，把各级党组织锻炼成为带领大队人民进行四化建设的坚强堡垒。生产大队则建立干部岗位责任制，联系生产成果和工作成绩对干部实行奖惩。为了减轻农民负担，大队、生产队着力精减干部，现有大队干部一般不变，只减少不增加。生产队的集体提留包括对干部的补贴在内，一般控制在生产队总收入的10％以下。从20世纪80年代初开始，生产队只设一名队长，不再设会计，具体业务由大队设立的一至二名专业会计进行核算。专业会计把巩固清财成果当作自己的主要工作，对社员的超支欠款每年集中抓两次收缴，并继续细致地做好社队各级财务的清理工作，清好旧账，建好新账，妥善处理好各种遗留问题，建立健全新的财务管理制度。对农村中的困难户、五保户和烈、军属，鳏、寡、孤、独的生活和生产有困难的，生产队给予扶持和照顾，妥善地安排好这些人的生活。

责任制给农村经济带来了巨大的变化，专业户、重点户的大量涌现，标志着农村经济发展新局面的到来，它破天荒地把农村经济从单一的粮食生产引上了多层次、高产值、多种经营的新路子；突破了"小而全"的框框，开始向"小而专"的联合体经济发展；把自给自足经济结构引向产值大、成本低、效益高的社会主义商品经济，开创了资源利用率高、劳动生产率高、商品率高和经济效益好的新路子。

新庄大队地处原区，粮食是农业生产的大头，"民以食为天"，吃饭是第一件大事。从1978年以来，大队粮食产量一直低而不稳，如何能保持粮食作物高产稳产是大队下定决心研究的新课题。从条件来看，大队的土地平坦，土质肥沃，肥料来源广，社员勤劳致富的愿望强烈，学习科技知识的心情迫切，提高粮食产量有着巨大的潜力。大队认真执行党对农业的各项方针政策，大胆解放思想，尊重和支持群众的首创精神，大胆改革，因地制宜地突破关键性的几项措施，如增施肥料，推广良种，扩大灌溉面积以及精耕细作等耕作技术的改革。

生产责任制的实行给农业的增产已开拓了广阔前景。按照当时中央文件精神，为了调动农民生产积极性，多产粮食，国家要求供销部门给商品粮产区的农民多供应平价的化肥、柴油等生产要素以及名牌的自行车、缝纫机等紧俏的生活资料，农行在贷款上、种子部门在良种供给上给予优先照顾。在该政策的安排下，社员完成粮食征购、超购任务后，可以自行贩运和自行加工，愿卖超购的，按公社下达的通知将超购加价收，愿卖议价的，按议价收。

到 1982 年年底，大队基本上普遍建立和实行了以包干到户为主的多种形式的联产承包责任制。由于认识赶不上形势发展，在初期，这个新生事物难免存在一些问题和不足，加上中途还出现过反复，因而有些干部仍然忧心忡忡。某些地方责任制虽然建立起来了，但还不十分完善，开展联产承包的范围还不广泛，思想上存在着满足现状的倾向。

1983 年以后，新庄大队坚持以稳定和完善以包干到户为主的各种形式的联产承包责任制为中心，做好农村各项工作。春季农业生产切实管好小麦和油菜，做好春播备耕工作，积极普及和推广农业科技知识；广开门路，发展多种经营生产，抓好农田水利建设；多条渠道，多种形式搞好农村商品流通，加强农村思想政治工作和基层党组织建设，夺取农业生产全面丰收，使大队的经济发展有一个大的突破。

中国政府不断地探索有效的机制，完善农村的生产经营体制，在农村人多地少的矛盾日益突出的情况下，既要保持土地集体所有制不变、又要保证优化生产要素使用、提高农村生产经营单位的活力。基于这些资源约束，以农户家庭为基本单位，自主经营、自主生产几乎成为唯一解。为此，突破传统计划经济体制下"一大二公"和"大锅饭"的既定体制，将生产任务下沉，并通过个人付出与收入直接挂钩的方式，确保正常生产秩序是政策层面的主导思想。同时，农民作为家庭经营产品的部分所有者，如果积极增加生产投入，那么就能实现自身收入水平的提高和生活状况的改善。实行家庭承包经营后，农户既是生产经营主体，也是利益主体，这是家庭联产承包责任制双赢的结果，同时也带来了所有制的细微变革。比起人民公社体制，国家、集体和农民三者的财产利益关系也需要进行调整。家庭经营使农户重新拥有了土地的部分产权，它既保持了主要农业生产要素社会主义公有制的性质，又满足了农民对土地的需求；扩大了农民生产经营自主权，还使农民的经济利益与其生产经营相联系，受到了农民的积极响应[111]。

由于各地自然条件和生产水平不同，实践中各项作业宜统则统、宜包则包，一般应做到统一种植计划。不论口粮田或劳力田，均按生产队种植计划种植，以保证国家计划的落实和有利于机耕机播；统一管水用水和抗灾。现有渠、库、塘、井、站等水利设施，均由生产队或大队统一管理，确定专人负责，建立严格的用水制度，任何人不得毁坏农田水利工程，水费由队统筹统支。对于自然灾害，由队统一组织抗御和防治；统一机耕机播。凡宜于机耕的土地，都由生产队统一安排机耕机播。机耕费由队统支，或者按照谁耕地谁出钱的原则分摊；统一经营集体工副业。现有企业和工副业生产，均由大队、生产队继续经营；统一农业基本建设。兴修农田水利、育苗造林、修建道路、村庄建设等，由大队或生产队一规划，组织实施。所用工日应按劳力或承包土地分摊，长短工日按干部务工标准处理。

二、家庭企业

20 世纪 80 年代中期，深化农村经济体制改革有了重大进展，"一大二公"的争论结束，党中央确立了改革、开放、搞活和国营、集体、个人一齐上的方针。

在对各种政策以及理论进行研究之后，县委认为木器加工、建筑、药材、编织、酿造、饮食服务以及副食品加工等专业村组形式的企业应当优先发展。这些企业上马容易，经营灵活，效益显著，应变力强。它与乡村集体企业合理分工，互相促进，在农村商品经济发展中起着越来越重要的作用。县委、县政府提出在一、二年内，力争使全县兴办家庭企业和经营二、三产业的农户达到三分之一以上。

在这些政策的指引下，自 1986 年以后，村"两委"大力支持家庭企业的发展，主要措施有：

第一，充分认识家庭企业在该村经济发展中的重要作用。家庭企业是社会主义公有制经济的必要补充，是乡村企业的重要组成部分，是农民脱贫致富的有效途径。该村有个体经营工商业的历史传统，发展家庭企业潜力很大。村干部充分认识到抓好家庭企业的重要性，深入宣传党的政策，打消农民兴办个体企业的种种顾虑，提倡一部分农民企业家将自己承包的土地转包给种田能手，集中精力办好企业。村"两委"帮助农户办企业，坚持定项自愿、劳动自由的原则，企业用劳和经费规模不加限制。在保证农业生产稳步发展前提下，逐步使农村相当一批劳动力转移到农村工业、服务业和其他行业上去，变成离土不离乡的新型农民。

第二，妥善解决家庭企业的经营场地问题。积极支持农民利用家庭院落办小工厂、小作坊；凡集体公用或闲置房屋，以优惠条件提供给农户办企业，集体所有的闲散的非耕地，也按政策规定，优先提供给农户。兴办家庭企业和联办企业，尽量利用旧庄基地和非耕地，确需占用耕地的，经县人民政府批准，与村组签订合同，明确期限并交纳土地使用费即可占用；也可以用本人承包的责任田抵兑。在搞好小城镇建设和新农村规划的同时，开辟新的工业区，吸引农民在新的区域内兴办家庭企业。同时，在小城镇、工业区、浏览区和交通方便、人口集中的地方，规定一些固定的摊点位置，优先提供水、电等基础设施，让农民设点开业或办第三产业。

第三，保护家庭企业户的合法权益。个体工商业者同全民所有制和集体所有制单位的劳动者一样，享有同等的政治权利和社会地位。家庭企业和联办企业的所有权、经营处理权长期不变，并享有继承权。

第四，多渠道解决户办、联办企业资金不足的问题。配合信贷部门为户办、联办企业贷款提供各种方便。从农村贷款总额中提出部分指标，专门扶持个体和联办企业。提倡户办、联办企业通过各种途径大胆引进外资。鼓励户办、联办企业以贷入资金、集资入股的办法筹集资金。提倡户办、联办企业与国营、集体企业开展横向经济联合，引进资金、设备和人才，"借鸡下蛋"和"借脑袋发财"。

第五，梳理流通渠道，打破"一购一销"的传统格局，增强户办、联办企业的自我调节能力。逐步完善户办、联办企业定购定销合同制；允许个体商业经营水泥、化肥等生产要素的建筑材料的零售业务，允许农民购销员进入国营及大集体企业的购销网络。提倡一部分人从企业中分离出来，走向山南海北，专门从事产品推销、原料采购和信息服务工作，逐步形成一支强大的推销员队伍。大力提倡跨地区、跨行业、跨成分、跨层次的多种流通渠道的联合，形成多渠道、少环节、开放式、网络型流通体系。

第六，提高经营管理水平，建立健全服务体系。树立发展与管理并重的思想，寓管理于服务之中。提倡家庭企业和联办企业户按行业自愿组成各种联合体，进行自我管理和服务，做到产销衔接、统一组织原料供应、统一组织生产加工、统一推销产品，逐步形成以优质产品为龙头的系列化服务组织。

体制改革的基层工作难度较大，直接涉及村级社会各种的利益关系，尤其是村级社会关系和土地的分配制度。新庄村在体制改革过程中坚持村集体的领导，坚持社会主义方向，在集体土地家庭经营关系变化的形势下，按照党的政策要求，重新定位集体组织管理的功能和经济性质，界定村级行政、经济、管理的边界，把村集体既作为一级行政组织，又作为一个经济组织。新庄村在有计划的商品经济时期积极引导和鼓励家庭副业、创办村办企业，抓住经济建设工作不放松；在市场经济时期，通过深化农村改革促进多样化经营，并大力发展加工业，为奔小康打下了较好的物质基础。

三、多种经营

20 世纪 80 年代末，农村改革发展程度日益加深，多种经营越来越受到重视，但是由于对多种经营认识不足，以及受到自然条件的限制，农村多种经营发展速度比较缓慢。

新庄村地处原区，耕地面积较大，土质较好，而且近邻宝鸡市区，有发展多种经营的有利条件。由于生产发展能力的不足和村民对于发展种植业的认识程度比较低，多种经营生产依然处在"种多类杂，样样不成气候"的阶段，产业结构仍以单一种植业为主，而且产业化的发展程度低。为了改变单一种植状况，逐步调整农村产业结构，村"两委"根据多种经营发展的实际需要，按照"发挥优势、适当集中、配套服务、提高效益"的指导思想，在抓好油菜等大宗经济作物的同时，发展一批新的多种经营项目，重点抓好蔬菜、辣椒种植、种子和养猪、养鸡等项目。同时，做好庭院栽植果树及果园的发展，带动和促进多种经营的发展，同时提高农业产业化的程度，确保产品的品种和质量都能够符合市场的大众需求。

自20世纪90年代以来，村"两委"不断完善产业发展模式规范和各项制度，提高配套服务的能力，确保村民们能够保质保量地完成多种经营的项目，确保农村产业结构调整过程中的多种产业综合发展，认真指导村民们的多种产业的种植，为村民们的多产业经营打下坚实的基础。村"两委"在发展多种经营的同时也注意提高种地质量，加大土地综合治理和综合开发力度，推进高标准产地建设，加强农田水利实施建设，构建特色产品优势区，加快农业技术引进和成果化。此外，村"两委"改善和升级农村基础设施建设，改善道路和交通状况，确保良种顺利引进和农产品及时运出，完善水利基础设施，让水利配套设施能够跟得上多种经营发展的需要。

发展多种经营生产是保证市场供给、增加村民收入和稳定市场的重要措施，也是改善农村发展状况和提升村民生活水平，提升乡村建设能力的必要措施。发展农村多种经营不仅要靠村民，还要靠村"两委"的引导和支持，所以，村"两委"不断深化认识，不断提高自身能力，从而更好地指导村里的产业变革发展，让多种经营的发展步伐能够进一步迈进，带动农村的发展，为乡村经济可持续发展提供动力。

乡村的发展对于中国经济的发展至关重要。以1989年为例，新庄村为保证当年多种经营项目的完成，首先是抓好准备工作，突击抓好辣椒、大葱的育苗，赶在四月上旬备足、育好辣椒、大葱等品种的苗。其次，结合土地具体情况，落实各项技术措施，以技术来保证生产。根据面积落实的实际情况给予适当补助。狠抓小麦、大葱、油菜、辣椒等技术措施，正确处理好粮食作物和经济作物的关系，坚持粮食与经济作物套种，立体发展，集约经营，争取粮钱双丰收。

新庄村继续贯彻"种、养、加"一齐上的多种经营方针，做好辣椒、蔬菜生产的同时因地制宜抓好果园的发展及庭院杂果栽植；抓好新法养猪技术的应用及雏鸡的科学饲养管理，鼓励发展农副产品加工业，全面发展多种经营生产，使多种经营有新的发展。

（一）允许家庭养畜

为大力发展草食牲畜，提高畜牧业在农业中的比重，改变过去那种重视抓粮食生产和养猪工作而忽视全面发展畜牧业，特别是草食牲畜的片面做法，新庄大队在继续抓好养猪的同时，特别重视发展牛、羊等草食家畜的养殖，促进"六畜兴旺"和"十二养"全面发展。

新庄大队在改革开放前养畜抓得比较紧，牲畜保有量较多（表 6 - 1）。但家庭联产承包责任制之后，耕地细碎化，役用牲畜需求量下降，导致大队牲畜养殖出现低潮。

表 6 - 1   1972 年新庄大队养畜情况

畜种	单位	数量
大牲畜	头	62
其中：从事农业劳役的大牲畜	头	53
牛	头	40
其中：奶牛	头	3
马	头	3
驴	头	19
骡	头	1
山羊	头	2

20 世纪 80 年代初开始，新庄大队安排专人负责大队的畜牧业生产，对饲养人员实行岗位责任制，采用"五定一奖（定劳力、定地段、定产量、定成本、定工分到作业组，超产奖励）"，积极推行"三勤（勤喂、勤饮、勤歇）、"五知（知热、知冷、知饥、知饱、知力量大小）"、"六净（草净、料净、水净、槽净、圈净、畜体净）"的科学饲养管理经验。集体牲畜部分由集体饲养，其他由包户喂养；适繁母畜要专槽喂养。对每头牲畜建立档案，填写登记卡片。

奖励成为当时促进家庭养畜的重要手段。以 1980 年为例，大队规定：每繁殖一头草食畜，除国家奖给布票外，半岁或一岁作价后，可奖励饲养员 20～40 元现金，或奖 20～40 个劳动日；牛驴作价 20 元，骡马作价 40 元，对主管畜牧的队长，从作价总额中抽出 5% 进行奖励；凡繁殖成活一头仔猪，奖给饲养员 0.80 元；对牵畜配种的饲养员，每接种受胎一头，由配种站奖给现金 0.50 元；凡因饲养管理、使役不当引起的牲畜伤亡、流产或未完成繁殖任务者，追究责任，酌情赔偿损失。

针对社员家庭养畜，大队认为只要不影响集体生产，不雇工剥削，即使数量多也不乱加干涉、限制。养畜有困难的，生产队从畜源、饲草、圈舍等方面给予支持。社员家庭向国家交一头牛，生产按口粮计价，补助精饲料100 斤。在完成国家任务以后，可以上市出售。生产队也按规定，及时付给饲料粮。生产队如果处理屠宰残畜，须经兽医站检查后方可处理宰杀。

大队在每个生产队建立 1 至 2 个青贮点，同时种好管好苜蓿，做到每头大家畜有半亩苜蓿。并提倡大种绿肥，先喂畜，后肥田，逐步发展配合饲料。当时大队像抓粮食生产那样抓畜牧业，采取切实可行的措施，做到定期研究检查畜牧工作；生产队干部定期到饲养室检查工作，发现问题及时解决，努力使自己成为指导畜牧业生产的内行。

（二）发展副业

人民公社时期的家庭副业基本上处于限制性发展阶段。在所有制性质上，家庭副业带有明显的私有制成分，在当时大步迈向共产主义的理念下，被视作另类而存在；另外，国家尚处在贫困状态，只能首先解决吃饱问题才能解决吃好问题，早在 1958 年中央就提出了"以粮为纲"的口号。1959—1960 年，全国遭受大面积旱灾和其他自然灾害，粮食产量大幅下滑，农村出现不同程度的粮食短缺。因此，1960 年中央进一步提出："发展农业生产必须以粮为纲，同时积极发展经济作物：做到发展农业的同时，必须发展林业、牧业、副业、渔业，做到五业并举。"实际上，中央的政策并不是唯粮食作物，而是强调把粮食作物生产作为当时的首要任务。但地方政府在执行中片面强调粮食生产，而轻视甚至抑制副业，出现了"以粮为纲、其余砍光"的现象。家庭副业自此全面萎缩。人民公社公共食堂的成立却给家庭副业带来了转机。在人民公社成立初期，农村饥荒越来越严重，公社不仅无法保证社员的生活，就连农民群众最基本的生存需求也难满足。于是，一些农民开始从事家庭副业生产以求缓解温饱问题。当时的党中央也认识到恢复家庭副业是摆脱农村经济困难、缓解城乡农副产品供应紧张的重要途径。

党的十届三中全会通过的关于农村经济问题两个文件规定允许社员家庭搞副业。在不影响生产的前提下，养猪、养鸡、养鸭、编竹、缝纫等属于国家明确支持的副业种类。但有些人产生了错误认识，认为什么都可以做了，分不清什么是正当的家庭副业，就自由"冒尖"，搞长途贩运、搞投机倒把活动；还有些社员不做农活，长期摆摊设点卖面皮、豆花；还有些私人家里办豆腐房。当时政策认为以上不是家庭副业而是典型的投机倒把活动。

家庭副业"超前"恢复和确立的主要原因，一是恢复家庭副业是解决当时经济困难成本最低、最简单易行的应急措施。二是家庭副业的恢复没有触动公社所有制；同时由于它被视作"集体经济的补充"，因而也不会与当时较"左"的主流意识形态发生正面的抵触。三是家庭副业制度创建的成本较低。由于它是初级社就已创立的一项制度，容易恢复，社员也易接受施行。中央此时对它的主要工作就是对其进行调整和完善，随后对家庭副业实行长期保护的政策[112]。

20 世纪 70 年代新庄大队的副业主要是养殖业，基础相对比较好（表 6-2）。

表 6-2　1972 年新庄大队养殖业情况

畜种	单位	数量
生猪（年末存栏头数）	头	215
其中：社员自养	头	173
机关、团体饲养	头	42
其中：能繁殖的及预留母猪	头	9

1973 年 12 月，中央提出"以粮为纲，全面发展"和"以农为主，以副养农"的方针，大队对此制定如下规定：

生产队的集体副业为农业生产服务，为城乡人民生活服务，为外贸出口服务，积极发展农村产品加工、磨面、碾米、粉碎、轧棉花、榨油、擀面、做豆腐和手工业（如农机具修理、烧窑、编竹、缝纫）以及养母畜、种畜、鸡、鸭、蜂、植树育苗，种药材等项生产。生产队的电工等企业人员，每人每年可发给一套工作服（布票自付）作生活补助。合作医疗站人员每人每月补助 3～5 元。

到了 1980 年，养猪成为大队重点发展的副业。当时集体猪场以养母猪为主，坚持自繁自养。大队为集体养猪和社员养猪提供猪源，生产队或社员给国家交售一头肥猪，120 斤以内，每毛重 3 斤，国家奖售饲料粮 1 斤；超过 120 斤的，剩余部分，斤猪斤粮。不奖售粮的，可由奖 2 斤粮变为奖 1 斤化肥。

外出做副业的劳力，以大队统一组织统一安排为准，并与用人单位签订合同，合同中写清参加人数、承包金额、工程期限，向大队账户汇款办法等。做副业的收入要收归集体作为公共积累。外出副业收入的分配，大队提取 5％作为全大队发展农业水利、机械化使用，个人提取 15％作为出外从事副业生产的劳力的生活补助和工具折旧、架子车补助，其余按投劳多少分配给生产队纳入当年分配。外出做副业生产人员，加班按时间记，不再补助现金，队内副业生产人员一般不予补助。

参加集体副业生产人员的计酬办法由副业组介绍本人思想和劳动情况，采取"死分活评"的办法，付给合理报酬。一般的全劳每天记 10 分，技工最多记 11 分，其他人可根据其劳力的强弱，思想及劳动表现参照底分，记适当工分。有需要出外做副业的匠工和特殊手艺的人员，个别的可以允许外出，但控制在副业劳动的总数以内，经过生产队同意、大队批准、进行登记。这些人的外出副业收入，按他们的实际外出，每人每天向队支副业款 2～3 元，由队记劳动日 1 个。集体经营的副业生产，严禁雇用黑技工和自流人口。从事副业生产的人员，一般 1～2 月轮换 1 次。参加副业生产人员服从领导、听从指挥、无条件服从支配、积极劳动、遵守纪律、严禁破坏、盗窃国家或集体的财物。

（三）改革农村经营形式

党的十一届三中全会以来，党中央从中国国情出发，政治上结束了多年的社会动乱，实行了一系列正确的路线、方针、政策建设具有中国特色的社会主义，实现了全国的安定团结。在广大农村建立和实行各种生产责任制，提高和改善了广大农民群众的物质文化生活。政策顺应民心，群众精神振奋，经济越搞越活，农民越来越富。各级党政组织积极带领广大党员、干部群众认真贯彻党对农业的各项方针政策，艰苦奋斗，开创了农村经济建设的新局面，农村经济正在出现从自给、半自给经济逐步向较大规模的商品生产转化，从传统农业向现代化农业转化。

1982 年村粮、油生产取得较好收成，尽管在遭受严重干旱，秋田大幅度减产的情况下，全年粮食总产达到或接近 1980 年的全年粮食总产，是历史上第二个丰收年。农田水利基本建设成绩显著，社队企业和多种经营有新的发展。当年大队配合公社完成农田水利建设，完成了县、社生产计划，涌现出多种经营户。社员开展养牛、养羊、养猪、养鸡、养兔、养鱼的积极性空前高涨，农民群众的纯收入达到 294 元，人均收入由上年的 80 元提高到近 100 元，社员收入增加，人均个人储蓄存款达 18 元，较上年增加 2%。社员逐步开始盖新房，社员家庭拥有自行车、缝纫机、钟表、电视机、收录机、轻骑、大小衣柜、沙发等中、高档消费品的越来越多。党的十二大之后，大队开展党员教育和深入细致的思想政治工作，党员、干部中的瞎指挥、多吃多占、走后门等不正之风逐步得到解决，改善了党群关系。通过开展"五讲四美（讲文明、讲礼貌、讲卫生、讲秩序、讲道德，心灵美、语言美、行为美、环境美）""五好家庭（爱国守法，热心公益好；学习进取，爱岗敬业好；男女平等，尊老爱幼好；移风易俗，少生优育好；勤俭持家，保护环境好）""青少年之家"及制定"乡规民约"等活动，促进了精神文明建设，全村人民争当"五好家庭"、好婆媳、好女婿、好公公、好妯娌、好姑嫂等各类先进个人。这些精神文明建设大大促进了整个村风的明显好转。

但在迅速发展的新形势新趋向面前，仍有一些方面还跟不上形势的发展。例如，思想还解放不够，改革的胆子不大，步子不快，措施抓得不狠，潜力挖得不强等。一些上层建筑的改革还不适应已经变化了的经济基础的需要。大队干部通过带头学习，认真总结经验教训，切实解决存在问题，遵照中央指示的思想更解放一点、改革更大胆一点，工作更扎实一点的精神，坚持社会主义方向，进一步放宽农村经济政策，搞活经济，坚定地走农、林、牧、副、渔全面发展，农、工、商综合经营的道路，促进农村经济的不断发展。

大队坚持在决不放松粮食生产的同时，积极开展多种经营的方针。坚持走"一种、二养、三加工"的道路，大力发展种植业和养殖业、各种加工业和工副业的生产，提高产品附加值，提高商品率。社员尽快致富的必由之路是敢想、敢干。对于社员开展的养殖业生产，大队除从政策、技术上积极扶持指导以外，还帮助村民解决饲料、资金及场地等困难。大队充分利用现有的库、塘、池，发展淡水养鱼，国家对鱼不进行派购任务，社员可以自产自销或是议价收购。

发展社队企业是开展多种经营生产的重要组成部分。通过对现有企业的调整和整顿，实行民主管理，加强群众监督，加强了与农户和新出现的多种合作经济资金的联系，逐步发展成为产、供、销、加、工、商结合的联合经济。社队企业根据各企业的生产实际建立起多种形式的生产责任制，企业试行支书、厂长承包责任制，企业的所有权和积累属集体所有，支书、厂长全权处理企业业务。完成了承包任务之后，职工可以多得，支书和厂长的报酬可以从优；完不成任务会造成亏损，相应地降低报酬和承担一定的亏损。通过实行企业生产责任制，有利于促使社队企业下决心完成企业总收入和工业总产值等各项计划指标。建立和健全各种形式的经济责任制和经营责任制，按照干部的革命化、年轻化、知识化、专业化的标准，有利于把"明白人"选进企业的领导班子。

科学技术就是生产力，实现四个现代化，科学技术是关键。繁荣农村经济，发展农业生产，一靠政策，二靠科学。靠政策是有限的，靠科学技术则是无限的，特别是责任制的推行，把经营成果和广大劳动者的切身利益紧密地结合起来，群众关心科学、学科学、用科学的"科学热""致富热"高涨。重视科技为发挥科技人员的重要作用创造了良好条件，使英雄有了用武之地。村民通过参加"农民技术夜校"和"农业科技讲座"等多种形式学习和普及科技知识，满足群众的需要。不论国家、集体的农业技术服务单位、专业技术人员以及农民中的科技户、城市的知识分子、技术能手，都可以同农村集体经济组织和农民个人建立技术承包制，签订技术承包合同。科技人员在增产部分中按议定的比例分红。

积极开展植树造林，在大队以村庄道路及四旁植树为主，加快绿化进程。允许社员承包集体的非耕地面积用来育苗和植树造林，发展林业生产，严格禁止乱砍林木。无论任何单位和个人，利用任何手段侵占和破坏国有林和集体山林，或者大量砍伐渠旁路旁树木的，都彻底追究，依法严加惩办。林木谁种归谁所有，个人树木有继承权。根据上级规定，每个农村劳动力，每年要为集体的水利、水保、植树造林和道路整修等农业基本建设投入

30～40个勤工日，作为社员对集体的劳动积累。

大队积极发展农村合作经济。合作经济的生产要素公有化程度、合作的内容、劳动收益的分配方式等可以采取多种不同形式实行劳动联合、资金联合；合作经济有的按地域联合，也有的跨地域联合。在不动生产要素所有权或在保留家庭经营方式的条件下也可以实行联合。合资入股的，收益分配在以按劳分配为主的条件下允许股金分红。大队允许丧失劳动力或劳动力不足者为了维持生活雇请零工，允许合作经济之间雇请季节工、专业工、技术工，允许农村个体工商户、种养专业户、技术能手请两个帮手、带五个徒弟。超过国务院规定标准的，不提倡，不宣传，也不急于取缔，而是引导他们向不同形式的各种合作经济发展。

四、个体户、专业户和联营经济

20世纪80年代初，城市经济体制改革和农村产业结构调整同步展开，城乡专业户、个体户以及各种经济联合体（即"两户一体"）不断涌现。两户联营对于经济发展和经济体制改革具有推动作用，带动农业社会化服务体系和农业经济合作组织的进一步发展，对于激励广大群众勤劳致富，活跃城乡经济，起到了积极的作用。社会化服务体系的发展不仅仅是对于农村和城乡社会经济发展具有支持作用，也使农户各项素质的技能得到加强，使个体户和专业户的合作更加顺畅。经济合作组织的发展，是基于各户之间共同的经济和利益诉求，所以在联营过程中每户都会发挥自身所长为联营带来收益。联营提高了农户们的组织化水平，提高了农业生产和农民进入市场的合作化程度；推动农业产业结构之间的优化升级，带动了农业生产经营标准化、专业化、集约化和品牌化；增加农民收入，节约农业成本，增强市场的竞争力。但是，在一些地方却出现了侵犯"两户一体"利益，甚至刁难、打击他们的错误行为。这些问题的存在，严重挫伤了"两户一体"以及广大群众发展商品生产的积极性，不利于联营各项业务和服务的发展，也限制了城乡之间的融合发展。

1985年，为保护城乡专业户、个体户和经济联合体合法权益，村"两委"作出规定：不得以任何手段干扰"两户一体"的经营自主权，不得压价向他们索购产品，更不得利用职权无偿索取。不得违反有关规定向"两户一体"多提积累、多分派购任务，多分摊义务工，不准以任何借口平调、截留或非法侵占、没收他们的财产和合法收入。对"两户一体"在物资分配、供应和银行贷款等方面，在政策规定范围内给予支持，不得截留、挪用国家供给他们的资金和物资。不得利用职权在村属企业中任意安插家属、子女或亲友，更不得搭"干股"分红。不得违反政策规定乱下禁令、乱设关卡，阻挠限制"两户一体"的合法生产经营活动。不得违反国家经济合同法，单方面变更或毁弃与"两户一体"签订的各种经济合同。不准违背税法规定，对"两户一体"重复征税或任意改变税率。不得巧立名目，向"两户一体"任意扩大收费范围，提高收费标准。不得接受乡（镇）、村企业和"两户一体"的特殊招待，更不准利用职权和其他手段借、赊、拿、吃，占用他们的资金、物资和商品。违反以上各条者，按其情节轻重，给予批评教育、赔偿损失、罚款，情节严重的给予纪律处分，触犯刑律的依法制裁。

以上规定有效维护了个体户、专业户和联产经营者的合法权益。1988年宝鸡县展开了一次对个体户、专业户和联营经济的综合抽样调查，总体上各主体经营效果较好，收入结构中，农业收入和建筑业收入占比较大（表6-3）。

表6-3　1988年第4季度宝鸡县个体户、专业户和联营经济调查

	单位	合计	1	2	3	4	5	6	7
调查对象数	户	7	1	1	1	1	1	1	1
调查户总人口	人	34	6	3	4	4	9	5	3
调查户经营耕地面积	亩	49	7.6	4.8	7	4.7	13.6	5.7	5.7
农作物耕地面积	亩	49	7.6	4.8	7	4.7	13.6	5.7	5.7
其中：粮食作物	亩	48	7.5	4.7	6.9	4.6	13.2	5.6	5.6
经济作物	亩	1	0.1	0.1	0.1	0.1	0.4	0.1	0.1
年末生产性固定资产原值	元	5 800	1 150	150	340	260	2 600	500	800
家庭经营总收入	元	19 468	3 495	1 825	2 475	1 807	4 500	3 183	2 184
农业收入	元	6 904	950	625	875	607	2 450	713	684
工业收入	元	2 150					2 150		
建筑业收入	元	7 700	2 200	1 200	1 600	1 200			1 500
商业、饮食业收入	元	150				150			

（续）

	单位	合计	1	2	3	4	5	6	7
其他收入（牧业）	元	2 565	345				1 900	320	
家庭经营总费用	元	3 495	590	240	350	235	1 040	130	310
生产费	元	3 250	590	240	350	235	1 040	485	310
耕地业生产费	元	2 480	380	240	350	235	680	285	310
畜牧业生产费	元	770	210				360	200	

长期以来，村"两委"依据中央政策精神，支持和鼓励个体户、专业户和联营经济的发展，保障了联营的体系和效果不断发挥，使农户们之间的联营能够更好地服务于乡村发展的城乡一体化建设，带动农户增产增收，为发展乡村企业和乡村经济打下了良好的基础。

五、双层经营下集体经济组织载体变迁

人民公社运动导致中国农村经济发展路径偏移，经过了多年努力才逐渐回归正轨，找到了适合中国国情的正确道路——包产到户。包产到户是解决农村集体经济组织中"搭便车"行为的政策纲领，是集体经济的创新。20世纪80年代初，人民公社逐渐解体，农村重新恢复到以农民家庭为基本经营单位为主和家庭联产承包责任制不断推进发展的经济环境之中。与现代企业制度不同，家庭经营不论是从产权属性还是从法律属性来看，都缺乏现代经济组织载体的要件。家庭经营发展的基本条件是适应市场。家庭经营规模小，容易根据市场需求而掉头转产，选择适应市场的产品和品种。但家庭经营也是脆弱的，离不开政府的扶持。

农业生产实行各种责任制，是继农业社会主义改造后，在社会主义条件下又一次生产关系适应生产力发展水平，高速度发展农业生产的社会变革。实行该责任制旨在规范农业生产过程中的各项制度，强化各责任人的责任，使农业生产更加安全有效。

家庭经营的长期发展对于解决农村剩余劳动力和剩余劳动要素具有积极作用，但是也会滞缓现代化经济的发展。而且家庭经营不等同于家庭承包经营，农民家庭承包经营只是家庭经营的一种载体形式，是一种单一的经济收

入方式。在农民家庭经营中，除了承包经营这一块以外，还有着其他极其丰富的经济内容。从其生产关系的分析来看，农民家庭经营是以私有经济为主的一种混合型经济形式[99]。

人民公社建立之初就是以集体制形式构建"政社合一"管理目标的组织。在当时中国迫切需要发展经济、强化政治集权的状态下，人民公社的社会主义属性不仅是农村经济建设的方案，更是政治目标实现的唯一方式。因此，高度集体化生产组织一经建立就需要强力维护，任何私有成分的出现都会引起公有制倒退、甚至偏离社会主义路线的恐慌，组建人民公社是国家层面政治路线选择的结果。对于微观主体——农户来说，温饱问题是更直接的生活需求。经历过合作化运动之后，集体化生产中由于个人私利作祟，追求个人利益而损害集体利益的行为不仅受到谴责，而且会带来负面影响。当基于"搭便车"的心理而对集体劳动消极怠工、对集体资产无人负责现象比较突出的时候，集体化生产经营的优势就会丧失，同时潜在的弊端就会愈演愈烈。对此，各地出台了各种办法试图消除人民公社生产组织形式的弊端。例如，加强劳动管理和分配办法，实行工分制基础上的按劳分配，最大限度地调动农民的责任心和生产积极性。这种方式在短期可以奏效，但从长期看，消极怠工者会通过合谋使按劳分配的比例基本不变，同时又能减少自己的付出；另外，由于村庄存在着千丝万缕的亲缘关系，按劳分配制在执行中如果过于严苛就会损害既有的亲缘关系。对农户来说，贫困时代亲缘关系是必须维护的一种生活保障，所以按劳分配对提高劳动积极性来说效果有限。

对消极怠工尚且可以通过劳动管理、监督以及劳动成果评价等措施予以部分解决。而集体财产无人负责就需要通过确定权属来解决。在当时条件下，公有制和集体制即"人人所有"，当"人人所有"缺乏所有者的认可时，就会变成"人人无所有"。人民公社的集体财产在制度设计之初是人人使用和监管，应当人人都对公有财产具有主动监管和维护的权利和义务。但问题是，"人人所有"基础上的所有权对每个个体来说，这种所有权是残缺、不完善的。因此实行对公共财产的监管和维护也是不完整的。现实中的表现就是对集体财产主动监管和维护的农民有公义和制度的支持，却因为对集体资产的所有权不能独占因而缺乏相应的权能，细碎化的所有权只能依附集体组织实现权属，导致个人权能行使低效甚至无效。进入 20 世纪 70 年代中期以后，高度集体化的人民公社组织开始出现所有制和劳动组织管理方面的政策松动。

20世纪70年代末80年代初兴起的家庭承包责任制是对人民公社时期包产到户责任制的继承和发展，是在保留生产要素集体所有的前提下，通过产权制度改革实现权利与责任对等。例如，以自留地为主要内容的家庭副业，是公社时期社员家庭拥有的所有权最完整、自主权最大的一项经营分配制度。它在保留生产要素集体所有的前提下，赋予社员家庭对自留地等生产要素的长期使用、收益、处分等项权利；同时，家庭副业还打破了公社经济必须集体劳动、集体经营的制度模式，把生产和消费的基本单位统一于家庭，使其消费需求的满足与生产经营的绩效完全对应，也更加符合社员的经营习惯。可见，除在产品的处置、生产要素的使用期限等方面有所不同外，人民公社时期的家庭副业已具备了后来家庭承包责任制的最主要的制度特征。家庭承包责任制从某种意义上说就是包产到户、家庭副业等的扩大化与完善[108]。

家庭联产承包责任制是农民自发形成的适合农村发展的一项主要措施，它的实施打破了传统乡村社会中农户各自为战的局面，联产承包的推行也实现了农村土地流转，也提高了农民流动的积极性，传统管理中所依赖的种种经济上的制裁和强制手段随之消失。家庭联产承包责任制度的发展对于农村经济体制的改革具有重要意义，它完善了农村经济发展方式，鼓励发展多种经营，给了农户自主性，极大激发了农民的生产积极性，全国农村粮食产量迅速增长，农民逐步走上了富裕的道路。农村经营管理方式的变化也改变了农民与集体及农民之间的关系，由于农民拥有生产经营的自主权，其承包权利也受到法律的保护。所以，农户与集体之间已经变成经济实体之间相互平等的利益关系。与此相适应，农民之间以及农户之间一方面具有社员集体成员的关系，另一方面也是平等的经济实体之间的关系。

家庭经营追求家庭经济单位的收益最大化，其经济收入的最大目的不是家庭纯收入的增加，而是最大限度地改善家庭生活水平，包含生存、健康、教育、社会地位、荣誉等，经济条件只是实现更高层次目标的基础条件[100]。中国自古以来就是"小农经济"，农户家庭一直是农业组织形态的基本单位。"小农经济"在历史上一直有很强的生命力。与传统小农经济不同，人民公社末期的小农经济并不是简单地回归传统农户家庭的自给自足式生产，而是作为一个广大的市场经济中的一员，积极地与市场发生着联系。对小农的重视也反映在党和政府的决策上[101]。

20世纪70年代末开始，中国在政策层面推行农村微观经济体制改革，把农户塑造为经营主体。改革开放以来，家庭承包责任制成为中国农村的基本经营制度。实行家庭承包经营，农户就可以成为独立的市场主体，进而利用农业闲暇时间发展家庭副业，搞多种经营，就地或进城务工，甚至经商办企业[103]。虽然随着实践的发展，家庭联产承包制这种农业生产经营形式不可避免地暴露出自身的某些局限性，但是其在解决农民吃饭问题和全国粮食增产上发挥了不可替代的作用，它的开创与实践成为中国农业现代化的新起点[104]。20世纪90年代中期以来，中国农产品供求关系发生重大的转变，农产品市场进入买方市场时代，农民人均收入的可持续增长面临挑战。这就要求必须从大幅度增加农产品供给的收入增长方式，转向农产品供给平稳增长与农民人数持续减少相结合的收入增长方式[105]。

第七章　转型中的集体经济

——乡镇企业

　　乡镇企业是国民经济的重要组成部分，是农村经济发展的新兴增长点。乡镇企业对中国 GDP 的增长有很大贡献，给村镇的闲置劳动力提供了就业机会，为国家创造了出口收入和财政税收，推进乡镇企业健康快速发展是乡村经济发展的重要内容之一[116]。

　　发展乡镇企业能够极大地促进农村一二三产业的结构调整，有利于优化农业生产要素配置，引导农业、农民走向市场经济，加快农村奔小康的步伐，壮大农村经济。

一、乡镇企业创办

　　1979 年 9 月党的十一届四中全会通过的《中共中央关于加快农业发展若干问题的决定》指出："社队企业要有一个大发展，逐步提高社队企业的收入占公社三级经济收入的比重。凡是符合经济合理的原则，宜于农村加工的农副产品，要逐步由社队企业加工。"当时，中国家庭联产承包责任制刚开始推行，农村经济呈现出积极发展的新面貌，解放思想、一二三产业并举是大势所趋。1984 年年初，中共中央 1 号文件提出：在兴办社队企业的同时，鼓励农民个人兴办或联合兴办各类企业。1984 年 3 月，中共中央、国务院转发了农牧渔业部《关于开创社队企业新局面的报告》（中发〔1984〕4 号文件），首次将社队企业名称改为乡镇企业。从此乡镇企业发展进入了一个"黄金时代"[113]。

　　进入 20 世纪 80 年代以后，创办乡村企业日益受到各级党政部门的重视，集资办企业已经形成一股潮流。新庄村通过两种方式发展乡镇企业：一是集资创办。二是个人自筹资金创办。初期创办乡村企业以集资为主，到了20世纪90年代以后，村民有了更多闲钱，个人自筹资金方式逐渐多了起来。1985年3月，乡政府下发通知，要求发动全乡单位及个人，筹集闲散资金以解决发展企业资金不足的问题。村"两委"按照乡政府的部署安排，落实筹集资金的具体办法如下：

所集资金期限为3年，到期还本付息，利率按1分计算（当时银行存款利率为5厘7毫，将高出银行利率近1倍）。本地任何单位、集体、个人、联合体、专业户和重点户都可以集入资金，数额不限。政府委托蟠龙工商业联合公司具体承办集资手续，并替存户做好保密工作。

1992年6月，乡政府发文要求引导和鼓励个人自筹资金创办集体工业企业。新庄村抓紧有利时机，着力促进乡镇企业发展。

利用公有的土地资料，经村"两委"组织申报，由个人自筹资金、自主决策、自行承包、自担风险，经上级主管部门批准所创办的工厂，其性质为集体所有制企业，其全部资产为所属村的集体经济所有。个人投资按银行贷款利率计息，由企业逐年结算支付。集体划出的土地按照国家有关规定征用折算资金作为村向企业的投资，也按银行贷款利率计息，由企业逐年结算并转成新的投资。个人向企业的投资由村集体负责偿还。村集体通过从土地投资、国家减免税收、利润分成、企业提留、定额上缴等几个方面的资金积累，不断扩大集体资金在企业资产中所占的比例，逐步归还个人的投资。

个人投资创办的企业，一般由乡工业公司牵头，承包者（即投资者）与村"两委"组织代表协商，签订承包合同，实行承包经营责任制，明确承包者有权决定企业和机构设置、劳动用工、人事管理、工资福利等事项，任何单位和个人不得干预，确保企业自主经营。企业有权解雇不遵守法律和本厂制度的干部职工，有权拒绝合同外的各种不合理摊派、占用和挪用，鼓励投资承包者放手大干。个人投资创办的企业，也按规定向乡村缴纳一定管理费，不得偷税漏税，承包基数利润的40%用于归还投资者的本金，60%用于充实企业的自有流动资金，超出承包基数的利润，30%作为承包经营者的奖金，30%上缴村集体，40%留给企业用于扩大再生产。

在以上政策的推动下，新庄大队的乡镇企业规模和数量都有了阶段性增长。1983 年，新庄大队社队企业主要有：新庄大队农副加工企业，小型工业社队企业，建于 1969 年，当年 12 月投产，占地面积 3 072 平方米，以粮食加工为主，当年加工农副产品 38 万斤，总产值（按 1980 年不变价格计算）2 852 元。新庄大队建筑施工队，它属于小型建筑类社队企业，以承建小工程项目为主，当年企业账面总收入 30 000 元。到了 1988 年，新庄村的乡镇企业进一步发展，发展条件较好的几家乡镇企业有：

一是新庄预制厂。小型建筑构件类工业企业，建于 1987 年，当年 9 月投产，主要生产楼板，当年产量 3 800 块楼板，工业总产值（按 1980 年不变价格计算）97 000 元（表 7 - 1）。

表 7 - 1　1988 年新庄预制厂统计表

企业名称	新庄预制厂		企业地址	宝鸡县	蟠龙镇	新庄村	营业证编号	2487 1184
隶属关系	村办		联营企业情况				投产日期	1987 年 9 月
年末企业人数	8 人		女职工	1 人				
工业总产值	按 1980 年价格计算：97 000 元			轻工业产值：97 000 元			重工业产值：0 元	
	按现行价格计算：102 000 元			轻工业产值：102 000 元			重工业产值：0 元	
主要财务指标	总收入：100 000 元	费用支出 86 500 元；其中生产费用 84 200 元				销售税金 5 000 元			
	利润总额 8 500 元							
	纯利润 8 500 元，其中：上缴主管部门 4 000 元；企业留利 4 500 元							
	工资总额 7 200 元	固定原产值 11 000 元		本年折旧 1 000 元		固定资产净值 10 000 元		
	年末流动资金 3 800 元	定额流动资金年平均余额 6 000 元			自有流动资金 11 500 元			
	本年度银行贷款总额 5 000 元			年末银行贷款余额 5 000 元				

二是新庄大队建筑施工队。小型建筑类社队企业，以承建小工程项目为主，当年房屋竣工面积 2 400 平方米，工业总产值（按 1980 年不变价格计算）38 000 元（表 7 - 2）。

三是新庄猪鬃加工厂。小型猪鬃加工轻工业企业，建于 1985 年，当年 1 月投产，以生产猪鬃为主，当年猪鬃产量 3 200 千克，工业总产值（按 1980 年不变价格计算）48 000 元。

1989 年，新庄村在册的企业数量达到了 16 个，总产值达到了 16 万元（表 7 - 3）。

表 7-2　1988 年新庄建筑施工队统计表

企业名称	新庄建筑施工队	企业地址	宝鸡县蟠龙镇新庄村		营业证编号	8 147
隶属关系	村办	联营情况				
投产日期	1983 年 5 月	年末企业人数 37 人，其中：女职工 2 人				
按文化程度：大专 0 人，高中 5 人，初中 15 人				企业中从事出口产品生产人数 0 人		
工程技术人员 3 人				户口在城镇人员 0 人		
聘用人员 5 人，具有技术职称 2 人，技术工人 3 人				全年因工重伤人数 0 人		
总产值（不变价）38 000 元，总产值（现行价）45 000 元				建筑企业进城施工产值 45 000 元		
主要财务指标	总收入 38 000 元		费用支出 31 300 元，其中，生产费用 30 450 元			
	销售税金 1 900 元		利润总额 4 800 元，其中：所得税 1 900 元			
	实缴国家税金 1 900 元，其中：销售税金 1 900 元					
	纯利润 2 900 元，其中：上缴主管部门 500 元；企业留利 2 400 元					
	工资总额 22 700 元		固定资产原值 6 000 元			
	固定资产净值 6 000 元		年末占用流动资金 2 150 元			
	自有流动资金 3 500 元					

表 7-3　1989 年新庄村企业基本情况

	企业个数（个）		企业人数（人）		总收入（万元）		总产值（万元，不变价）			总产值（万元，1980 年现价）		
合计	16	13	187	137	46.9	23.9	33.9	15.5	18.4	50	23.9	26.1
工业企业	3	1	17	2	16.4	0.9	10.8	10.2	0.6	17.5	16.4	1.1
建筑企业	7	6	161	126	22.6	15.1	17.5	5.3	12.2	24.6	7.5	17.1
交运企业	3	3	4	4	4.8	4.8	3.4		3.4	4.8		4.8
商业企业	2	2	4	4	2.8	2.8	2.1		2.1	2.8		2.8
服务企业	1	1	1		0.3	0.3	0.1		0.1	0.3		0.3

　　乡政府相当重视村办企业的发展，认为村办企业是村经济发展的重要增长点之一。在 20 世纪 90 年代，乡政府直接与村委会签订责任书，促进和推动各村办企业的发展。

19××年乡村企业经济目标责任书

蟠龙乡人民政府，以下简称甲方

村委会，以下简称乙方

为了加强对村办××××的领导和管理，不断提高经济发展，明确经济责任，确保计划指标完成，甲乙双方协商确定19××年企业经济目标责任书。

一、甲方要给乙方在19××年完成下列各项经济指标

1. 完成企业总收入××万元，其甲村办企业总收入××万元。

2. 完成企业总产值××万元，按1980年不变价考核。

3. 完成工业总产量××万元，按1980年不变价考核。

4. 销售收入利润率在14.5%以上。

5. 保证安全生产，不发生人身伤害和经济损失在百元以上的其他事故。

6. 按企业总收入向甲方交2‰的管理费××元，于次年×月底交清。

二、奖惩方法

1. 年中经济目标结算：以全年年报数为准，以企业总收入、企业总产值、工业总产值为主要考核依据，以利税率、安全生产、产品质量、上缴管理费等为经济目标全面考核进行奖罚。

2. 奖励方法：乙方完成企业总收入、企业总产值、工业总产值任务，甲方按企业收入的1‰比例给村领导计奖；乙方超额完成任务时，甲方按超额部分的1.5‰计奖；乙方在本年度内创省部优质产品一种，甲方奖给乙方人民币5 000元整。

3. 惩罚方法：乙方如未完成企业收入、企业总产量、工业总产量任务，则按拖欠的各项任务的比例扣除基本任务奖百分之××，乙方销售收入利税率达不到时扣除其基本任务奖10%；乙方年内若发生重大事故，每发生一起或死亡一人，扣除其基本任务奖金5%；乙方年内因发生质量问题给对方造成严重经济损失时，扣其基本任务奖金5%。

4. 按时缴清管理费，逾期不交者奖金不予兑现。

三、经济目标责任书订立后，甲乙双方必须严格遵守，不得随意停止，如在执行中遇到特殊情况，需经甲乙双方认真协商，以求协调。

四、本经济目标责任书自签订之日起生效。

甲方代表　　　　　　　　　　　　乙方代表

19××年×月×日　　　　　　　　　19××年×月×日

1989—1991年，乡镇企业发展过热，国内资金紧张、市场疲软，国家对乡镇企业采取"调整、整顿、改造、提高"的方针，银根收紧，乡镇企

增长速度开始放缓，大批乡镇企业被迫关停并转，几百万乡镇企业职工又回到农田，吸收的农村剩余劳动力成了负数。在此期间，一些乡镇企业苦练内功、调整结构、依靠科技、强化管理，通过大力引进国外资金、技术、设备和先进管理经验，并积极开拓国外市场，结果外向型乡镇企业迅速地发展起来了。1997 年 1 月 1 日，《中华人民共和国乡镇企业法》公布实施，乡镇企业进入规范化发展时期[114]。

新庄村的乡镇企业存在其他地方乡镇企业的通病：乡镇企业经营不稳定、缺乏融资能力等。乡镇企业因为没有自己的品牌和稳定的主营业务，对于投资者来说，这些不足会给其预期收益带来很大的不稳定性。同时，由于乡镇企业本身资产少、实力不够雄厚、产品缺乏竞争力，与大企业相比，抵御外部冲击的能力弱，因此，经营绩效也不稳定。而乡镇企业如果需要通过扩大资产实现稳健经营，那么融资是最主要最直接的手段。现实问题是：《中华人民共和国担保法》第三十七条规定："耕地、宅基地、自留地、自留山等集体所有的土地、土地使用权不得抵押。"乡镇企业没有合格的抵押资产，信誉好的企业和银行大多不愿贷款给乡镇企业。而广大农户投资者自身的资产实力有限，其最有价值的资产就是承包的土地，无法提供源源不断的企业发展投资。

二、乡镇企业结构调整

社会主义市场经济要求在思想认识上实现五个转变：一是变过去一切按计划调节生产的做法为根据实际出发、把计划调节和市场调节有机结合起来，谁用它就为谁服务。二是变过去长期以来形成的"产、供、销"观念为"销、供、产"的观念。根据市场需求，人们需要什么，就生产什么。三是变过去分配中的平均主义、"大锅饭"为按劳取酬，上不封顶、下不保底。四是变过去轻商观念为商品经济观念，大力发展商业、饮食业、服务业等第三产业。五是变过去以穷为荣的观念为经济越发达越好、经济越富裕越好。总之，只要在思想观念上真正实现由计划经济向市场经济的转变，就会消除有些人在发展乡镇企业上的左顾右盼心理、在增长速度上的求稳保守思想、在新办企业上的畏难情绪、在对乡镇企业看法上的偏见、在对待"冒尖户"

上的吹毛求疵等一系列制约乡镇企业发展的现象，调动了人们投身于经济建设的积极性，激励人们在加快发展乡镇企业中大显身手。

制度创新是企业发展的源动力。由于历史上的乡镇企业多是以集资的方式发展起来的，所以乡镇企业在融资能力和市场开拓方面有先天不足。为弥补这些不足，乡镇企业后续发展不应局限于地域性的集体制框架中，而应通过以产权制度为核心的现代企业经营制度创新，兴办股份制企业、独资企业、合作制企业和合伙企业，促进生产经营在不同地区、不同行业和不同所有制基础上的适度发展，最终建立起权利与风险相对称的有效的运行机制，保障乡镇企业结构调整的顺利进行。同时，提倡乡镇企业继续向优势企业、产业、产品集中，通过参股、兼并、收购、出售、租赁等多种方式优化资源配置，改变不合理的产业组织结构，实现规模经济，提高乡镇企业的市场竞争力，加速乡镇企业产业结构的优化升级[118]。

党的十四大提出：建设社会主义市场经济体制的总体战略是把国营企业纳入市场经济轨道。在乡镇企业发展初期，国营企业是乡镇企业的强大竞争对手。但是国营企业要适应市场经济，从体制的改革到观念的转变，至少要晚乡镇企业2~3年，乡镇企业在竞争基点上胜国营企业一筹。纵观当时乡镇企业的发展形势仍然是希望和困难同在、问题和优势互存、挑战和机遇共存。

新庄村在改革开放精神的鼓舞下，进一步解放思想，突破先前的思维习惯、发展方式、体制机制，把握机遇，面对不断出现的挑战，寻找乡镇企业创新的体制和机制，寻找乡镇企业发展的新的经济增长点和转变方式，促进乡镇企业的持续健康稳步发展，制定符合本村乡镇企业发展的目标规划，促进乡镇企业的不断发展。"无工不富，无农不稳，无商不活"是新庄村民的亲身体会。

20世纪90年代，围绕乡镇企业大发展这个主题，通过学习先进、寻找差距、算账对比等方式，不断教育村民树立敢想敢干、敢为人先的思想，发扬开拓创新、勇于拼搏的精神，克服小富即安、中富即满、故步自封的小农经济意识，把大力发展乡镇企业作为振兴村经济的重头戏，作为农民致富奔小康的必由之路。

在当时大力发展乡镇企业政策的推动下，乡镇企业是事关改革、发展、稳定全局的大事，是关系到集体经济能不能更快、更好、更健康发展的大事，乡镇企业是经济问题，也是政治问题，是具有全局意义的重大战略。村"两委"把支持乡镇企业作为一件大事来做，采取各种形式宣传乡镇企业在增加农民收入、支持农业发展、增加财政收入、缓解就业压力、促进精神文明建设等方面的贡献和积极作用，着力扭转乡镇企业发展速度回落、效益下降、贡献率减少的趋势。

2001 年是 21 世纪的开端，也是实施"十五"计划的第一年，搞好乡镇企业工作，对振兴乡村经济具有非同寻常的意义。在政策层面上，乡镇企业进入可持续发展瓶颈期。这时期新庄村乡镇企业工作的指导思想是：以发展为主题，以结构调整为主线，以体制创新为前提，以科技进步为动力，以提高效益为出发点，继续深化改革，推进机制创新：紧密结合实际，加快结构调整；运用科技手段，搞好革新改造；充分发挥优势，努力招商引资；严格科学管理，提高企业素质；牢牢把握机遇，坚持可持续发展。

随着市场经济的千变万化，乡镇企业的出路在结构调整，结构性矛盾是制约新庄村乡镇企业发展的主要问题。

调整结构以市场、资源和产业政策为导向，但最关键的是市场导向。镇政府要求坚持"积极带动第一产业，优化调整第二产业，大力发展第三产业"的原则，把行业结构调新、技术结构调高、产品结构调精，使产品在市场占有份额增大，重点发展名、优、新、特、奇产品，农副加工产品，促进乡镇企业走区域化、专业化、规模化、现代化的发展路子。

村"两委"提出，在结构调整中坚持效益优先原则，坚持市场导向原则，坚持科技进步原则，坚持制度创新原则，坚持人才先行原则，加强带动第一产业，优化提高第二产业，加快发展第三产业。由于新庄村以农业初级产品为主，村乡镇企业产业结构的调整和种植业、养殖业的发展是乡镇企业主要的经营领域，只能围绕粮、油、肉、蛋、乳、果、蔬菜等农副产品深化加工做文章，逐步实现种养加、产供销一条龙生产，一体化经营，使第一产业的比重在乡镇企业中有所增加。在第二产业方面，村"两委"提出依靠科技进步上档次，依靠人才上水平，引进新技术、新工艺、新设备和各类人才，加大科技投入，加快技术改造和新产品开发。在加快发展第三产业方面，村"两委"办好商贸服务业，扩大服务业总量，拓宽服务领域，提高服务水平，使乡镇企业不断适应市场。

村办乡镇企业在当时充分利用一切可利用的关系，积极主动外出找项目，跑信息，到科研单位、大专院校、科技市场去找项目。积极组织企业参加各类产品展销、科技信息发布、技术成果交易洽谈等活动，以扩大企业视野、开辟各类项目、信息、情报资料来源，经济效益稳步提高。

但对新庄村来说，努力培养和造就一大批敢于在市场经济中搏击风浪的能人，建立健全人才竞争机制仍然是最主要的问题。竞争市场，归根结底是科技的竞争，说到底是能人竞争。这方面，新庄村一是彻底丢掉传统观念，坚决破除"左"的思想束缚，树立起正确对待能人的观念。二是善于当伯乐，本着"三个有利于"的原则大胆选拔和起用能人，为各类人才创造平等竞争的环境和条件，让他们大胆参与竞争。三是不惜重金，打破工资、奖金和福利待遇标准，积极吸引和引进人才。四是采取多种形式努力造就和培养一批自己的人才，抓好管理、供销、专业技术人员三支队伍建设。

乡镇企业虽然建立在集体经济基础上，但政企分开、建立现代企业制度仍然是乡镇企业可持续发展的前提。村集体对企业的管理主要体现在协调服务、创造良好的发展环境方面。为此，村"两委"采取各种形式，努力依法维护乡镇企业和职工的合法权益，增强服务功能，在村集体职责范围内为乡镇企业发展创造有利条件，使乡镇企业逐步走上规范化轨道。1997 年开始实施的《中华人民共和国乡镇企业法》在制度上推进了这一工作。从《中华人民共和国乡镇企业法》的内容看，坚决依法保护乡镇企业的合法权益，主要包括六个方面：一是保护乡镇企业的财产所有权不受侵犯；二是保护乡镇企业的自立经营权不受侵犯；三是保护乡镇企业的用人自主权不受侵犯；四是保护乡镇企业税收的优惠政策落到实处；五是保护乡镇企业有使用各级政府乡镇企业发展基金的权力；六是保护乡镇企业对"三乱"的拒绝权和控告权，从而实实在在地推动乡镇企业的发展。

新庄村乡镇企业的政企分开工作要处理的问题较少，主要是两方面：一是处理集体耕地不合理占用；二是监督生产管理。20 世纪 80 年代初期，新庄村陆续清查和处理了乡镇企业侵占的集体耕地。村委会对 1979 年 1 月 1 日以来乡镇企业建设用地占用集体耕地的案件进行认真清理，查清是否都经过批准，和批准数相比有无多占，有无占而不用的，同村委会手续结清了没有。例如在1982年的清理中，从4月开始到5月底结束，大体分四步进行：从4月15日至4月20日以公社为单位成立清理小组，培训骨干，调查摸底，组织社员群众评议，使各条规定家喻户晓，人人明白；4月21日至5月10日逐队丈量核对，查清多占数额，多占原因，分清责任，分类排队，查处问题，造册登记；5月11日至5月25日，落实罚款、赔产数额，处理遗留问题；5月26日至5月30日总结验收。

在监督生产管理方面，为确保全面完成各项经济计划指标，村干部经常深入企业和车间，调查研究，解决存在问题，检查安全生产、劳动保护、环境保护，消除不安全因素，实现文明生产、安全生产，净化、美化、绿化工作环境，提高经济效益。村"两委"的乡镇企业工作目标就是：调动各方面、各层次的积极因素协同作战，一切围着经济转、一切围着经济办、一切围着经济干，打好乡镇企业总体战。

政企分开极大地促进了乡镇企业的经营管理自主性。厂长、经理开始重视企业管理工作，认识到企业管理的核心是对于人的管理，企业厂长经理在管理的各个环节上做到上下同心，从自身做起，从本岗位做起，在实际工作中起统帅作用、在关键时刻起支柱作用、在用权上起表率作用，企业管理层合理配置内部管理部门和人员，完善科学决策、民主决策，强化基础管理工作，不断完善企业各项管理制度，针对本企业的薄弱环节，重点搞好成本管理、资金管理和质量管理，将财务管理工作的重点放在事前、事中、事后整个过程，充分发挥其在预测、决策、计划和控制等方面的职能，使企业资金达到合理的流动和增值。在村"两委"的支持下村乡镇企业大力推广和运用现代科学管理方法，建立完善企业的制约机制和激励机制，加强完善企业内部和外部监督机制，实施管理创新。

为了不断提高效益，新庄村的乡镇企业积极推行企业管理工作的制度化、规范化和科学化，大力开展质量论证工作，推行全面质量管理，健全质量保证体系，进一步提高产品质量。企业千方百计节能降耗，挖掘潜力，增强产品和服务项目的市场竞争能力。

财务管理是乡镇企业的一个薄弱环节。新庄村的乡镇企业结合本单位实际情况划定和执行财务定额，严格执行成本开支范围规定，编制财务计划，建立经济责任制，对资金的运用实行事先和事中的控调，建立和健全财务管理制度。企业会计搞好核算，及时正确全面地向企业领导和管理部门反映资金运用情况和财务成果，使企业的整个经济活动置于财务监督和控制之下。村"两委"每年对所属乡镇企业进行一次财务检查和审计，及时发现和纠正企业经济活动中存在的问题，从而使财务管理得到加强和改善。针对个别企业领导只抓生产、不抓财务管理，只算完成任务账、不算经济效益账的现实，村"两委"督促企业加强财务管理，要求企业配备专职会计，财务按企业财务科目建立各项开支，做到产值、收入、利税同步增长。

三、乡镇企业跨越式发展

1995 年党的十四届五中全会通过的《中共中央关于制定国民经济和社会发展"九五"计划和 2010 年远景目标的建议》指出：要"继续把发展乡镇企业作为繁荣农村经济的战略重点，努力提高乡镇企业的素质和水平。引导乡镇企业适当集中，把发展乡镇企业与建设小城镇结合起来。"新庄村乡镇企业随即进入跨越式发展之路。跨越战略不是"大跃进"式的冒进，也不是要超越其他所有制企业，而是根据乡镇企业发展的规律和经验，结合自己的实际，以新的战略思想把握潜在机会，采取有力措施，促使乡镇企业走出初级发展进程，尽快在结构、效益和速度诸方面跃上新台阶。

村"两委"坚持"多轮驱动，多轨运行"的方针，多种经济成分、多种组织形式、多种行业一齐上，各唱各的拿手戏、各打各的优势仗。多种经济成分齐头并进地发展，需要把深化企业改革摆在突出的地位，真正触动产权。新庄村乡镇企业在改制的形式上坚持兼并、租赁、出售、承包经营多种形式，在改制过程中着眼于企业长远发展。

产权改革主要解决了三个问题：一是在指导思想上始终坚持把发展生产力和提高经济效益放在首位，在改制的形式上坚持兼并、租赁、出售、承包经营等多种形式，即宜包则包、宜股则股、宜租则租、宜售则售；在改制的过程中着眼于企业长远发展。二是尝试对资不抵债、耗损严重的企业积极探索，走"破立并举、资本运营"的路子。三是对挂着集体企业牌照的私营企业，还其本来面目，严格按照产权界定的原则，产权为私有的予以确认；对投资靠个人但集体承担贷款担保的，明确债务主体；对个人投资大、集体有少量投资的企业，通过资产评估，产权肯定，将集体资产出售给个人。对于一时不能改制的企业，继续完善承包经营责任制，促进集体资产保值增值。

西部开发政策也为发展乡镇企业提供了良好机遇，为村乡镇企业的发展带来了生机。各企业充分利用距宝鸡市较近的优势，紧紧抓住这一难得机遇，做好招商引资工作，主动走出去，请外商进来，筹划推出一批好的项目，增强项目吸引力，解决乡镇企业发展中的难题。

跨越式发展需要进一步解放思想，提高认识。乡镇企业的发展是当时实现农业现代化的必然选择之一。村"两委"经常开展发展乡镇企业再动员、再认识的教育活动，调动职工、干部和社会各方面的积极因素，振奋精神、知难而进，全村上下一条心，扭成一股绳，搞好乡村企业"大合唱"，激励全村乡村企业广大职工干部发扬"自强、自尊、自发、顽强、拼搏"精神，促进乡镇企业"持续、稳定、协调、健康"的发展。

跨越式发展也会带来冒进问题。例如，1993年2月乡经委提出当年的奋斗目标是：全年完成企业总产值5600万元，完成企业总收入5000万元，完成工业总产值2000万元，有效增长速度确保达到30％以上；力争实现利税总额75万元，上缴县财政30万元，分别较上年增长30％和20％，确保企业发展和经济效益同步增长；力争再新办企业15个，其中新办年产值50万元以上骨干项目5个，新办三资企业1个，消灭没有工业企业的空白村；进一步加快个体、联办企业和第三产业的发展速度，使第三产业所占比重有较大提高；继续强化企业内部各项管理工作，力争使10万元以上工业企业产品质量抽检合格率达到90％以上，亏损面降低到5％以下，亏损金额降低10％；全方位扶持在建项目，保证按期完成，力争新办、扩建的两个年产值100万元的企业在年内建成投产。

但这时期新庄村的乡镇企业已步入改革深水区。村"两委"根据乡经委的目标，结合本村企业的实际情况，提出1993年乡镇企业工作指导思想是：以党的十四大精神为指针以加快发展和提高效益为中心，以科技进步为手段，坚持"四轮驱动，多轨运行，二三产业一齐上"的原则，紧紧围绕社会主义市场经济体制建设，重投入，抓调整，上规模，上质量，上水平，求效益，积极引导和促进乡村企业走"改革、发展、创新、提高"的路子，推动全乡乡镇企业高质量，高速度、高效益的发展。到了1997年，在小康村建设背景下，村"两委"继续加大对乡镇企业的支持力度，并提出阶段目标：力争在 2001 年村办面粉厂营利达 4 万元，砖厂达到 5 万元；发展个体和私营企业，重点抓好建筑公司，重点推动第三产业；大力发展运输、加工、修理、服务等乡镇企业，并且带动 50 户农户就业，使农村劳动力都能得到妥善安排，走上共同富裕的道路。经过这两轮建设，新庄村乡镇企业的发展目标顺利实现。

乡镇企业要发展，必须依靠资金、科技和管理的持续投入。新庄村的乡镇企业基本属小型企业，其产业类型仍然以密集型生产为主，主要依靠增加要素投入扩大产能。进入 21 世纪之后，新庄村以质量效益为中心，抓住机遇，深化改革，调整结构，加强管理，不断提高企业整体素质和运行质量，增强企业技术创新观念和能力，再造乡镇企业发展的新优势，促进乡镇企业持续、健康、快速发展。

在资金投入上，新庄村坚持"对上争取，对下筹措，对内挖潜，对外拆引"等多渠道筹集的办法，为项目建设筹措了足够的资金。在项目选择上，充分发挥现有资源优势，积极开发市场需求大、科技含量高、经济效益好、关联度大、带动性强的项目。在发展形式上，进一步更新观念、放开视野，坚持多种所有制、多种经济成分共存，大力兴办合资、股份制和个体私营企业。要求企业无论是新上还是技改，都搞好市场调研和科学论证，符合环保要求，注重经济效益。

在市场经济大环境下，乡镇企业的竞争对手越来越多，竞争也愈演愈烈。而乡镇企业相对落后的生产设备、技术工艺及产品也越来越不适应市场竞争的需要了。村"两委"要求乡镇企业积极推动对老企业的技术改造和挖潜革新活动，通过对老企业的设备改良、生产工艺改进、职工素质的强化和提高、先进管理方法的推广引用等，焕发老企业的生机，提高老企业的市场竞争能力；加快产品调整步伐，努力开发一批适应市场需求的新产品；由初加工向深加工调整，由小批量向大批量调整，由单一品种向多品种、系列化调整，由低附加值向高附加值调整，采取多种形式努力开发研制市场空白产品、高科技产品，善于找冷门、补缺门、填空门。

但新庄村的乡镇企业工业化程度较低，发展重心主要依靠提高企业素质。各乡镇企业尝试实施科技主导型的发展战略，实行技术创新、设备创新、工艺创新和产品创新，挖掘科技制高点，积极引进新技术、新设备、新工艺、新材料，加快传统产业技术改造，积极开发高科技、高质量，高附加值产品，提高企业技术装备水平和产品科技含量。这些努力取得了一定效果，却因为资源投入的约束，未能从根本上改变村属乡镇企业的困境。

四、乡镇企业与集体经济组织载体变迁

乡镇企业是在农村的经济发展中形成的，是农村经济发展的新兴增长点。改革开放以后，乡镇企业从单一的农村经济部门转向多个部门的规模化经营，逐渐形成了具有城乡之间和农村内部工农之间的二元一体化经济结构。这个经济模式的特点就是由生产单一的农副产品逐渐形成新的社会生产力。一些乡镇企业投入大量科技支持产品深加工，并引进联营或股份制。因此，后来的乡镇企业已经没有明显的城乡界限，也没有了农业企业的专用标签。

市场体制与乡镇企业是农村经济的丰富内涵。乡镇企业具有市场体制的属性，企业紧盯着市场，根据市场的需要决策运营，自筹所需资金、自找所需工人以及原料、自销其产品、自主经营、自负盈亏。早期的乡镇企业仅限于就地取材、就地加工、就地销售经营，随着市场经济的推进，乡镇企业突破原有的地域限制，主动适应市场，在外地也可以办企业，这就是有的地方基础条件差也能发展乡镇企业的原因。

乡镇企业也和中国的农业、农村的经济发展存在着相互支持的关系。一方面，农业是基础产业，农业的稳定发展是乡镇企业发展的根基。党的十一届三中全会以后，农村经济的稳步发展为乡镇企业提供了大量的农副产品，同时农村富余劳动力也为乡镇企业提供了大量廉价的人力资源和消费市场。另一方面，乡镇企业的发展又是农业农村摆脱贫穷落后、实现经济发展的必由之路。乡镇企业可以为农业提供必要的科学技术支持，对促进农林牧副渔业产品的转化和农村过剩劳动力的转移具有重要意义。

乡镇企业的经营管理与乡村集体经济有密切的关系，难免受到乡村集体的干预，表现为有些乡镇企业缺乏经营自主权、管理体制僵化、效能低下。为此，乡镇企业应该通过改制，把生产要素所有权同经营权分开，扩大企业

经营自主权。当乡镇企业拥有经营决策自主权后，才有条件把企业完全推向市场，面向市场需求生产经营产品。乡村集体应避免介入乡镇企业的正常经营，要把经营权完全下放给乡镇企业，同时保留基本的所有权。乡镇企业则要在维护乡村集体资产利益的基础上，引入职业经理人，以市场为导向，及时决策、灵活经营，实现可持续经营。

推行家庭联产承包责任制之后，乡村集体的权能弱化，乡镇企业与集体经济的匹配关系出现了新的变化。由于农村人口的增长和城镇化的政策导向，农村土地细碎化日益严重，家庭生产经营规模越来越小。乡镇企业具有较好的地理位置优势，可以充分利用农村的要素资源，例如可以集中零碎的生产要素，形成经营合力，走规模经济的发展路径；一些优势的乡镇企业甚至可以作为龙头企业，为当地或周边农村规模化生产服务，逐步走向农业市场化和现代化。乡镇企业应充分发挥自己这一优势，因地制宜地建立生产、加工、流通一体化的产业体系，通过"公司＋农户＋基地"等方式将农民有效地组织起来，引导农民搞区域化种植和规模化养殖，创立一批具有优质、名牌、批量等优势的大型"龙头企业"。这样既可以不断提高农业的现代化水平，使农业逐步走上区域化布局、规模化生产、标准化管理、社会化服务的新型规模经济的发展道路，又可以壮大农村集体经济，丰富农村集体经济组织载体的实现形式[119]。

还有一些乡镇企业通过横向经济联合，优化产业结构，由松散型向紧密型发展，从资金、人才、技术、原辅材料、产品、劳力等方面与多种所有制主体联合。这些乡镇企业利用一切可以利用的条件和人员，通过外引内联，搞各种形式的联合，特别是和大工业及科研单位联合，为大工业的名牌、拳头产品当好配角，拾遗补漏，在发展横向联合上为企业寻求资金、寻求技术、寻求设备、寻求产品、寻求市场，增加企业的活力。乡镇企业发展横向经济联合不仅有利于克服企业面临资金困难、原料不足、竞争激烈的困境，而且有利于促进集体经济融入现代经济载体。

总而言之，乡镇企业和农村集体经济之间存在着紧密联系，乡镇企业离不开农村集体，农村集体经济的发展和进步也离不开乡镇企业的资金、技术等支持。促进农村集体经济与乡镇企业的良性互动不仅有利于中国乡镇企业的发展，而且也有利于中国农业以及国民经济的发展。

　　20 世纪 90 年代以后，随着短缺经济的结束和市场化程度的提高，政治氛围对私有财产的许可度相对宽松，地方政府逐渐退出乡镇企业的日常经营管理，乡镇企业处于换代提升阶段，产业升级成为乡镇企业的主要发展路径。随着国有经济股份制改造的深入、民营经济的崛起、外资企业的进入，乡镇企业明显处于弱势地位。可喜的是，发展现代农业、建设社会主义新农村的政策导向为乡镇企业提供了难得的发展机遇。农村的水、电、路、气和医疗卫生、文化活动的建设，都需要村集体组织实施，而村集体的具体措施在很多方面都需要乡镇企业的支撑。农业大发展、农民大增收之后，农村的大市场才能真正地发展起来，进而为乡镇企业发展带来巨大商机。为此，需要优化乡镇企业的产业结构和企业布局，引导企业优化重组，淘汰落后的生产能力；引导它向产业集中区和小城镇集聚，扩大它的集聚效应，促进相关产业协调发展[117]。

　　乡镇企业的经济联合、优化重组等活动派生出所有制的变化，集中表现在企业转制方面。20 世纪以后，除了一些以乡镇企业积聚形式发展村集体经济的村落（例如江苏省华西村）之外，全国范围内的乡镇企业转制成为主流。有些乡、镇、村办的集体所有制的乡镇企业经过转制变为个体企业、私营企业、股份制企业；有些乡镇企业虽然没有转制，但通过整体或部分搬迁的形式逐渐脱离农村；还有一些乡镇企业经营转型，进入第一、第三产业的种养、商务餐饮等行业，改变了过去乡镇企业那种"冒烟的农村工厂"的典型形象。到 21 世纪初期，乡镇集体所有企业已大多完成民营化改制[115]。

　　乡镇企业转制给人一种乡镇企业没落的假象，实际上转制后的乡镇企业在很长一段时期与原乡村集体在人力、财力和物力方面仍保持着紧密的联系。但随着市场经济的推进，由于先天性不足，改制后的乡镇企业作为自主独立经营的市场交易主体，在现代市场经济中往往处于不利的地位，迫使乡镇企业进行更彻底的改制。结果是，乡镇企业这个特定称谓随着乡镇企业这个群体的分化，逐渐淡出研究者的视野。

第八章　市场化集体经济

以党的十一届三中全会为起点的经济体制改革，起初是通过建立和完善社会主义商品经济，然后转向了市场经济。计划经济、有计划商品经济和社会主义市场经济是宏观经济体制改革的基本路径，而建立和完善市场机制是其中的核心问题。

一、面向市场经济的产业调整

1978 年中央提出将工作重点转移到社会主义现代化建设上来，对农村来说就是把主要精力集中到生产上来。中央提出"按劳分配，多劳多得"的社会主义分配原则，允许一部分地区、一部分企业和一部分工人农民，收入先多一些，生活先好起来，克服平均主义、"吃大锅饭"的问题，有利于调动微观主体的积极性。一部分人先富起来、收入增加、购买力提高也有利于扩大国内市场、促进生产发展、促进经济繁荣，从而促进国民经济波浪式的向前发展，逐步做到国强民富，使所有的人都可以比较快地富裕起来。但当时的一些既定政策仍在延续，比如三级所有、队为基础的政策；粮食一定五年不变，不购过头粮的政策；按劳分配、多劳多得，男女同工同酬的政策；自留地和社员家庭副业的政策；集市贸易政策等。这些政策在一定程度上阻碍了农村经济的进一步发展。

1997 年的新庄村已初步形成了以种植、养殖为基础，以建筑业为龙头，以运输、加工修理、饮食服务、企业等行业并举的新格局。但新庄村集体经济的主业仍是传统农业种植。因为体制和计划管理的制约，农业生产品种单一、农业科技、实用技术、农产品良种等普及不够广，经济效益不高；农业科技培训相对滞后，村民的科学意识不强，观念陈旧，农民收入增长缓慢。主要表现：一是农业产业结构不合理。主要粮食作物与经济作物比例不协调，没有注重水果及经济作物的发展，常年只种植了少量葡萄和柿子。二是农业生产基础薄弱，投入少，管理粗放。由于新庄村地处市郊偏僻地区，基础设施差、抗灾保收能力弱、农民积蓄少，没有富余的资金投入再生产，缺少用地养地相结合、培肥地力的良性循环，日积月累形成了管理粗放、广种薄收的生产格局，制约着农业的可持续发展。三是农产品流通不畅。该村规模小，与邻近乡村比较缺乏竞争优势，几乎没有农村生产流通经济组织，开拓市场能力有限，在市场竞争中处于弱势，发展后劲不足。

村集体经济面对社会主义市场经济体制和深化农村体制改革政策的形势，必须进行产业调整。为此，村"两委"确立未来五年的产业发展目标是：以自然优势为依托，以市场经济为导向，以建筑业为基础，以种植业、养殖业为重点，以农业促工业，以工业带农业，不断调整产业结构，以适应市场变化，到2001年年底工农业总产值达到179万元，其中粮食达到2.4万千克，多种经营收入达到8万元，农民年纯收入达到1 450元。新庄村以农业为基础抓好高产示范田710亩，依靠乡农科站，推广农业生产新科技，抓好科学示范田技术运用，依据农时需要向群众讲授科技知识，提高农民的科技水平；抓好多种经营，逐步实现"三个一、五"工程：每人种一棵花椒树、一棵柿树、一棵杏树；户均五分果园。村里在乡青年中选聘一名果树技术员，对果树进行统一管理；按照村实际情况重点发展加工修理、建筑、饮食服务、运输、商业等行业。

村"两委"对村民进行社会主义思想教育，明确党的基本路线不变，树立社会主义就是共同富裕的思想，积极发展农村经济；教育村民充分运用农业生产新科技、新成果，利用科学技术突破粮食生产，使粮食生产有较大的发展。在村"两委"带领下，村民充分利用空闲地在房前屋后发展花果生产，共在房前栽杏树426棵，在屋后栽柿树426棵，在渠边、地边、果园边栽花椒树688棵。全村2001年果园收入达到20万元，杂果收入达到1.2万元，花椒收入达到0.4万元。

新庄村充分利用邻近宝鸡市的优势，开发饮食服务、加工修理、运输等行业，大力发展个体和私营企业，重点建设建筑公司，带动农户就业30户；

运输、加工、修理、服务企业带动农户就业 50 户，使农村劳动力都得到妥善安排，走上共同富裕的道路。

进入 21 世纪以后，农业产业化、规模化、专业化发展。在村集体的领导下，新庄村充分利用自身自然资源优势和劳动力优势，大力发展农业生产、调整产业结构、平整田地、开展技术培训，并且积极争取政策支持，最终改变了传统的经营模式，建立了现代农业经营的示范样板。

第一，大搞立体农业，确保粮食产量稳定增长。在粮食生产上重点抓好立体农业，下决心落实间套秋粮任务。同时，抓好夏收后有利时机大搞灌区土地平整，完成全年平整土地任务。落实土地承包多年不变的规定。认真实行"以工补农"的政策，从乡镇企业利润中提取一定的统筹费，用于农业投资。在完善、健全水利、农机、农技、农业综合服务站的基础上，健全村农科队伍，进一步深化配方施肥新技术。

第二，优化经济结构，发展农业产业化经营，形成以基础农业为主、以商贸服务业为纽带的经济格局。一是按照高产、优质、高效、生态、安全的要求，优化农业产业结构，培育壮大主导产业；按照国内外市场需求，积极发展品质优良、特色鲜明，附加值高的优质农产品、绿色食品，实现增值增收。二是大力推进农业产业化经营，优化农村产业结构。运用市场机制，实现产加销、农工贸一体化经营[121]。

二、土地适应性调整

对传统农业来说，在土地细碎化和村庄空心化的背景下，进行要素调整和要素替代，还存在着生产成本高昂、机械难以下田、科技无法推广等困境[122]，其根本原因在于中国细碎化的农地现状和现行的农地制度安排。对此，学界的研究主要围绕如下三种路径展开：其一是"技术路径"，这一路径从农地集中治理入手，主要通过地块整理工程、农田水利工程、完善基础设施和田间道路工程等技术投入，加大农田地块供给、增加耕地面积供应，从根本上改变整治区域的农业资源面貌及生态环境[123]；其二是"市场路径"，这一路径以土地流转市场制度建设为核心，侧重通过土地出租、转包、转让、入股等市场化形式，扩大农户经营规模，走集约化经营的道路，逐步减轻并消除土地细碎化影响[124-125]；其三是"社会路径"，这一路径以土地再组织为核心，利用农村集体经济组织平台或农业产业化等形式，对小农经济进行功能整合，通过农民之间的自发土地调整和互换实现合并分散的土地，最终实现农业的适度规模[126]。总的看来，社会路径的市场化程度高，资源配置更加合理，成本较小同时风险责任清晰，更容易被各利益主体接受。但由于农村土地的分散化程度较高，地块匹配概率较低，农户间协商的交易成本与经济收益不对称，使得农地细碎化治理的社会路径效率比较低。市场路径则通过落实土地确权和健全土地流转市场的方式，厘清并细分了农地产权，以清晰的产权边界，赋予了农民稳定的权利关系与利益结构。从而有助于农民在与他人交易时形成合理的预期[127]，降低农民对土地调整的顾虑，并结合自身需求与意愿，自发地调整零散、破碎及不规则的土地[128]。从长远看，市场路径解决农地细碎化的方式操作相对简单并且有利于动态调整，充分释放土地制度的红利与活力[127]。

20 世纪 80 年代中期，新庄村三个村民小组，共占有耕地面积 906 亩（表 8-1），但经过家庭承包以后，耕地存在细碎化问题，零散的地块给农业生产带来了很大的不便。据村民反映，耕地细碎化带来的主要问题是机械耕种困难、打药费劲等，增加了经营成本。当询问农户"在保证耕地面积不变的情况下，您是否赞同实行把几块零散的耕地合并为一块"时，大部分农户纷纷表示十分赞同，当继续询问"您觉得合并土地的有效办法"时，在"地块互换、土地调整、整村包给种粮大户或合作社"三个选项中，大部分农户选择了"土地调整"，究其原因，农户表示"土地调整相对比较公平"。

表 8-1　1988 年新庄村耕地状况

指标	单位	合计	第一组	第二组	第三组	学校
年初实有耕地面积	亩	906	288.5	293.7	321.3	2.5
当年减少的耕地面积	亩	9	2	2	5	
乡、村基建占地	亩	7	1.5	1.5	4	
农民庄基占地	亩	2	0.5	0.5	1	
年末实有耕地面积	亩	897	286.5	291.7	316.3	2.5
水浇地	亩	297				
旱地	亩	600				

保护耕地是党中央、国务院决定的一项基本国策。改革开放以后，各级部门在依法合理利用每寸土地方面做了大量工作。但双层经营实行以后，违法占地前清后乱的问题时有发生，未批先占、批少占多及一些村干部违法买卖宅基地的问题屡禁不止。为全面落实土地的基本国策，切实保护耕地，坚决刹住乱占滥用土地的歪风，整顿用地秩序，规范用地行为，村"两委"开展了多次非农业建设用地清查活动。

非农业建设用地清查的范围是：村组干部非法批地，越权批地化整为零，弄虚作假或采取其他手段非法批地的；村企业建设用地未经批准、批少占多、未批先建、闲置荒芜和超越用地时效等乱占滥用土地的；农村村民住宅用地未经批准、批少占多、住新占旧以及其他形式非法占用土地的；单位、个人私自改变土地用途、非法转让或变相转让、非法出租及非法抵押土地使用权的；历次清查中，虽做罚款处理，但处理不到位和未补办用地审批手续的。

三、社队财物管理

20世纪70年代以后，村财务管理工作总体情况较好，但财务管理有所放松，出现了一些问题。公社发现有的请客送礼，有的杀猪宰羊、大摆酒宴，有的拉账外账，有的拉黑工从中谋利，有的按三七开成、加班费归己，有的私立政策、随便动用储备，有的花钱大手大脚、贪大求洋、铺张浪费等，破坏了党的经济政策，腐蚀了干部，滋长了不正之风。对此，公社要求各大队、生产队和社会各企业单位加强财务处理，杜绝贪污盗窃，铺张浪费，徇私舞弊等不良现象。

1982年10月，随着各项经济政策的贯彻执行，农业生产责任制的不断完善，村财物管理问题日益突出，主要表现在账目不清、家底不明、胡支乱用和违犯财经纪律等。这不仅滋长了请客送礼、营私舞弊等不正之风，也给贪污盗窃、投机倒把等违法乱纪行为造成可乘之机。下功夫整顿财务管理工作，对于发展农村经济，打击经济领域的违法犯罪活动，具有重要的意义。例如，大队党支部、大队管委会在1982年的冬季曾经集中人力、集中时间对全村的财务管理工作进行了一次全面、认真、扎实的清理整顿。

财务清理整顿的主要目标是摸清家底、消除混乱、健全制度、堵塞漏洞、增收节支、完善经营，提高经济效益。清理整顿以广泛参与、民主讨论、总结经验教训和改善经营管理这种常规工作的方式进行，不搞政治运动也不扩大打击面，主要以纠正偏差为主。对查出的经济问题，按有关规定进行处理。清理整顿的具体内容和要求有：查收支账达到账物、账款、账账、账表、账据相符，对每笔账都弄清时间、事由和款数的来龙去脉，与外单位有关系的双方账目逐笔核对清楚，一方无账的查看原始凭据或找当时经手人核实；查不合理开支，凡属请客送礼等不合理开支，逐笔清理，并对相关人员进行勤俭办事的教育；清理和盘点库存粮食。凡是发现账物不符者，认真调查，寻找原因；清查和核对各种物资。对没有物资账的要通过清查，协助建立起物资账；逐户清理超支欠款；清理干部奖惩和补贴执行情况。

财务清理整顿一般采取集中兵力打歼灭战的方法，工作中做到查死账与查活账、内查与外调、清理与处理相结合，突出重点，全面清理整顿。这次整顿从1982年12月10日开始到1983年1月5日结束，共25天时间，大体可分三个阶段。

第一阶段，12月10日至15日共5天时间，主要是层层召开会议，安排部署，培训骨干，学习宣传上级有关文件，充分利用一切宣传工具，使清理工作的重大意义家喻户晓、深入人心。在此基础上通过个别座谈和重点走访，了解社员群众对本队财务管理方面的意见，做到心中有数，为全面清理奠定基础。

第二阶段，12月16日至12月30日共15天时间，主要是以清理经济为主，处理好债权、债务和存在问题，动员干部社员归还欠款，开展公物还家活动。

第三阶段，1983年1月1日至1月5日共5天时间，主要是建立健全财务制度，总结经验。

清理整顿工作从实际出发，时间服从任务，上段为下段做好准备，下段对上段工作进行回顾，查漏补缺，各段穿插进行。

由于过去不断搞政治运动，基层干部群众思想顾虑较多，所以大队组织干部群众认真学习文件，广泛宣传，做深入细致的思想工作，消除顾虑；对清查出来的经济问题，严格按照上级有关规定，实事求是地进行处理，对难以定性和处理的问题及时请示汇报。被抽调人员在工作期间每人每天由调出队付给 1.50 元作为报酬；在社员家吃饭的抽调人员每人每天交伙食费 0.30 元，粮票 1.5 斤，并一律自带被褥、洗涮用具，由所驻队负责安排好食宿。各工作组组长请假必须经公社领导允许，工作组员要经领导小组同意，未经允许不得擅离工作岗位。

（一）"三清"工作

从 1983 年开始，农村全部实行了家庭承包责任制。新形势下，财务管理方面出现了混乱现象，表现是：个别干部趁推行责任制之机以权谋私，大捞一把；有的财务人员不按时做账，长期不向村民公布账目；有的村组干部在处理集体财物时经济手续长期不清；有的变相私分集体积累，造成了财物混乱，超支欠款越来越多；部分干部贪污、挪用、借支款额巨大，问题严重；有的待处理遗留问题增多，原生产队的房屋、牲畜、数目、农机具折修长期拖欠；在计划经费方面不能坚持两种生产一起抓的方针；在庄基地管理方面乱占、抢占、私自扩大和未经审批乱建房屋的问题也相当严重。对于上述存在的问题，群众意见很大，及时妥善进行处理势在必行。

1985 年，村"两委"按照乡党委、乡政府的要求，开展了以财务清理为中心的"三清"工作，基本方案是：

对全村、组以及村属企业的账务进行全面清理；对庄基地全面清理。清出的各种欠款全部收回，使财务状况和庄基地管理工作好转，并逐步走向正轨。清收的范围有：历年村民口粮欠款；各种借款及村组干部工资款；干部、群众的贪污、挪用款；储备粮核销款；房屋、牲畜、树木、农机具折价款；各种贷款；庄基地罚款；企业合同承包上缴款；其他各种欠款。

该次"三清"工作从 1985 年 11 月 20 日开始，到 1986 年 1 月 15 日结束，大体分为三个阶段。

第一阶段：从 11 月 20 至 25 日，主要做好思想发动和宣传教育工作，召开各种会议，建立组织，议定措施，明确任务，摸清底子，做好清收前的各项准备。

第二阶段：从 11 月 26 日至 12 月底，全面进行清理征收工作，在摸清底子的基础上，对清理出的各项欠款分类造册登记，张榜公布；召开村民大会，逐户进行清收。

第三阶段：从 1986 年 1 月 1 日至 1 月 15 日，处理遗留问题，建立健全财务制度，逐村检查评比验收，总结表彰。

"三清"工作的收缴欠款是一项十分细致的工作，涉及面广，工作量大，政策性强。工作中发现，在财务方面存在的问题主要是：一方面是集体债务累累，发展商品生产和乡镇企业资金短缺；另一方面是个人大量长期无偿占用集体资金，严重影响着农村信贷资金周转，影响了农村产业结构的调整和生产的发展，并日益成为集体的沉重负担，已经到了非解决不可的地步。

"三清"工作首先对大队、生产队及队属企业的财务进行了一次认真的清查。清理的重点放在农村实行责任制后集体的财产、树木、房屋、农机具、牲畜折价款的收支和干部群众的借款、贷款、口粮欠款等。对群众有怀疑、迫切要求清查的 1983 年以前的财务进行认真清理，清出的各项欠款向群众公布，接受群众的监督。村里设意见箱，广泛征求村民意见。在清查的基础上，下硬功夫抓好收回欠款，对于一切应该收回的欠款，采取积极措施催收。

对历年来村民拖欠的集体口粮款、借款，承包村办企业应上缴而未上缴的合同款、多占庄基地罚款，都限期交清。对个别私心严重、有还款能力而拒不归还者，从欠款之日起按贷款利率 7.2% 计收利息。原生产队的牲畜折价款原则上全部收作集体公积金。但是，对历年来村民欠款数额较大的牲畜折价款一次收回有困难，可按原值造册登记，当年收回 50%，其余挂账限 3 年内收清。

对历年欠口粮款，且家中主要劳力年老多病、无后代或虽有后代但属痴、呆、傻，或长期患精神病不能继承家业的伤、残特困户，经村民评议，村"两委"研究，报上级批准，所欠款项在集体公益金中予以核销。

对于其他由于多病和有特殊困难的欠款户，确无还款能力的，可订出还款计划交村"两委"，分期还清。

"三清"工作结束后，村"两委"造册登记、张榜公布；各村民小组的账目全部移交村"两委"统一管理；无还款能力的欠款户则订出分期还款计划；应核销的特困户的欠款，经批准已作出了核销；村属企业承包合同已经全部兑现；建立健全了各项财务制度，落实了管理人员责任。

（二）处理房屋财产历史遗留问题

"文化大革命"期间由于斗争扩大化，错定了一些人"地富"成分。1975 年以后，在党中央的部署下，各地对错定人员进行了成分纠正和摘帽，对没收的被错纠户的房屋财产进行了较妥善的处理。但是由于种种原因，直到 1984 年，仍存在一些遗留问题。

这些问题，主要有以下几种情况：一是没收房屋被集体占用。有的原房尚在，有的拆迁另建，有的变价出售。过去只对房屋做了一些经济补偿，后来被纠户要求退回原房或提高补偿费。二是历史上对房屋退赔采取了平衡处理的办法。即：不论集体留用的或分给贫下中农的、原物尚在的或拆迁另建的，在一个大队范围内统一折价平衡补偿，不退原物。后来一些被纠户看到自己的原房尚在，归集体占用，要求退房。三是集体不合理占用的房屋，原房尚在且被纠户要求退还，但集体不同意而以高于原补偿费的价格高价卖给被纠户。四是房屋由五保户占用（原为贫下中农），后来五保户死亡，房屋收归集体，然后被纠户以被集体占用且原房尚在为由，要求予以退还。五是其他财物和剩余公有化股份基金未予退还的。

县委认为，县里在纠正"四清"和"文化大革命"中房屋财产的处理问题时，基本上是按照中央和省委有关文件精神进行的，绝大部分是正确的，予以维持，不再反复。对于存在的各种遗留问题，根据有关规定，按照"着重从政治上解决问题"和实事求是、有错必纠的原则，继续认真加以解决。具体工作中要积极慎重，哪里有问题就解决哪里的问题，是什么问题就解决什么问题，不搞运动，不搞"一刀切"。1984 年 8 月村委会根据县委意见对错定人员的房屋财产历史遗留问题进行了集中处理：

第一，房屋分给贫下中农的一律不退。如将没收的房屋早已变价处理，价款分给贫下中农的，视为将房屋分给贫下中农对待，不再处理；原分房户为贫下中农，后变成五保户的，仍以房屋分给贫下中农对待，不再退还。

第二，凡将没收的房屋留给集体使用的，区别情况，加以处理。原房尚在的，只要属集体占用都应坚决退还；原房虽拆迁另建，但结构未变的，按原房尚在对待；拆迁另建，结构变化的，以原房不在对待，未补偿的进行适当补偿，补偿过的，不再处理；落实政策以来将原房作价变卖的，将价款如实退还被纠户；一些人将没收留给集体的房屋兑换给自己或亲友，仍以留给集体对待；原房尚在的，退还被纠户房屋，并由集体退还兑换者房屋或房屋折价款；原房不在的，由兑换者补偿双方房屋差价（价格要经群众评议）；原属留给集体的，以后由集体划给五保户居住的，以集体占用对待，不管五保户是否继续使用，均退还被纠户；集体未退原房而又以高于补偿费的价格卖给被纠户的房屋按已经退还对待，价款如实退还被纠户；凡退还原房的或退还原房出价款的，被纠户将原补偿费同时退还集体；平衡处理中对房屋分给贫下中农的被纠户进行补偿的，补偿费不退还；退还的房屋在被纠户现在庄基以外的，由被纠户拆回，不能多占庄基，搞一户两宅。

第三，没收的其他财物，分给贫下中农的不退；如属集体占用，原物尚在的，退还本人；原物损坏或丢失的，查清责任分别处理：如属个人贪污占用的如实退还本人，如属自然消耗的，向本人说明情况，不再退赔；没收的金银及其制品，已经变卖或被集体使用的，按当时的卖价将价款退还纠户；如上缴财政，由财政部门按规定将价款退还被纠户；如已丢失要予以查清。

第四，没收的被纠户剩余公有化股份基金，除地主纠为富农的以外，均退还。

四、村财税制度改革

（一）农民承担村提留和乡统筹费预算限额

农村实行家庭联产承包责任制以后，农户生产经营实行"交够国家的，留足集体的，剩下全是自己的"政策。而村集体承担着统一安排烈军属、五保户、困难户、计划生育和公共建设事业等支出，产生公共提留。为保证持续稳定的资金来源，1984 年中央正式规定允许收取乡统筹费[129]。但实际执行过程中提留统筹在有些地方被滥用。新庄村乡村统筹提留对农民也形成了一定的负担（表 8-2）。20 世纪 90 年代中期以后，为减轻农民负担，控制向农民乱收费、乱摊派的问题，中央加大政策力度，切实规范提留统筹费。

表 8-2 1993 年新庄村乡村统筹提留方案

项目	指标	数量
村基本情况	户数（户）	139
	农业人口（人）	580
	耕地总面积（亩）	894
	耕地其中水地（亩）	777
	劳动力（人）	333
	上年度人均纯收入（元）	662
乡村统筹提留	农民直接负担总额（元）	17 259
	农民直接负担人均（元）	29.6
	农民直接负担占上年度纯收入（%）	4.5
	农民直接负担比上年度人均增减数（元）	13
	农民直接负担比上年度增减（%）	80

为贯彻各级政府有关减轻农民负担的文件精神，从 1999 年起全镇在各村全面推行了农民负担"乡改村"计提和一定三年不变工作。例如，2000年县政府对全镇农民承担村提留和乡镇统筹预算方案一并进行了审批。2000年 5 月村"两委"按照镇政府通知，执行新的预算限额办法（表 8-3）。

第一，严格执行预算项目和限额的规定。村当年承担的村提留和乡镇统筹费预算额按不高于县上审批的总额数的规定执行。村提留人均 16 元，包括：公积金人均 3 元，管理费人均 13 元，镇统筹费人均 7.8 元，其中：计划生育费、优抚费人均各 3 元，民兵训练费人均 0.8 元，道路修建费人均1 元（教育费附加仍与上一年一样，与农业税同时征收）村提留与乡镇统筹费维持上一年预算额不变。

第二，加强预算监督，把预算逐级分解。做到村预算分摊数与乡镇预算分解数一致、村预算分摊数与农户上缴数一致、农户上缴数与"明白卡"填写数一致。农民合同内的负担以村为单位计提，不超过本村 1996 年农民人均纯收入的 5%。

第三，做好农民负担档案资料管理，提高"明白卡"入户率和规范率。村"两委"以审批的预算方案为依据，按收费项目和金额如实填写表册和"明白卡"。"明白卡"的入户率达到了 100%，做到凭卡交费、依卡监督。

表8-3　蟠龙镇 2000 年农民承担村提留和乡镇统筹预算限额表

单位：元

单位名称	镇统筹	村提留	统筹提留合计
底店坪	10 538	21 616	32 154
东升	13 837	28 384	42 221
小村	8 744	17 936	26 680
东壕	15 499	31 792	47 291
冯家崖	8 736	17 920	26 656
小韩村	8 440	17 314	25 754
南社	20 335	41 712	62 047
北社	23 447	48 096	71 543
晓光	17 589	36 080	53 669
陈仓	7 402	15 184	22 586
闫家村	7 706	15 808	23 514
索家村	13 931	28 576	42 507
大槐树	9 812	20 128	29 940
蟠龙山	10 663	21 872	32 535
张家窑	10 093	20 704	30 797
西营	16 481	33 808	50 289
南泉	17 722	36 352	54 074
车家寺	10 530	21 600	32 130
坡头	7 488	15 360	22 848
鲁家村	10 577	21 696	32 273
韩家村	7 862	16 128	23 990
宋家村	6 560	13 456	20 016
塔寺头	9 196	18 864	28 060
钟楼寺	16 076	32 976	49 052
新庄村	4 774	9 792	14 566
合计	294 038	603 154	897 192

（二）推进农村税费改革工作

实施农村税费改革是党中央、国务院加强农业基础地位、保护和调动农民生产积极性的一项重大决策，是中国农村继土地改革和实行家庭联产承包责任制之后的又一重大改革。实行农村税费改革就是通过调整和规范国家、集体和农民的利益关系，充分保障农民的经营自主权和财产所有权，巩固家庭承包经营制度，夯实农村市场经济的微观基础，使农村上层建筑更好地适应变化了的经济基础。

21 世纪初，为了建立规范的农村税费制度，切实减轻农民负担，促进农村经济发展和社会稳定，农村税费改革正式展开。《中共中央、国务院关于进行农村税费改革试点工作的通知》（中发〔2000〕7 号）和《中共陕西省委、陕西省人民政府关于在全省开展农村税费改革工作的通知》（陕发〔2001〕4 号）对此作出原则性的规定，确立农村税费改革的指导思想是："减轻、规范、稳定"，根据发展社会主义市场经济和推进农村民主法制建设的要求，规范农村分配制度，从根本上治理对农民的乱收费、乱集资、乱罚款和各种摊派现象，切实减轻农民负担，增加农民收入，进一步巩固农村基层政权，调动和促进农民的生产积极性，促进农村经济健康发展和农村社会长期稳定。

2001 年 4 月，村"两委"在全村范围内推进税费改革工作。

村"两委"成立农村税费改革领导小组，推进税费改革。此项工作由支部书记任组长，组成税费改革领导小组，党政组织建立领导责任制，加强对农村税费改革工作的督查和指导，及时研究解决改革中出现的矛盾和问题。

县委传达下来的农村税费改革基本原则是：从轻确定农民负担水平，并保持长期稳定，兼顾政府及农村基层组织正常运转的需要；实行科学规范的分配制度和简便易行的征收方式，规范税费征收行为；实行综合配套改革，积极推进机构和农村教育改革，完善财政体制，促进财政良性循环；健全农民负担监督管理机制，从体制上、制度上解决农民负担过重的问题；坚持走群众路线，促进农村民主与法制建设。

新庄村根据县委的精神，实施了具体的农村税费改革，主要内容是："三个取消、一个逐步取消、两个调整、一项改革"，即：①取消乡镇统筹费；②取消农村教育集资等专门向农民征收的行政事业性收费和政府性基金、集资；③取消屠宰税；④用 3 年时间逐步减少直至全部取消统一规定的劳动积累工和义务工；村内进行农田水利基本建设、修建村级道路、植树造林等集体生产公益事业所需劳务，实行"一事一议"，由村民大会民主讨论决定。村内用工实行上限控制，除遇到特大防洪、抢险、抗旱等紧急任务外，不得无偿动用农村劳动力；⑤调整农业税政策，合理确定农业税计税土地面积，合理确定农业税计税常年产量，合理确定农业税计税价格，统一农业税税率。农业税税率为7％，不搞差别税率；⑥调整农业税特产税政策，除烟叶（包括晾晒烟叶、烤烟叶）、牲畜产品（包括猪皮、牛皮、羊皮、羊毛、兔绒）的农业特产税在收购环节征收外，基余应税品目在生产环节征收；适当调整部分农业特产税税率；开征蔬菜特产税，税率为5％；蚕茧、果用瓜原税率不变，农业特产税坚持据实征收；⑦改革村提留征收和使用方法，采取新的农业税附加和农业特产税附加方式统一征收。农业税及其附加实行实物缴纳和货币缴纳两种方式，具体由纳税人根据各自的生产、经营状况自愿选择。农业特产税及附加统一由纳税人以现金方式缴纳。农业税附加和农业特产税附加按正税的20％征收。

农村税费改革涉及各个家庭，与农民的利益密切相关，迫切需要体制机制创新，强化农村税费改革的制度性供给。

（三）预算外资金收支两条线管理和预决算制度

农村集体经济的预算外资金主要有：一是行政事业性收费。包括婚姻证件收费、计划生育收费、居民身份证收费、户籍证件收费、农机管理费、动植物检疫费、教育收费（主要是学杂费）、乡镇企业管理费、其他证件工本费、其他行政事业型收费。二是用于政府开支的自筹资金，包括房租、卫生费、办公费等。三是统筹资金。四是其他未纳入预算管理的财政性资金。

1999年年初，为了加强预算外资金管理，规范预算外资金收支行为，提高预算外资金的使用效益，增强政府调控能力，根据《中华人民共和国预算法》《陕西省预算外资金管理条例》以及上级有关法规、规定，镇党委、政府提出了明确的预算外资金管理办法。村"两委"按照上级要求，开始实行收支两条线管理和预决算制度。

新庄村收支管理的具体政策是：坚持核定的收费标准和收费项目，不越权扩大收费项目，提高收费标准；预算外资金的收取统一使用合法的专用收费收据，以省财政厅监制的收费票据为准，不另行使用自制或不符合规定的票据进行收费，严禁无票据收费；对属于"乡级县管"收费项目所收取的资金，按规定将应上缴上级主管部门的资金及时上缴，将留用部分及时缴入镇财政预算外资金管理专户。预算外资金坚持专户储存、以收定支、计划管理、财政审核、银行监督、全盘调配和"一支笔"审批的原则进行严格管理，每一笔支出由村长审查批准后，由财政预算外会计拨付，并定期核销。

收支计划的具体政策是：根据本村实际情况编制收支计划，报财政农税所审核批准后执行；在预算外收支计划中，具有专项用途的预算外资金单独编列；支出计划以收入计划为基础，防止收支脱节、少收多支或套取资金等做法。经批准后的收支计划确因情况特殊需要调整时，按程序审批。

五、市场化过渡时期集体经济组织载体变迁

1982 年 9 月，党的十二大制定了全面开创社会主义现代化建设新局面的宏伟纲领，提出实行"计划经济为主，市场调节为辅"的改革，要求对不同类型企业分别实行指令性计划、指导性计划和市场调节的改革模式。党的十二大指出，有计划的生产和流通是国民经济的主体，允许对于部分产品的生产和流通不作计划，由市场来调节。1984 年 10 月，党的十二届三中全会通过的《中共中央关于经济体制改革的决定》提出"社会主义计划经济必须自觉依据和运用价值规律，是在公有制基础上的有计划的商品经济。商品经济的充分发展是社会主义经济发展的不可逾越的阶段，是实现中国经济现代化的必要条件""建立自觉运用价值规律的计划体制，发展社会主义商品经济""要有步骤地适当缩小指令性计划的范围，适当扩大指导性计划的范围"。党的十二届三中全会突破了把计划经济同商品经济对立起来的传统观念，破除了计划经济等同于指令经济的观念，指导性计划经济逐渐推广。在这时期，"计划经济为主，市场调节为辅"是所有改革必须坚守的底线，但是它在一定程度上仍束缚着体制变革的深度和广度。1988 年下半年，由于经济过热，全国出现了基建规模过大、产业结构失调、通货膨胀失控等问题，党中央制定了"治理整顿、深化改革"的方针。1990 年 12 月党的十三届七中全会通过的《中共中央关于制定国民经济和社会发展十年规划和"八五"计划的建议》，把初步建立适应以公有制为基础的社会主义有计划商品经济发展的、计划经济和市场调节相结合的经济体制和运行机制，作为今后十年实现第二步战略的目标和方向。这也是改变商品经济作为计划经济从属

地位的开始。从"计划经济为主，市场调节为辅"到"计划与市场内在统一"的社会主义有计划商品经济体制，再到建立适应社会主义有计划商品经济发展的、计划经济和市场调节相结合的经济体制和运行机制，对计划与市场关系的认识是有计划的商品经济发展阶段不断探索的主题。最终达成的共识是：市场调节能够发挥优胜劣汰机制和增强经济发展的活力等重要作用，所以计划和市场有各自的作用范围[106]。

1992 年 10 月，党的十四大报告提出了经济体制改革的目标是"建立社会主义市场经济体制"；1993 年 3 月，江泽民总书记在党的十四届二中全会上讲话，明确指出：加快经济发展，关键是继续深化改革、扩大开放，努力探索建立社会主义市场经济；1993 年 11 月，党的十四届三中全会通过了《关于建立社会主义市场经济体制若干问题的决定》，对社会主义市场经济体制的基本内容和实施步骤作出总体规划。党的十六大以来，胡锦涛总书记结合新世纪新阶段中国发展所面临的新形势和新任务，确立了科学发展观，提出了构建社会主义和谐社会的宏伟目标，进一步发展和完善了社会主义市场经济体制。党的十八大以来，以习近平同志为核心的党中央在全面深化改革的进程中，进一步丰富和发展了社会主义市场经济理论。2013 年 11 月党的十八届三中全会通过的《中共中央关于全面深化改革若干重大问题的决定》，对社会主义市场经济体制和运行机制做出了创新性的概括：使市场在资源配置中起决定性作用，更好发挥政府作用，并指出："经济体制改革是全面深化改革的重点，核心问题是处理好政府和市场的关系，使市场在资源配置中起决定性作用和更好发挥政府作用。市场决定资源配置是市场经济的一般规律，健全社会主义市场经济体制必须遵循这条规律，着力解决市场体系不完善、政府干预过多和监管不到位问题"[120]。

第九章　专业合作制集体经济

随着经济市场化的深入，千家万户的小生产与千变万化的大市场对接开始显现。于是 20 世纪 90 年代中期诞生了"产供销、贸工农、经科教"紧密结合的"一条龙"为核心的农业产业化组织，但企业与农户之间的订单农业也开始出现问题，集中表现为契约的不稳定性和极高的违约率。尽快提高农民组织化程度、增强农民市场话语权的呼声日盛。2003 年全国人大开始研究制定农民合作组织的相关法律，并于 2006 年 10 月颁布了《中华人民共和国农民专业合作社法》（以下简称《农民专业合作社法》）。该法自 2007 年 7 月施行以来，农民专业合作社迅猛发展。由于大部分农民专业合作社常常被大户、公司等少数核心成员所掌控，导致大量针对合作社的政策利好最终并没有惠及大多数农民。后来政策支农的重点对象拓展到了具有一定规模的、懂经营善管理的农户身上，专业大户、家庭农场得到了政府的重视。2012 年 11 月党的十八大正式提出要"构建集约化、专业化、组织化、社会化相结合的新型农业经营体系"，为新型农业经营主体的发展带来了政策机遇[19]。

新型农业经营主体是以家庭承包经营为基础，以专业大户、家庭农场、农民专业合作社、农业产业化龙头企业为骨干，以其他组织形式为补充的各种新型农业经营单位。当前新庄村有 1 家新型农业经营主体——华丰园种养殖农民专业合作社。

一、华丰园种养殖农民专业合作社

改革开放以来中国实行的家庭联产承包责任制极大地调动了农民家庭生

产的积极性。随着中国工业化、城镇化与市场化进程的不断加快，家庭联产承包责任制产生了农户经营分散、市场竞争力薄弱、销售方式单一和农民增收缓慢等问题。提高农业组织化程度、发展和完善农户统一经营制度是当时农村基本经营制度改革的关键点。农民专业合作社组织引领农民进行规模生产和统一经营，在农业经营机制创新、提高农业生产和农民进入市场组织化程度中发挥了重要的支撑作用[133]。

2006 年 10 月 31 日通过的《农民专业合作社法》规定："农民专业合作社是指在农村家庭承包经营基础上，同类农产品的生产经营者或者同类农业生产经营服务的提供者、利用者，自愿联合、民主管理的互助性经济组织。"2018 年 7 月 1 日新修订实施的《农民专业合作社法》取消了有关"同类"农产品或者"同类"农业生产经营服务的限制，更好地适应了各种类型的农民专业合作社并行发展，满足农民对各类合作社提供的多元服务需求。单个家庭经营农户有着不能扩大经营规模、缺乏市场竞争意识、缺乏谈判技巧的局限性，通过联合生产能扩大经营规模，降低交易成本，实现规模经济[134]。具有典型代表性且大量存在的合作社，其发起人不一定是农业生产经营者，而可能是与农业生产有紧密联系的、为农村或农户提供产前、产中、产后多个环节或单环节服务的经营者；或者虽然发起人是农业经营者，从事农业生产活动，但是他们同时也从事农产品经营活动，并且以后者为主，在合作社中扮演的角色是农产品生产者的服务供应商[135]。

宝鸡市金台区华丰园种养殖农民专业合作社（以下简称华丰园合作社）由新庄村创办，具有农业观光、科普教育、农事体验、农耕文化展示、农特产品销售等功能的农业园区。近年来，合作社被评为金台区"十佳合作社"，被多家报刊进行了报道，合作社经营环境如图 9-1、图 9-2、图 9-3、图 9-4、图 9-5、图 9-6 所示。

华丰园合作社位于宝鸡市金台区蟠龙镇新庄村，成立于 2017 年 10 月。华丰园合作社由刘刚等 5 人发起（其中，农民成员 5 人，占成员总数的 100%），成员出资总额 100 万元，法定代表人是刘志忠。合作社共有 5 位董事，71 名社员。社员中有 14 位普通社员，37 户贫困户。华丰园合作社以服务成员、谋求全体成员的共同利益为宗旨，成员入社自愿、退社自由、地位平等、民主管理，实行自主经营、自负盈亏、利益共享、风险共担，盈余主

图 9-1 舞龙

图 9-2 新庄乡村大食堂

图 9-3 新庄开心农场

图 9-4 新庄道路绿化

图 9-5 新庄休闲广场

图 9-6 新庄菜蔬

要按照成员与合作社的交易量（额）比例返还。

合作社以"普通农户"为主要服务对象，依法为成员提供农业生产要素的购买，农产品的销售、加工、运输、贮藏以及与农业生产经营有关的技术、信息等服务。合作社主要业务范围是：果树、花卉以及其他谷物种植、禽畜养殖等农产品种养殖；乡村旅游观光休闲农业开发；农业生产要素的购买、销售；农产品的开发、销售、加工、运输、贮藏、农机械施工作业等。

成员大会是合作社的最高权力机构，由全体成员组成。成员大会行使下列职权：审议、修改合作社章程和各项规章制度；选举和罢免理事长、理事、执行监事或者监事会成员；决定成员出资标准及增加或者减少出资；审议合作社的发展规划和年度业务经营计划；审议批准年度财务预算和决算方案；审议批准年度盈余分配方案和亏损处理方案；审议批准理事会、执行监事或者监事会提交的年度业务报告；决定重大财产处置、对外投资、对外担保和生产经营活动中的其他重大事项；对合并、分立、解散、清算和对外联合等作出决议；决定聘用经营管理人员和专业技术人员的数量、资格、报酬和任期；听取理事长或者理事会关于成员变动情况的报告；决定设立、撤销分支机构；决定其他重大事项。

合作社成员超过 150 人时，选举组成成员代表，每 10 名成员选举 1 名成员代表，成员代表任期 3 年，可以连选连任。合作社每年召开 2 次成员大会，成员大会由理事长或者理事会负责召集，并提前 15 日向全体成员通报会议内容。

成员大会选举或者做出的决议须经合作社成员表决权总数过半数通过；对修改合作社章程，改变成员出资标准，增加或者减少成员出资，合并、分立、解散、清算和对外联合等重大事项做出决议的，须经成员表决权总数 2/3 以上的票数通过；成员代表大会的代表以其受成员书面委托的意见及表决权数，在成员代表大会上行使表决权。

合作社设理事长一名作为合作社的法定代表人。理事长任期 3 年，可连选连任。理事长行使下列职权：主持成员大会，召集并主持理事会会议；签署合作社成员出资证明；签署聘任或者解聘合作社经理、财务会计人员和其他专业技术人员聘书；组织实施成员大会和理事会决议，检查决议实施情况；代表合作社签订合同等。

合作社设理事会，对成员大会负责，由 5 名成员组成，设副理事长一名。理事会成员任期 3 年，可连选连任。理事长行使下列职权：组织召开成员大会并报告工作，执行成员大会决议；制订合作社发展规划、年度业务经营计划、内部管理规章制度，提交成员大会审议；制定年度财务预决算、盈余分配和亏损弥补等方案，提交成员大会审议；组织开展成员培训和各种协作活动；管理合作社的资产和财务，保障合作社的财产安全；接受、答复、处理执行监事或者监事会提出的有关质询和建议；决定成员入社、退社、继承、除名、奖励、处分等事项；决定聘任或者解聘合作社经理、财务会计人员和其他专业技术人员。

理事会会议表决实行一人一票。重大事项集体讨论，并经 2/3 以上理事同意方可形成决定。理事个人对某项决议有不同意见时，其意见记入会议记录并签名。理事会会议邀请执行监事或者监事长、经理和两名成员代表列席，列席者无表决权。

合作社设执行监事一名，代表全体成员监督检查理事会和工作人员的工作，执行监事列席理事会会议。合作社经理由理事长聘任或者解聘，对理事会负责并行使下列职权：主持合作社的生产经营工作，组织实施理事会决议；组织实施年度生产经营计划和投资方案；拟订经营管理制度；提请聘任或者解聘财务会计人员和其他经营管理人员；聘任或者解聘除由理事会聘任或者解聘之外的经营管理人员和其他工作人员。合作社理事长或者理事可以兼任经理；合作社现任理事长、理事、经理和财务会计人员不得兼任监事。

合作社理事长、理事和管理人员不得有下列行为：侵占、挪用或者私分合作社资产；违反章程规定或者未经成员大会同意，将合作社资金借贷给他人或者以合作社资产为他人提供担保；收受他人与合作社交易的佣金归为己有；从事损害合作社经济利益的其他活动；给合作社造成损失的，须承担赔偿责任。

合作社实行独立的财务管理和会计核算，严格按照国务院财政部门制定的农民专业合作社财务制度和会计制度核定生产经营和管理服务过程中的成本与费用。合作社依照有关法律、行政法规和政府相关主管部门的规定，建立健全财务和会计制度，实行每半年财务定期公开制度。财会人员应持有会计从业资格证书，会计和出纳互不兼任。理事会、监事会成员及其直系亲属不得担任合作社的财会人员。

合作社对由成员出资、公积金、国家财政直接补助、他人捐赠以及合法取得的其他资产所形成的财产，享有占有、使用和处分的权利，并以上述财产对债务承担责任。每年提取的公积金，按照成员与合作社业务交易量（额）或出资额，或二者相结合，依比例量化为每个成员所有的份额。由国家财政直接补助和他人捐赠形成的财产平均量化为每个成员的份额，作为可分配盈余分配的依据之一。合作社为每个成员设立个人账户，主要记载该成员的出资额或量化为该成员的公积金份额以及该成员与合作社的业务交易量（额）。合作社成员以其个人账户内记载的出资额和公积金份额为限，对合作社承担责任。经成员大会讨论通过，合作社投资兴办与合作社业务内容相关的经济实体，接受与合作社业务有关的单位委托，办理代购代销等中介服务。合作社及全体成员遵守社会公德和商业道德，依法开展生产经营活动。

会计年度终了时，由理事长或者理事会按照本章程规定，组织编制合作社年度业务报告、盈余分配方案、亏损处理方案以及财务会计报告，经执行监事或者监事会审核后，于成员大会召开十五日前，置备于办公地点，供成员查阅并接受成员的质询。

具有民事行为能力的公民，从事农产品种养殖，或乡村旅游观光休闲农业开发，或农业生产要素的购买和销售，或农产品的开发、销售、加工、运输、贮藏、农机械施工作业、生产经营，能够利用并接受合作社提供服务的，可申请成为合作社成员。合作社吸收从事与合作社业务直接有关的生产经营活动的企事业单位或者社会团体为团体成员（此类成员不得超过成员总数的5％）。具有管理公共事务职能的单位不得加入合作社。合作社成员中，农民成员至少占成员总数的80％。

民主表决机制是保障合作社所有成员公平享有合作社决策权，充分体现合作社社员平等原则的重要标志。尽管《农民专业合作社法》允许存在附加表决权，但仍坚持"一人一票"的基本表决权，合作社附加表决权总票数不得超过本社成员基本表决权总票数的20％。"核心成员"投入合作社组建、运营所需的资本、技术、营销渠道、品牌、企业家才能等核心稀缺资源，并承担经营风险；"普通成员"主要投入劳动力、土地等相对充裕的要素。为了提高合作社决策效率，维护"核心成员"的经济利益，"核心成员"将凭借其较强的"谈判势力"主导合作社的管理事务。

成员的权利包括：参加成员大会并享有表决权、选举权和被选举权；利用合作社提供的服务和生产经营设施；按照本章程规定或者成员大会决议分享合作社盈余；查阅合作社章程、成员名册、成员大会记录、理事会会议决议、监事会会议决议、财务会计报告和会计账簿；对合作社的工作提出质询、批评和建议；提议召开临时成员大会；自由提出退社声明，依照本章程规定退出合作社。

华丰园种养殖农民专业合作社成员大会选举和表决，实行一人一票制，成员各享有一票基本表决权。出资额占合作社成员出资总额51％以上或者与合作社业务交易量（额）占合作社总交易量（额）51％以上的成员，在合作社事项决策方面，最多享有2票的附加表决权。

合作社成员的义务如下：遵守合作社章程和各项规章制度，执行成员大会和理事会的决议；按照章程规定向合作社出资；积极参加合作社各项业务活动，接受合作社提供的技术指导，按照合作社规定的质量标准和技术规程从事生产；履行与合作社签订的业务合同，发扬互助协作精神，谋求共同发展；维护合作社利益，爱护生产经营设施，保护合作社成员共有财产；不从事损害合作社成员共同利益的活动；不得以其对合作社或者合作社其他成员所拥有的债权，抵销已认购或已认购但尚未缴清的出资额；不得以已缴纳的出资额，抵销其对合作社或者合作社其他成员的债务；承担合作社的亏损。

成员与合作社的所有业务交易，实名记载于该成员的个人账户中，作为按交易量（额）进行可分配盈余返还分配的依据。利用合作社提供服务的非成员与合作社的所有业务交易，实行单独记账，分别核算。

二、合作社社会经济功能

（一）产业基地功能

1. 创办休闲旅游观光农业

华丰园合作社修建文化休闲广场 5 000 多平方米，电网改造 2 000 米，建成田园观光道路 0.6 千米，栽植各种树木 6 800 多棵，栽植花草 6 万多株，建有花坛、草坪、绿化林带等 2 800 平方米，村庄四季常绿、三季有花，环境面貌焕然一新。华丰园合作社对每一处村庄景观都进行了说明，配套建设了 1 900 平方米的停车场，可一次性停车 100 辆。

华丰园合作社着力培育新的经济增长点，发展休闲观光农业种植。为了打造休闲体验、乡村旅游为一体的农业产业链，村里流转土地 66 亩，建设开心小农场 15 亩（图 9-7、图 9-8），划分成 96 个单元，已全部认领完毕。合作社种植珍贵药材 4 亩，建有火龙果、无花果、长桑果等大棚。

图 9-7　新庄开心小农场　　　　　图 9-8　新庄开心小农场

华丰园合作社还创办了家庭开心农场，开发无公害、无农药、自耕、自种、自收、自己吃的生态农作物产品，为城区市民提供双休日家庭亲子体验、生态农业的实践基地，使参与者感受体验回归大自然的快乐，锻炼自己和孩子的吃苦精神，释放工作中的压力。家庭开心农场使城区市民走出水泥森林城市，迈出钢板地带，走进农村田间吸收自然界的灵气，沾一沾生长万物的地气，种下快乐的种子，付出辛勤的劳动，怀着喜悦的心情收获无噪声、无工业灰尘、无环境污染、阳光灿烂下的生态果实。合作社在发展开心农场过程中，深入探索养生农业、养老农业的模式，为土地流转农民增收开创新思路、尝试新方法、探索新的农业发展模式。

家庭开心农场每亩投资 3 200 元，其中有围网、管道、大件农具生产要素及道路硬化，并有专人管理和技术指导。开心农场每 30 平方米为一个小农场，每年租价为 300～400 元，实行市场化运作，带动休闲旅游观光农业，为农民增收、土地流转起到创新带头作用。2017 年 4 月中旬，20 户微小农场首期体验户进场耕作，农场为每户提供高质量的技术服务和管理。

2. 搭建扶贫减贫平台

消除贫困、改善民生、逐步实现共同富裕是社会主义的本质要求。2020 年中国农村已实现全面脱贫。农民专业合作社长期扎根农村，以企业化形式经营特色农产品进而带动农户致富，具有天然的减贫功能，是贫困群体通过自助和互助进而实现益贫和脱贫的理想平台。实践中要充分发挥农民专业合作社的减贫益贫作用，依托集体经济平台瞄准特色产业，促进产业之间的有机融合，进一步提升农民专业合作社在精准扶贫及乡村振兴中的独特作用[136]。

在市场经济环境中，农民专业合作社本质上是为了改善社员的弱势市场地位而组建的合作制组织。在经典合作制条件下，同质成员以"罗虚代尔原则"为基准，通过共同经营和管理合作社实现合作共赢。然而随着合作社的发展变化，在成员结构高度异质的情境中，受到股份制的影响，"核心成员"对合作社的所有权、决策权以及盈余分配权拥有更多的话语权，成员间的合作呈现出典型的非对称性特征。合作社互助式减贫的目标也随之"异化"，合作目标发生了"漂移"。农民专业合作社的客观减贫机制是农民专业合作社在追求组织绩效过程中带动发展农业产业、激活农村剩余要素资源并使贫困户受益。农民专业合作社的主观减贫机制是农民专业合作社采取针对性措施帮扶贫困户。农民专业合作社并不天然具有主观减贫动机，相反，需要具备一系列经济性与非经济性的前置条件[137]。

华丰园合作社把开心农场办成了扶贫基地，为贫困户提供更多的就业机会，增加贫困户的经济收入。从 2016 年开始就有贫困户在开心农场打工，2017 年带动贫困户 17 户每户分红 700 元，共计分红 11 900 元，打工收入 5 000 多元，有效地解决了个别贫困户因不能出外打工而导致生活没有保障的难题，使年龄大和不能出外打工的贫困户在家门口就能挣钱（图 9 - 9）。

图 9 - 9　曾经的贫困户刘世荣（左 1）、刘建军（右 1）在开心农场务工

2018年有贫困户5人在开心农场打工，平均收入达1 600多元，最高3 000多元。合作社产业扶贫资金为特定贫困户分红20 995元（表9-1），为帮扶贫困户脱贫起到实效作用。

表9-1　2018年华丰园合作社产业扶贫资金贫困户分红表

姓名	扶贫资金（元）	分红率（%）	分红金额（元）
刘志成	17 647.1	7	1 235
贾会芹	17 647.1	7	1 235
袁红英	17 647.1	7	1 235
刘武	17 647.1	7	1 235
刘建军（新）	17 647.1	7	1 235
刘世荣	17 647.1	7	1 235
李坤	17 647.1	7	1 235
马连课	17 647.1	7	1 235
刘小龙	17 647.1	7	1 235
刘国军	17 647.1	7	1 235
刘安科	17 647.1	7	1 235
刘洪涛	17 647.1	7	1 235
刘文智	17 647.1	7	1 235
刘拴科	17 647.1	7	1 235
罗会明	17 647.1	7	1 235
刘建军	17 647.1	7	1 235
合计	300 000.7		20 995

说明：按规定7%保底分红，分红级数17 647.1元，实分红为1 235元整，本次为第二年分红。

3. 开发西府农耕文化展览馆

华丰园合作社建设完成了西府农耕文化展览馆120平方米，收集老农具及老生活物件500余件，收集1949—2018年历年的历史账表、文档等2 000多件，完整地展现了中华人民共和国成立以来西府农业、农村、农民的发展过程及文化历史。展馆主要展示新庄村1949年到2018年的3 000多册历史文档，包括1949年私有化的数据和地契、20世纪50年代互助组、合作社的文档；20世纪六七十年代政府文件通告、会计账表、统计报表、生产队分配方案以及集体经济发展资料档案；20世纪八九十年代以来的责任制资料文件。合作社以收集的文档资料和300多件农具为基础，继续深挖农村经济发展中的证件、物件、老农具、生活用具、过去生活老照片等有关资料，使游客能看到真实性的历史档案和实物、能体验亲手操作实物的亲切感，提高休闲旅游观光实质性和趣味性，增加对农村、农业、农民历史发展全过程的了解，加强爱国、爱党、爱社会主义核心价值观的教育。

4. 开办大食堂

为解决开心农场及休闲旅游观光游客吃饭问题，带动农家乐产业的发展，华丰园合作社开发利用进城村民的空闲院落、闲房，为游客提供休闲、餐饮、聚友、避暑、纳凉的场地和住所，使休闲、旅游观光农业实现耕作、收获、游玩观赏、实物体验、观看回忆、住宿、休闲等多功能发展，构建促进农村经济发展、带动农民脱贫致富的新模式。

据统计，华丰园合作社开办的大食堂（图9-10），周一至周五到访游客每天约30～60人，周六和周日每天300余人，体验式农家饭每人28元，合作社每年收益约70万元，带动本村和周边村民就业15人次。

图9-10　新庄乡村大食堂

（二）示范带头功能

华丰园合作社的"休闲农园"在土地利用上属于基本农田保护区，在产业发展上符合宝鸡市金台区的农业发展布局，得到了金台区国土局和农业农村局的批准。该"休闲农园"充分利用距离宝鸡市 10 千米左右的区位优势，充分利用位于"塬面"看不见城市的钢筋和混凝土的地理优势，开发适合市民观光、休闲、体验的农产品。华丰园合作社结合村庄优势建立开心农场，为市民提供农业观光、体验的小农场，提供绿色无公害蔬菜。同时，开发西府农耕文化展览馆，传承西府优秀农耕文化，对附近高校的大学生、宝鸡市中小学生进行农耕文明教育。这样，既带动了新庄村及周围村庄的发展、解决了农民就业和助力脱贫攻坚，又传承了西府农耕文明。

据统计，2017 年以来，到"休闲农园"参观旅游的市民多达 13 000 多人，其中青少年 3 000 多人。

华丰园合作社以休闲农业、乡村旅游为主导产业，以创建西府农耕文化体验园为主题，以开心小农场和亲子农耕体验为平台，创建农耕文化广场十大景观和鲁冰花、薰衣草、二月兰、百花草观光园，创建火龙果、无花果、长桑果、桃、李、杏采摘园，创建田园风景吊脚楼风格的住宿休憩园，创建"三农"历史农耕文化展览馆，创建农家乐乡村大食堂，进而搭建休闲观光、采摘体验、吃、住、游玩一条龙的产业链。

除了开发休闲农业，华丰园合作社还大力发展新型种植业。近年华丰园合作社从南宁市引进台湾红心软枝最新品种火龙果 2 000 多株，长桑果 300 棵，经过精心管理，成活率在 95% 以上，有几株已开花结果，基本达到计划目标，由于南北气候的变化，需要更高效的管理和更完善的设施，因此经过多方考察，合作社投资了 4 万多元用于种植大棚设施建设。

南果北种需要更高的科学技术和精心管理，安装滴灌、喷灌、喷雾是南果北种的重要环节保证。合作社以科学种植耕作技术为核心，完善节约用水设施，安装管道 1 200 余米，喷头 300 多个，购置水泵、增压泵 3 台，创造温室南方小气候环境，为南果北种试验成功起到了关键作用，经过几个月的试验，已收到良好的效果，火龙果长势喜人，结出了果实，每亩经济收入可达到 3 万~6 万元。

合作社还对 15 亩开心农场 96 户小菜地安装喷灌管道设施 1 600 米，水龙头、开关、喷头 50 余套，创建环保节能用水喷灌新模式，有效地解决了旱地浇水难题，使农作物突破老传统老观念，确保旱地作物有新发展。开心农场安装的喷灌设施能起到增产增收的效果，经济收入可增加 2 万多元。

（三）服务功能

华丰园合作社所在村庄是三季有花四季有绿的美丽村庄，道路宽敞全部硬化，雨水污水进地下管道，全村无明沟水渠，无"三堆三乱"，厕所也改造成了一道亮丽的风景线，街道、房前、屋后全部绿化，为广大村民提供了良好居住环境和休闲场所，吸引周边区县的游客经常来休闲游玩，受到上级政府的表彰和奖励。

依托华丰园合作社平台，新庄村按照环境优美、村貌整洁、生态环保、设施齐全及布局合理的要求，结合本村实际特点，积极推进新农村发展，在改善群众生活条件和居住环境工作中取得显著效果。合作社以农耕文化为主题，修建农耕文化广场9 000多平方米，修建了古老的记时日晷、农耕文化二十四节气天干地支八卦大圆盘；修复了古井房、石碾子、石春、石磨子、旋转景观铜钱币、十二生肖拴马桩、石材花架、休闲凉亭；收集了100多个碌碡作为古老的农耕文化实物景观；把污水垃圾坑改造成环保生态型放养千条金鱼的喷泉景观涝池；修建了天地人和七彩景观石、休闲小桥月牙潭；安装健身器材30件；建草坪花坛2 000平方米；栽植上千棵绿化苗和风景树。这些休闲观光旅游农业景观，为区域内的市民、村民提供了观光、休闲和体验的场所。对于传承农耕文明乃至发展青少年教育具有现实意义。

新庄村"两委"依托合作社农耕文化休闲馆，开办了道德大讲堂，并利用新庄微信群开展爱国主义教育活动，加强党的富民政策及法律法规等宣传教育活动。华丰园合作社在春节期间和节假日组织村民开展舞蹈、乒乓球、锣鼓、舞龙等多种文化演艺活动，丰富村民业余文化生活。现全村干部清廉，治安良好，邻里友好，乡风和谐，涌现出文明户、文明家庭45户，道德先进个人、诚信先进个人、先进党员6人，成了名副其实的美丽乡村。

以华丰园合作社为龙头，新庄村抓好传统农业种植，引导村民推广种植高产优质粮食品种，实现科学增收。2017年全村粮食单产均在1 000斤以上，创历史新高。华丰园合作社还定期承办种植、餐饮技能等培训班，参加培训的50多位村民有32人拿到了结业证，学到了一技之长，现全村实用人才占比达30%以上，大大提升了村民就业创业能力。

为全面践行乡村振兴战略，华丰园合作社牵头积极开展"校地"合作，

2018年5月21日，西北农林科技大学乡村振兴综合试验站和教学科研实习基地正式挂牌落地新庄村，对新庄村乡村振兴起到积极的推动作用。新庄村乡村振兴综合试验站由经济管理学院院长夏显力教授任站长，组建"教授—副教授—讲师—博士生—硕士生"团队，集西北农林科技大学经管学院专家智慧，加强科学研究，围绕乡村振兴战略"二十字方针"系统诊断问题，帮助新庄村进行近期、中期和远期乡村振兴战略实施规划和产业发展规划，联合宝鸡市金台区共同打造陕西乡村振兴样板，探索乡村振兴战略实施规律，预期为陕西乃至全国解决好"三农"问题做出积极贡献。同时，西北农林科技大学依托新庄村乡村振兴综合试验站，建立经济管理学院教学科研实习基地，以试验站为依托，围绕新庄村产业发展，针对性开展技术培训，培养职业化农民。新庄村作为经济管理学院的教学科研实习基地，助力培养一支"懂农业、爱农村、爱农民"的"三农"工作队伍。

为总结经验继续培育新的增长点，进一步发挥科学技术力量，把产业做大做强，2019年华丰园合作社发展火龙果大棚3座，草莓大棚两座，完善长桑果大棚1座，促进以乡村旅游休闲农业为一体的产业链发展，围绕乡村振兴战略"二十字方针"，在金台区的政策支持及区科技局帮扶指导下，力求实现"农业强、农村美、农民富"的乡村振兴目标，为脱贫攻坚做出更大贡献。

华丰园合作社呈现良好的发展势头，但是还存在需要加强的方面。首先要做好产业规划设计，挖掘产业发展潜力。其次要实施品牌战略，提升合作社竞争力。目前，农产品市场已经进入品牌竞争时代，产业发展需要品牌推动。合作社农产品生产只有做到有规模、有质量、有品牌，才能拥有市场竞争力。为此，一是积极寻求技术合作，争取农业项目支持，加强与科研院所的合作，共同申请、实施国家、省重大农业项目，为合作社发展提供动力。二是强化信息化技术的应用，提高合作社发展技术手段在农业生产上的应用。三是注重对农民的技术培训，提高社员科技素质，通过教育和培训的方式提高社员的科技文化素质。合作社可以以现有的各种培训途径为基础，积极创新其他教育形式，加强对社员的教育和培训，以提高他们的文化知识水平和学习新技术、运用新技术的能力。

三、合作社成员的利益联合

自 2007 年《农民专业合作社法》颁布实施以后，农民专业合作社迎来大发展，合作社在数量上还有参与人数上都与日俱增，在带动农户经营转型、完善农村社会化服务、助力脱贫攻坚和提升农业经营效果方面都取得了较大成就。但各地合作社也出现了一些不尽如人意或不可避免的现象，例如出现"空壳社"、异化社等。微观方面的原因之一在于：合作社未坚持按照"主要按交易量（额）分配"的合作制基本原则运行；而宏观方面的原因主要在于：异化社的组织变异是顺应市场发展与满足各利益相关组织的需要的结果。异化社并非规范发展的合作社，按照合作社标准去支持其发展，只能使异化现象更为严重，反而不利于合作社事业的健康推进[134,138]。

华丰园合作社成员以本村村民为主，通过出资、经营和分红与成员建立起稳定的利益联合机制，符合合作社的规范，未出现异化现象。

华丰园合作社防范异化的主要环节是对成员出资和分红的严格限制。合作社的资金来源包括以下几项：成员出资；每个会计年度从盈余中提取的公积金、公益金；未分配收益；国家扶持补助资金；他人捐赠款；其他资金。合作社成员可以用货币出资，也可以用库房、加工设备、运输设备、农机具、农产品等实物、技术、知识产权或者其他财产权利作价出资，但不得以劳务、信用、自然人姓名、商誉、特许经营权或者设定担保的财产等作价出资。成员以非货币方式出资的，由全体成员评估作价。

为实现合作社及全体成员的发展目标而需要调整成员出资额度时，需经成员大会讨论通过，形成决议，每个成员须按照成员大会决议的方式和金额调整成员出资。合作社向成员颁发成员证书，并载明成员的出资额。成员证书同时加盖合作社财务印章和理事长印鉴。合作社从当年盈余中提取 20％的公积金，用于扩大生产经营、弥补亏损或者转为成员出资。合作社从当年盈余中提取 5％的公益金，用于成员的技术培训、合作社知识教育以及文化、福利事业和生活上的互助互济。其中，用于成员技术培训与合作社知识教育的比例不少于公益金数额的 3％。

合作社当年扣除生产经营和管理服务成本、弥补亏损、提取公积金和公益金后的可分配盈余，经成员大会决议，按照下列顺序分配：按成员与合作社的业务交易量（额）比例返还，返还总额不低于可分配盈余的 70%（注：依法不得低于 60%，具体比例由成员大会讨论决定）；按前项规定返还后的剩余部分，以成员账户中记载的出资额和公积金份额，以及合作社接受国家财政直接补助和他人捐赠形成的财产平均量化到成员的份额，按比例分配给合作社成员，并记载在成员个人账户中。合作社如有亏损，经成员大会讨论通过，用公积金弥补，不足部分也可以用以后年度盈余弥补。合作社的债务用合作社公积金或者盈余清偿，不足部分依照成员个人账户中记载的财产份额，按比例分担，但不超过成员账户中记载的出资额和公积金份额。执行监事或者监事会负责合作社的日常财务审核监督。根据成员大会（或者理事会）的决定（或者监事会的要求），合作社委托审计机构对合作社财务进行年度审计、专项审计和换届、离任审计。

总体看来，目前华丰园合作社经营取得了良好效益。在逐渐做大做强的同时，合作社与村民的利益联合将主要通过完善内部治理和优化分配制度来加强。

合作社需要严格落实"一人一票"制度在管理表决中的民主作用，"一人一票"制度决定着合作社中的决策权是否由成员管理，合作社是成员互助组织，合作社的发展应由成员共同参与谋划，充分彰显民主管理，人人都有权利参与合作社的运营管理。农户在生产经营过程当中，要根据自身情况对合作社发展提出针对性、具体性建议。

分配制度是合作社的核心制度，因为它关系着每一位成员的切身利益，合作社盈余按照交易额分配体现了合作社为社员服务的根本宗旨，在服务社员的同时也增加了合作社的业务量，从而带动小农户走向富裕之路。政府应大力监管合作社内部盈余分配机制，对于不符合或者没有按照惠顾额返还标准分配盈余的合作社，要严格规范其发展。坚持按交易额分配原则，建立合作社成员利益共享、风险共担的机制，防止发生成员负盈不负亏的情况，保持农民专业合作社稳定可持续发展。

四、共建美丽生态村

生态文明村是个包括经济、政治、文化教育、科技、环境五方面的综合体。生态文明提出的根本目的是要通过农村生态环境的改善促进经济、政治和文化的协调发展。这充分考虑了目前在农村建设中，生态环境的破坏对我们农村乃至整个社会的和谐发展造成的重大影响。中国是一个农业大国，没有良好的农村生态环境就没有全社会的可持续发展；不促进人与环境的和谐发展，很难真正实现整个社会的和谐发展。生态文明村建设的提出就是要使农村的发展达到"文明"的高度，是中国农村发展路径的重大突破，是农村发展史上的重大创举。建设生态文明村对于解决目前农村发展中出现的问题有重要的实践意义，是解决"三农"问题的重大举措之一[139]。

新庄村以思想建设、经济建设、支部建设、文明建设、环境建设为抓手，按照"环境整洁、村貌优美、设施配套、布局合理"的标准，结合实际，带领全村村民坚定地走以全面建设小康社会为目标的发展之路，以绿色环保、生态建设为主，确保生态环境不被破坏，实现该村经济与社会的协调发展。

第一，明确指导思想，强化工作责任。村"两委"从加强领导、科学规划、合理安排着手，专门成立了以支部书记为组长、村"两委"成员为组员的生态村创建领导小组，建立了工作责任制，按照陕西省生态村创建工作的有关规定，对照宝鸡市生态村考核标准，根据本村实际，科学合理地制定了生态村创建规划，分解目标，落实工作责任和限时责任，使整个创建工作有条不紊。

第二，搞好宣传发动，统一群众思想。领导小组进行宣传发动，通过村宣传橱窗、黑板报、横幅、宣传标语等各种不同形式，进行广泛的宣传活动，让群众增强环境保护意识，使这项涉及千家万户的工程家喻户晓，让群众真正明白建设绿色美好家园是每个村民义不容辞的职责，农户自己是真正的受益者，从而强化了村民保护生态、建设生态的意识，提高了群众主动参与、配合建设工作的积极性。

第三，加强村级组织建设，强化民主管理。村"两委"把落实村务公开和民主管理作为融洽党群干群关系的重要内容，健全完善了村民自治机制，实行村账镇管，定期公布，成立了村务公开监督小组和财务公开监督小组，接受群众监督。凡涉及全村的大事，关系群众利益的事务，都提请村民代表大会议论、决策，做到"一事一议"，全面提高了民主自治的程度。

第四，坚持以人为本，实现整体推进。首先，村"两委"把拓宽增收渠道、健全社会保障体系、提升农民生活水平作为一项长期的工作来做。多年来该村一直十分重视农业园区建设和农业工作，逐年增强农业基础设施建设，通过多种渠道引进项目、农业技术，有计划地推动集体经济的发展；同时鼓励村民大胆创业，为他们提供各种便利条件，积极为村民提供致富信息、用工信息，增强了他们的创业意识，提高了他们增收致富的本领，拓宽了就业渠道。同时，该村有序地开展和推进农村合作医疗保险、养老保险、最低生活保障、教育、就业等一系列农村社会保障体系建设，形成了发展有方向、生活有保障、就业有渠道的良性互动。其次，村"两委"积极创新活动形式，创设文明向上的社会风貌。该村以文明学校为阵地，以"文明家庭"评比、"社会主义荣辱观宣传"等活动为主体，以"城乡携手共创文明"等文娱活动为突破口，深入开展精神文明创建活动，从思想观念、法制意识、卫生习惯、道德礼仪等方面加强引导和培训，促使每家每户增强保持卫生的自觉性，养成良好的生活习惯，村民素质得到一定提高，全村形成了健康文明、积极向上的社会风气。再次，村"两委"依法治村，创建良好社会风尚。新庄村社会治安综合治理基础工作扎实，综合组织队伍健全，防范机制完善，重点人群教育管理措施落实到位，能妥善处理各类矛盾纠纷，做到早发现、早化解，及时把矛盾化解在萌芽状态。全村家庭纠纷、经济纠纷调解成功率都在95％以上，社会风气良好，村民遵纪守法，邻里和睦，无赌博、封建迷信活动，婚丧、生育和建房等均无铺张浪费和盲目攀比现象，形成了干群关系融洽、人民群众安居乐业的大好形势。

第五，配套建设，提供完善服务。该村已形成相对完善的农业、商业综合服务网点，能为村民提供比较完善的服务。村"两委"配备了电教会议室、图书阅览室、老年活动室，极大丰富了村民的日常业余活动，形成了村民议事、咨询，农民教育、医疗卫生、健身休闲等一体化、多功能的服务。图书阅览室面积50平方米，配有各类图书3 000册和报纸杂志25种以上，联网电脑一台，并配有书橱、书架、阅览桌椅等设备；电教会议室面积150平方米，电教设备齐全，可容纳近百人同时进行教育学习；兴建老年活动室，面积360平方米，设有成套桌椅，容量可达近80人，为老年人提供棋牌、影视休闲茶座等服务；医务室面积150平方米，具有执业资格医务人员2名，管理制度健全、医疗过程符合卫生操作规范，药品均来自镇卫生院且符合药品管理规范；兴建休闲健身园1座，配备有篮球场1个、室外乒乓桌两张及体育健身器材 15 套。

第六，突出生态建设，着力美化人居环境。该村积极促进"四个文明"协调发展，继续进行村庄整治。村"两委"按照"环境整洁、村貌优美、设施配套、布局合理"的目标，对村庄的生活、生产、生态等功能分区合理布局，使整个区域内路网交通便捷通畅，绿化生态自然和谐，充分体现了人、景、自然融为一体的人居文化特色。

第七，健全制度管理。村"两委"制定了《卫生公约》《村庄环境长效管理制度》《村庄环境保洁制度》等，并落实了专门的管理人员和经费，责任到人，推进村庄环境长效管理工作，使该村的卫生状况得以长期保持。

新庄村生态村建设过程中，按照规划要求，对原有房屋进行综合整治，对部分危、破、漏房屋及违章建筑进行拆除，部分房屋进行改造。投入大量资金对全村道路进行了修建，现村主干公路长 200 米，宽 5 米，公路等级达到 3 级，其中两侧种植绿化树，所有道路均实施硬化，硬化率达 100% 且入户硬化率也达到 100%；村内主要道路和公共活动中心都安置了杆式路灯，路灯安装率 100%；给水系统、管网布置规范合理，生活饮用水为深井管网自来水，符合国家饮用水卫生标准，自来水入户率达 100%。排水系统、沟渠及管道设施完善，建有污水处理池 1 个。村庄新建成绿化景观带一处。景区内绿树成荫，亭台楼阁，小桥流水相映成趣。全村主要道路两侧都进行了全线绿化，绿化率 100%，农户住宅之间有绿化，宅前屋后有绿化。全村各处配备垃圾收集箱，配备垃圾收集房一座，并配备了保洁员，负责每天的垃圾集中清理和平时的保洁工作，还专门制定了村庄环境长效管理制度。如今村里道路整洁，原有的塑料袋、泡沫、果壳等生活垃圾乱扔乱倒现象已彻底改变，村民卫生意识已有很大程度的提高。村内通过改建、新建厕所，彻底消灭了露天茅厕，全村 150 户均建有净化卫生系统，建立各类封闭式清洁厕所，卫生厕所改造率为 100%。

通过生态村创建，新庄村环境整治变化显著：村领导班子带头，全体群众参与，凝聚了人心，增强了信心，鼓足了干劲，极大地提高了村民的综合素质。保护生态环境的意识增强了，环境污染问题得到有效遏制，乱倒垃圾等随意破坏生态环境现象大大减少，村民的自我环保意识越来越强，对创建生态村的热情普遍高涨。通过一系列的整治，新庄村主要道路绿化普及率

100％，生活饮用水卫生合格率100％，环境质量达标。生态村创建后的新庄村面貌焕然一新，群众居住环境和生活环境得到明显改善，生活水平迈上了新的台阶。

在创建工作中，村"两委"成员一直坚持在整治第一线，有效发挥了指导与引导作用，带领群众改造旧貌，圆满完成生态建设工程，使组织的凝聚力和干部的威信得到进一步加强。

华丰园合作社以习近平新时代中国特色社会主义思想为指导，坚持"以美丽乡村建设带动乡村旅游，以乡村旅游带动村集体经济发展，带动农民致富"的核心思想，配合村"两委"的建设规划，承担了一些重大的共建任务。华丰园合作社是新庄村生态村建设的中坚力量，通过拓展"西府农耕文化体验园区"主题，推动"现代农业乡村旅游"等建设项目，为生态村建设做出了实质性贡献，主要相关工程是：

第一，扩建"三农"历史农耕文化展览馆。华丰园合作社收集抢救了农村面临消失的农耕文化遗产，扩建二期展览馆，在2017年建成200平方米展览馆基础上，计划投资30万元，建设二期农具展览馆100平方米、民俗展馆100平方米、实物体验馆100平方米，将建成宝鸡市最全的农耕历史文化遗产展览馆共300平方米。合作社投资8万元用于收购农具和展品物件。

第二，农耕文化广场建设。华丰园合作社投资9万元用于亮化美化广场，安装高杆广场景观灯2个共计4万元；步行休闲道路景观灯25个每个2 000元，共计5万元；投资6.8万元建农耕文化墙街道宣传栏40个每个800元，合计3.2万元；完善全村绿化亮化街道修缮3 000米，计划投资8万元；投资20万元收集、保护农村遗弃的碌碡、碾盘、石磨子等，建成500罗汉景观碌碡塔，成为供人们休闲观光的景观；投资21万元用于完成已开挖的900平方米的葫芦景观小湖，建设金鱼观赏、儿童戏水游玩、垂钓休闲景观区；投资10万元用于儿童游乐场建设。

第三，农耕体验园建设。华丰园合作社扩建开心农场100户，投资10万元，用于购买立柱、护栏围网、管道、道路铺设等设施；每户40平方米租地费500元，预期年收入5万元；投资20万元新建火龙果、无花果、四季长桑果观赏采摘大棚5座，预期年收入达15万多元；投资30万元建10座田园风光吊脚楼，为开心农场客户和游客提供休闲体验乡土风情的休憩小家园，收取租金或住宿费，预期年收入可达 5 万元；投资 10 万元建设乡村装修大食堂餐厅 70 平方米，每平方米 1 000 元共投资 7 万元，购买餐桌、餐具共 3 万元。

第四，产业发展和基础配套建设。华丰园合作社投资 30 万元种植濒危药材白及、苍术 50 亩，预期年收入达 60 万元；投资 25 万元购买大型 145 型拖拉机一台 19 万元，小型拖拉机 60 型一台 6 万元，服务农业，解决村民耕种等问题；投资 20 万元，打 200 米深井 1 眼，解决开心农场和药材种植灌溉问题。

以上建设项目以华丰园合作社为平台，以包村单位宝鸡市金台区科技局为技术指导，结合农村三变政策的实施，量化股份，扩大集体资本，鼓励村民以土地、资金、资产入股，为集体经济增长优化基础。资金依托村民投资入股和中省补助，专项资金财政实施全程监督，整体财务收支运行接受镇财政所指导，做到资金规范化管理。经过建设，村民人均年收入不低于 2 000 元，村级集体经济年收入超过 20 万元，形成良好的农村发展建设格局，传承做强"农耕传统文化"和现代农业乡村旅游，彰显味道特色，为新庄村经济社会发展奠定坚实基础。

后续发展中，华丰园合作社重点巩固生态村建设成果，采取边整治边管理边优化的措施，落实专门的管理人员和经费，实施长效管理监督制度。通过长效管理，有利于及时查漏补缺，加以完善；有利于破除陈规陋习，树立文明生活新风尚；有利于农村城市化进程，促进城乡和谐共发展。

五、专业合作制集体经济组织载体变迁

随着农业投资成本的增多、机会成本的增多与务农收益的减少、务工收益的增加诱导了农村劳动力的转移，从而促进了农村土地流转与规模经营的加快推进，传统的小规模家庭分散经营因其较低的比较收益、脆弱的市场竞争力，加之受工业化城镇化建设的推动，许多农民已无心以农为业，"空心村"和"撂荒地"相继出现，中国农业发展面临农村空心化问题，大量青壮年劳动力流失、农业劳动力人口趋于老龄化。同时，农民兼业化和农业副业化等问题突出，农业生产面临高成本、高风险、资源环境约束趋紧、青壮年劳动力紧缺等新形势，如何进一步突破制约农业经营的各种瓶颈障碍，有效解决"谁来种地"的问题，进而从经济学角度给出解决"三农"问题的基本途径，保障农业经济和农村社会的健康发展，已经成为亟待研究和解决的重大而紧迫的课题。为此，党的十八大报告明确给出了解决问题的答案：构建集约化、专业化、组织化、社会化相结合的新型农业经营体系[130]。

国内外学者对新型农业经营体系均已开展了相关的研究，国外侧重于相关基础理论研究和农业经营主体的研究，国内侧重于农业经营主体研究、农业经营方式研究、农业经营组织研究和农业经营体制研究。国外大部分学者把农业经营主体分为企业化经营的农场、兼业农户和合作经济组织三种类型其中企业化经营的农场可分为家庭农场和公司型大农场。这种分法适用于农业现代化程度较高的国家或地区。国外学者认为农业产业化也是农业生产经营的一种方式，并认为农业化的方式包含纵向一体化或纵向协调，通常认为农业产业化是一个能够带来独特经济效益和完善社会体系的过程，主要表现为三个动态特征：一是农场之外的农产品加工、分配和农户投入供应的增长；二是农业加工企业和农户之间关系的制度和组织变革，如纵向协调的显著增加；三是农场部门的相应变化，如产品结构、技术以及部门和市场结构等方面的变化[130]。而在农业现代化程度不高的国家或地区，为增强农业产业的比较效益和稳定发展，新型农业经营主体呼之欲出。新型经营主体中的农民专业合作社是一种重要的现代农业微观经济组织，农民经济合作社将会成为现代农业经营的重要模式选择[131]。

农民专业合作社的制度需求在于政府的政策支持、相关的农业经济理论的支持以及农民的经验探索。中国城镇化的快速发展和工业化快速推进带来的农业的专业化分工的发展，以及农业中化肥、农药和农业机械等农业技术进步又极大地促进了农业社会化服务效率体系的提升，推动了农民专业合作社的产生。

对于新时期的农村经济，政府主要从乡村振兴的制度环境创设、产业升级的制度供给和财政补贴等制度支持等方面构建政策创新；市场则为农村经济提供资本下乡和技术推广，促进农业生产效率提升。在政府与市场的共同作用下，农业经营主体产生了组织创新的驱动力，新型农业经营主体得以发展。而在农村地区，社会化服务水平的提升推动了农民专业合作社的发展和进步。农民土地流转机制健全之后，农村劳动力向外转移以及农业技术与农业机械普及等构成制度变迁的外生性推动力量；一批农村劳动力渴望离乡发展而部分农民却愿意就地务农，农民分化现象开始出现，尤其是农业税取消前和农业补贴实施后，进城农民更是希望将自家承包土地流转别户经营，或为减轻未耕种的土地所带来的经济负担，或为取得合法财产权孳息收益。在自发的土地流转现象频增的情况下，国家审时度势地出台了"明确所有权、稳定承包权、放活经营权"的政策，不但承认其合法性，也鼓励流转实行规模经营。自此，农村土地的经营权与承包权再度分离，形成了农村土地所有权、承包权与经营权"三权分置"的新格局。"三权分置"的合法化和农民分化推动了农民生产要素的分化与重组[132]。在内外力量的相互作用下，农民专业合作社产生的微观条件日渐成熟，新型农业经营主体组织形式迅速发展（图9-11）。

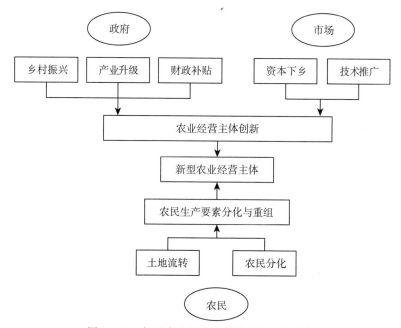

图9-11　新型农业经营主体生成的环境条件

农业发展进程中经营主体多样化是必然现象。家庭联产承包责任制的推行使农业经营的主体从农民集体回归到了农户家庭，同时也奠定了农业经营主体多样化的组织基础。

第十章　农村新集体经济

　　跨入 21 世纪以来，在认真总结中国多年来改革开放和现代化建设实践经验基础上，中共中央提出了适应新时代发展要求的"科学发展观"，强调要以实现人的全面发展为目标，让发展的成果惠及全体人民；要以经济建设为中心，实现经济发展和社会全面进步；要统筹城乡发展、统筹区域发展、统筹经济社会发展、统筹人与自然和谐发展、统筹国内发展和对外开放，推进生产力和生产关系、经济基础和上层建筑相协调；要促进人与自然的和谐，走生产发展、生活富裕、生态良好的文明发展道路[140]。当前中国农业发展正在进入新的阶段，农村发展仍然滞后，农业基础仍然薄弱，农民增收仍然困难，面临新的态势与挑战。2015 年中央 1 号文件《中共中央国务院关于加大改革创新力度加快农业现代化建设的若干意见》指出："国内农业生产成本快速攀升，大宗农产品价格普遍高于国际市场，如何在'双重挤压'下创新农业支持保护政策、提高农业竞争力，是必须面对的一个重大考验。中国农业资源短缺，开发过度、污染加重，如何在资源环境硬约束下保障农产品有效供给和质量安全、提升农业可持续发展能力，是必须应对的一个重大挑战。"2017 年中央 1 号文件《中共中央国务院关于深入推进农业供给侧结构性改革加快培育农业农村发展新动能的若干意见》指出，当前中国农业的主要矛盾是"由总量不足转变为结构性矛盾，突出表现为阶段性供过于求和供给不足并存"。加强农业生产、做大做强农业产业是乡村振兴战略的重要组成部分[141]。

一、新时期村产业发展的制约因素

（一）农村环境问题突出，老龄化、空心化日益严重

现代农业的可持续发展依赖于良好的生态环境和要素投入，但经历了传统粗放经营和乡镇企业建设之后，农村生态环境差强人意、农村公共服务投入不足，导致农村居住环境欠佳；同时，青壮年劳动力持续外流导致农村老龄化、空心化现象日益严重[142]。通过走访新庄村发现，之前，村里并没有统一的垃圾回收处理存放点，村民处理生活垃圾十分随意，所有生活垃圾均倒入村头的垃圾坑，并没有对其进行焚烧、填埋处理，污水更是直接排放到院子之外，因此对环境造成了污染。在基础设施建设方面，尽管近些年公共财政加大投入，推进美丽乡村建设，但由于基础设施欠账过多，改善人居环境仍需政府及村民的共同努力。在农村人力资源方面，通过调研走访得知新庄村里大多为年纪大无法外出务工的老人，农村空巢化和老龄化现象较为严重。因为新庄村距蟠龙镇近，许多年轻人都选择进入城镇工作、生活，大量老人、妇女、儿童留守农村，造成农村老人赡养、妇女身心健康、儿童教育方面的困境，不利于农村小康社会的发展。近年青壮年的迁移，给农村人力资源的发展造成了巨大冲击，严重阻碍了农村经济发展，呈现出了"子女进城务工，父母留村务农"的代际分工模式，导致农村人口老龄化现象日趋严重。集中体现为农村大量住宅长期闲置，宅基地浪费严重。

（二）缺少支撑产业，无法吸引青壮年回乡发展

支柱产业不仅能形成联动效应促进当地经济发展，还能增加就业机会，吸引迁移至城里的劳动力资源回流，为乡村的建设和发展提供新的动力。吸引优秀企业入驻，不仅国家、政府能为企业发展提供便利，还能够引进人才专家来管理、指导企业发展，将参与就业的村民培养成专业型人才。新庄村于2017年10月成立了"华丰园种养殖农民专业合作社"，在一年半的时间里，合作社先后创办了"开心农场""农耕文化馆""大食堂"和"采摘园"等多个经营项目，此外，合作社助力脱贫攻坚，与镇扶贫办对接，积极探索，强化了吸纳贫困户就业、带动贫困户种植创业、循环经济与贫困户分红

等较全面的产业扶贫功能，在为农户提供就业机会的同时，也在一定程度上促进了贫困户收入增加，促进了当地经济发展。通过调研发现，合作社还存在一些问题：一是没有专门的管理机构对人员进行管理和培训，各个景点、项目像是一盘散沙，在参观当地的"大食堂"及"开心农场"时，并没有专业人员进行指引和讲解，"采摘＋农家乐"的休闲农业没有形成一种规范管理模式，无法使游客体会到专业性的服务模式，以至于影响游客参与的积极性。二是宣传力度不够，调研期间观察发现，在距该村几千米或进入该村时没有看到显著的宣传告示牌，也没有宣传图册或定价说明，每天来进行采摘或体验农家乐的游客并不多。对于许多游客来说并不了解农家乐，甚至不知道村里有采摘或农家乐的体验项目，每天只靠稀少的游客无法支撑起合作社的必需开支。三是合作社缺少支撑产业，仅仅靠采摘或"大食堂"等项目并不能形成区别于其他乡村的旅游特色，这是值得深思的问题。

（三）乡村文化的不断流失以及文化建设滞后

在参观新庄村村史馆时发现有几张宣传板，写着新庄村部分村史，但也仅是寥寥数语，对于新庄村名人史的介绍也较为简单。文化是一个地区、一个民族、一个国家的灵魂，没有文化的组织是无法长久的。乡村文化具有凝聚乡情和约束村民行为的作用，是维系乡村社会关系、维持村民生产生活秩序的重要因素。然而，在现代城市生活模式的冲击下，乡土生活模式日渐式微。不仅许多年轻人已经脱离了传统农耕生产，老年人也在感怀日子越过越好的同时距离乡情乡土越来越远。传统乡村文化的生存空间受到挤压，优秀的民间文化后继者匮乏，乡村传统文化出现断裂。文化的衰落导致社区人际交往性质发生改变，进而整个乡村秩序因此发生改变[142]。新庄村非常重视乡村文化和村俗民风建设。与周边村落相比，新庄村在重塑现代乡村文化、打造乡村旅游产业方面的努力非常突出，是宝鸡市金台区的一张名片，省级媒体对此进行了多次报道。乡村文化也在随着社会的发展而进化，所以看待乡村文化的发达程度不能简单以传统乡村文化作为标准来衡量。新庄村在乡村文化建设中很清晰地认识到了这一点，于是村干部通过外出学习、挖掘当地文化特色和文化遗产等方式，把历史和现实完美地整合进文化市场体系，以市场力量继承和开发乡村文化，既实现了乡村文化的文化价值也实现了经济价值。走访中发现，新庄村的传统习俗，如庙会、社火等仍然按传统坚持开展，但不像传统文化活动那样在本村或附近就近开展，而是走出乡村把庙会、社火等文化活动办到乡上、镇上甚至市里；村史馆和乡村大食堂也不是一味地追求复古，而是融入乡土文化产业运作中支撑产业园区的发展。从这些特点能发现，新庄村的乡村文化建设既脚踏实地也比较先进前瞻。但是，一方面建设资金和人力资本的不足极大地限制着乡村文化产业的规模发展。村里虽然得到了区里的持续文化产业建设支持，但仅凭村级单位来建设覆盖宝鸡市、达到关中地区知名的乡村文化产业显然是不现实的；如果固守现有的规模，那么新庄村的乡村文化产业将沦为宝鸡市的一个普通乡村游乐园，后续发展堪忧。另一方面，村里年轻人大量流失，即使是在春节回乡团聚期间，回乡过年的年轻人也比较少。因此村里传统的农历正月闹社火的主力都是中老年人而且以老年人居多，其他传统文化活动更是可想而知。以上平台和要素的局限导致新庄村的乡村文化建设后继乏力。

（四）农业规模化滞后，阻碍城乡经济协调发展

农业规模化发展缓慢是阻碍农村产业发展的症结之一。现如今，以家庭为单位的小规模农业生产仍是中国农业经营的主要形式。在调研过程中发现，虽然新庄村农业作业机械化程度基本达到了 90％以上，但以家庭为单位独立进行农业生产作业的现象仍然普遍。如果可以将农业生产与种子、农药、肥料供应、农产品加工、销售相连接，实现农工贸一体化，就能使产业链不断强化和延伸，使农业附加值不断提高。另外，调研时还发现，该村的地块细碎化程度比较严重，表现在有农户共有 3 亩地，却被分成了 5 块，最小的地块只有 0.3 亩，这严重影响了农业规模化发展，提高了机械化作业的费用，降低了农业收益。

二、新庄村产业共融发展模式

（一）村集体经济主体发展目标：产业融合

改革开放以来，中国农村农业经济社会发生了巨大变化，但由于农村农业资源特别是优质资源等向城市的单向流动、聚集，出现了留守农民老龄

化、土地利用非农化、农村空心化等现象，反映出了农村产业发展缺乏相应要素供给等问题。由于自然地理、资源结构和人口结构等因素，特别是粮食生产的战略安全，中国的城镇化发展不能简单沿袭发达国家的道路，必须扎根中国大地，立足人多地少的现实，走中国特色的城镇化和乡村振兴之路[143]。党的十六大提出全面建设小康社会的宏伟目标，农村小康建设是全面小康社会建设的重要组成部分，是全面建成小康社会的关键因素。随着党的十九大报告中乡村振兴战略的提出，小康村建设就成了现阶段国家乡村发展战略的重中之重，现代化小康村的建设目标也就被逐步提上了日程。其目标主要包括农村经济更加发展、农村人们生活水平更加殷实、农村文化更加繁荣、农村社会发展更加和谐。小康村的建设发展，能够使农民群众提高思想道德素质、科学文化素质和健康素质，促进农村的文化、教育、卫生、体育等项目的发展；能够提高村民们自我教育、服务和管理的能力，促进基层民主能力的建设；能够提高群众勤劳致富的能力和关心生态、保护环境的自觉性，促进经济与社会、农村与城市、人与自然的和谐发展[144]。小康村建设能够切实提升农民的生产生活需求，保障农民经济利益，增加农民收入，使农民群众的居住环境更加整洁，精神更加充实，物质文化水平显著提高。

农业作为第一产业在国家的发展中具有决定性作用，农业发展的同时也要注重产业化布局的发展。在新型农村发展时要实现农业综合生产能力的持续提高，尤其是提高农产品的质量和安全水平，增强农产品的市场全面竞争力，提高农产品的口碑。此外，还要注重农业产值在稳定发展中的逐步增长，确保年增速保持稳定，大力发展农村非农产业，推动以乡村企业为主体的农村中小企业的稳步发展。

近年来，农村人民生活步入新阶段，居民收入较之前有较大幅度的提高，居民消费支出和储蓄都有所增加。居民的整体居住环境逐步改善，村镇布局情况逐步合理化，建设规划越来越符合广大居民的要求，农村卫生环境显著好转，落后的面貌得到重大改善，通信、道路、水利、绿化、垃圾处理等基础配套实施逐步健全化。农村医疗水平逐步得到提升和加强，为村民们的健康状况提供了保证，之前农民们看病难等问题也逐步解决，人们的身体素质和健康水平明显提高，城镇卫生保健水平不断提升，逐步向城镇医疗水平靠拢。

随着乡村振兴战略的逐步推进发展，农村各项文化事业日益丰富，乡风乡貌明显进步，形成了有利于全面发展进步的社会文化氛围，为现代化农村的发展提供了坚实的文化基础；农村文娱设施的配套健全化，使农民能够普遍地感受到现代精神文明气息，文化生活逐渐丰富多彩，行动上积极健康向上；农民道德素质进一步提高，讲道德、讲文明、讲卫生成为人民普遍养成的良好生活习惯，遵纪守法、爱护环境逐渐成了现代化农村建设中的社会风尚。

中国作为一个人口众多的农业大国，乡村关系的发展历来是农村管理中的重中之重，农村社会的和谐与否对于乡村振兴战略的实施也具有重要影响。农村公益事业的健康发展，社会分配的不公平问题逐步得到改善，各种矛盾的不断解决对于构建农村和谐关系具有推动作用。农村基本社会保障制度的建设有助于解决农村人民看病、医疗、最低生活保障等方面的问题，能够促进农村群众的生活水平和质量得到进一步的提高。农村社会治安的逐步好转，保障了村民们之间更加友好地相互交往，促进了农村社会秩序得更加稳定，使得农民们可以安居乐业。

进入新时期以来，党的十九大报告提出乡村振兴战略，"要坚持农业农村优先发展，按照产业兴旺、生态宜居、乡风文明、治理有效、生活富裕的总要求，建立健全城乡融合发展的体制机制和政策体系，加快推进农业农村现代化。"乡村振兴战略是新时代应对中国乡村功能衰退日趋严重、城乡发展差距日趋加大的有力回应。

当前中国农业经济发展面临诸多困境，主要是：农业生产劳动率总体水平较低，农业发展面临瓶颈化的现象越来越明显，农业机械化水平提升较慢；城乡二元结构特征明显，农村劳动力普遍外出进城务工，导致"人口空心化、空巢化和留守儿童普遍化"等现象更加严重；农业生产方式粗放，过度施用农药化肥等导致土地资源和环境问题严重，制约农业的可持续发展；许多中西部地区，依然以传统种植业作为家庭的支柱性收入，缺乏二、三产等高附加值产业的收入支撑。由于农业生产的风险性和弱质性，产业融合是乡村振兴的重要路径[145]。

产业兴旺是乡村振兴的关键，乡村产业兴盛则乡村百业兴盛。要实现产业兴旺与产业发展、村镇建设、基础设施的换代升级密不可分。"资金难"是乡村建设中存在的问题，为解决实施乡村振兴战略"钱从哪里来"的问题，应采用坚持财政优先保障、金融重点倾斜、社会积极参与的方式解决，通过采用顶层设计、体系完善、功能定位、市场规范、政策激励、服务创新的思路深化农村金融改革与创新，助力乡村实现全面振兴[146]。

农业农村部印发《全国乡村产业发展规划（2020—2035年）》。《规划》提出乡村产业发展六大重点任务。

一是提升农产品加工业。要鼓励和支持农民专业合作社、家庭农场和中小微企业开始发展农产品产地初加工，促进农产品顺利进入市场和进行后续的加工等环节。引导大型农业企业精细加工，积极开发加工类别多样、营养健康、方便快捷的系列化产品。在着力优化布局方面，推进农产品加工向产地下沉，向优势区域聚集，向中心镇（乡）和物流节点聚集，向重点专业村聚集。促进农产品加工与销区对接，丰富加工产品，培育加工业态。科技创新是产业发展的重要引擎，要加快推进集成创新。推进加工技术创新，以农产品加工关键环节和瓶颈制约为重点，组织科研院所、大专院校与企业联合开展技术攻关。

二是拓展乡村特色产业。以特色资源增强竞争力，以加工流通延伸产业链，以信息技术打造供应链，以业态丰富价值提升产业链，开发特色化、多样化产品，提升乡村产品的附加值。形成特色产业聚集区，形成"一村一品"微型经济圈、农业产业强镇小型经济圈、现代产业园中型经济圈等乡村产业"圈"状发展格局。推进资源与企业对接，引导农业产业化龙头企业向贫困地区特色优势区聚集，促进产品与市场对接，带动当地产业发展。

三是优化休闲旅游业。首先，要推进布局优化，聚焦重点区域，发展城市周边、自然风景周边和民俗民族风景区，推进传统农区"四大区域"乡村休闲旅游区域和景点建设。其次，推进差异发展，突出特色化，做到"人无我有，人有我优"，在"唯我独有"上下功夫，开发特色资源、特色文化、特色产品；突出差异化，在"唯我独优"上下功夫，把握定位差异，瞄准市场差异，彰显功能差异。打造精品旅游工程，建设休闲农业重点县、美丽休闲乡村和休闲农业园区，支持有条件的乡村和园区，建设健康养生养老基地和中小学生实践教育基地。

四是发展乡村新型服务业。第一，提升生产性服务业，开发扩大服务领域，开展农技推广、土地托管、代耕代种、烘干收储等农业生产性服务，提供市场信息、农资供应、农产品营销等服务，以此来提高各类服务化水平。第二，拓展生活性服务业，丰富服务内容，改造提升餐饮住宿、商超零售、美容美发等乡村生活服务业，积极发展养老护幼、卫生保洁、文化演出等乡村服务业。第三，发展农村电商，培育农村电子商务主体，引导各类电子商务主体到乡村布局，构建农村购物网络平台，发展农村电商末端网点。

五是推进农业产业化和农村产业融合发展。壮大农业产业化龙头企业队伍，充分发挥龙头企业的带动作用，培育农业产业化联合体，实现抱团发展。推进农村产业的融合发展，培育多元发展主体，形成企业主体、农户参与、科研助力、金融支撑的产业发展格局，促进利益融合。

六是推进农村创新创业，解决好"谁来创、在哪创、如何创"的问题。培育创业主体，深入实施农村创新创业带头人培训，培育返乡创业主体，打造一批扎根农村、服务农业、带动农民的创新创业群体。营造良好的创业条件，搭建创业平台，创建各类创新创业园区和孵化实训基地。强化创业指导，建立创业专家指导队伍，强化创业服务，对农村创新创业提供指导式服务[147]。

（二）村产业融合发展模式

基于以上分析，新庄村产业融合的具体路径如下：第一，促进传统种植业和原材料生产制造企业融合。充分利用当地产品原材料的优势，以种植业生产为基础支撑，积极拓展农副产品深加工的产业链生产体系。第二，促进农业生产和相应消费性服务业深度融合。农村消费性服务业要对接当地的农业生产以及副产品加工业，以方便农村居民生产生活为目标。第三，加快传统农业转型为现代特色庄园种养殖体系，提高农场产品质量。转型中要紧密对接城镇居民的消费结构，保证畅通的销售渠道，并通过绿色认证等方式提高产品价值。第四，发展休闲观光旅游业，促进产业融合发展。将农村的自然风光、人文景观、生产方式和传统风貌等结合起来，发展特色旅游产业[145]。依据具体路径，新庄村产业融合将在农业产业链、农业功能、农业技术等方面着力发展。

1. 农业产业链扩展型融合

农业产业链扩展型融合的本质是以农业为核心，将农业生产与种子、农药、肥料供应、农产品加工、销售相连接，实现产业积聚，使产业链得以扩展，可以提高农业附加值，实现农业提质增效、农民增收，从而促进当地经济发展。农业产业链的延伸能够提高农业的比较效益和农民市场地位，农民以自身劳力、耕地和资本等作为股本参与产业化经营过程，其作为组织的利益主体便具备了相应的谈判能力，降低了生产成本和合作风险，使农民能够更多地享受到非农产业融入带来的收益。此外，农业产业链的延伸能够同步提供更多就业岗位[148]，使外出务工的劳动力资源回流，从而在一定程度上解决村里"人口老龄化"和"空心化"等问题。

2. 全产业链发展融合模式

全产业链发展融合模式是指从初级农产品的全部生产过程到农产品加工、仓储、销售，再到农产品附加产业开发等，形成一条龙的"全产业链"模式。例如，可以将新庄村的一二三产业融合发展，由合作社承包各户土地，形成具有一定规模的种植基地，农民可以将资金、劳动力、资本等作为股本，由合作社统一雇人进行种植、施肥、收割等一系列作业，在农作物成熟时，对其进行深度加工，以提高附加值，加工好的农产品放在专门的仓库由专人负责保管。此外，还可以组建一支专门负责宣传、联系售卖新庄村农产品加工成品的团队。另外，除了种植农作物，也可以种植一些适合当地土壤、天气的经济作物，例如火龙果等，等到成熟季节，可以让游客进行亲子采摘等活动，体验亲近自然的感觉。成熟的火龙果、猕猴桃等水果也可以做成果干，做成具有新庄村特色的加工品销往全国各地。

3. 农业功能拓展融合模式

在稳定传统农业的基础上，不断推动农业的多功能发展，推进农业与旅游、教育、文化、康养等产业深度融合，打造具有历史和地域特点的旅游村镇或乡村旅游示范村[149]。例如，将农耕文化广场及新庄村村史馆加以修整和改进，加入一些当地的特色元素，如新庄村发展史展览、农耕用具展览、定期举办村里德高望重的老人口述历史发展等活动，既可以丰富乡村文化内涵，又能够加速乡村产业的文化融合。此外，还可以增加一些娱乐性质的基础设施，可以将村口的垃圾坑改造成为景观池或垂钓池，使游客在欣赏风景的同时能够亲身体验农耕的快乐。另外，可以在原有住宅基础上进行改造，打造一些多功能民宿，既可以解决游客们的住宿问题，又能够提供民宿管家、清洁人员、厨师等岗位，为村民提供就业机会，促进农民增收，保证农民的基本生活水平稳定和提高。

4. 先进技术与新型农业的融合

通过加快农业机械化建设步伐，突出抓好农机具配套和经营管理，提高管理水平，充分发挥现有农机具的作用。中、小型机具以社队购买为主，一些投资大、效能高的大型农业机具，由国营农机服务站购买经营，为社队代耕或租赁给社队使用。要切实搞好农机人员的培训，抓好农机具的改革和研制工作。用先进的科学技术武装农业。农业科技工作，要以推广先进的科学技术为重点，搞好调查研究和试验示范，开展以绿肥为中心的肥料建设，以提纯复壮为重点的种子建设，以生物防治为重点的植保工作，努力提高农业生产力。要加强农业科技网的建议，继续做好农技人员归队工作。对农技人员要实行考核定级，奖励发明创造，鼓励他们提高科技水平。开展群众性的农业科技宣传教育，用科学技术知识武装农民群众，在评工记分时，把社员的劳动技能和技术水平作为一个重要条件。

通过实施"互联网＋农业"，推进现代信息技术在乡镇地区的应用；采用大数据、云计算等技术，健全农业信息监测预警体系；大力发展农产品电子商务，完善配送及综合服务网络等方式，促进先进技术在农业产业中的渗透、融合，逐步催生农业"新产品"和"新业态"，改变原有农业产业的传统营销模式和服务质量，缩短农业供给与需求双方之间的距离[148]。例如：开发农村电商系统，建立起农产品、水果线上交易系统，建立农村存储仓库及配送点，使其能够把村里种植的粮食、农产品等在自销的基础上发往周边村镇。在服务过程中，绿色、天然是主打特色，不仅能为村民提供就业岗位，还能对本村的"采摘＋农家乐"活动起到宣传作用，促进本村的经济增收，加速本村的特色产业发展。

三、新庄村产业融合发展模型

坚持质量兴农、效益优先，以农业供给侧结构性改革为主线，转变乡村发展方式，在结合蟠龙镇的资源禀赋和产业基础上，重点突出第一产业，大力发展第三产业，适度发展特色农产品深加工，打造农业观光、体验、休闲、康养度假农村新业态发展模式。

（一）多产业融合发展模型

牢固树立创新、协调、绿色、开放、共享的发展理念，实现新庄村一二三产业融合发展。首先，以市场需求为导向，以加快发展农业"新六产"为主线，以科技创新为依托，以完善产业利益连结机制为核心。其次，在"种养加""贸工农"和"产加销"一体化的基础上，开发农业多种功能，促进农林牧渔业与加工、流通、旅游、文化、体育、康养等产业深度融合。再次，推动产业链相加、价值链相乘、供应链相通"三链重构"，塑造终端型、体验型、循环型、智慧型新产业新业态。开创"天天有工做、月月有收入、年年有盈余、代代可相传"的可持续发展新局面。

新庄村一二三产业融合发展模型如图 10-1 所示：

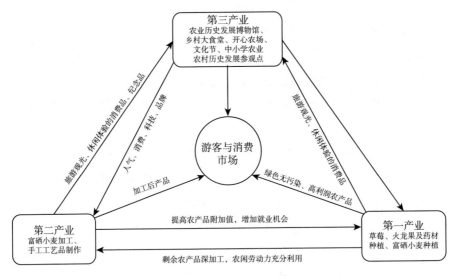

图 10-1 新庄村一二三产业融合发展模型

模型解读：新庄村一二三产业融合发展瞄准消费品市场，以观光旅游、休闲体验客户为服务对象，通过需求侧带动供给侧的转型升级。

以观光旅游、休闲体验等第三产业的发展来带动第一产业、第二产业的发展与增值，通过一二三产业的发展带动现有农村劳动力的就业，农民的增收。

以新庄村农业发展历史博物馆、土壤研究、种养技术、加工技术、景观设计、美术设计等具有科技人文附加值的创造性投入，来推动一二三产业的技术升级、差异化竞争以及品牌塑造。

设计方案：

第一产业：在现有基础上继续扩大富硒小麦、草莓、火龙果及药材种植规模，在后期争取到资金的情况下，栽植水蜜桃、李子、苹果等北方易栽植果木。此外，通过宣传招商引资有经济实力的客商，以村里土地入股、客商投资的方式修建现代化"农家蔬菜园"，引进先进的农业栽培技术。

第二产业：在新庄村新建小型的食品加工厂，进行富硒小麦加工，形成自己的品牌，利用"互联网＋"模式，接入网络电商平台，将加工的富硒小麦面粉销往全国。

第三产业：其一，在第一产业发展的基础上，开拓"开心小农场"和"开心垂钓园"项目。在"开心小农场"项目中，拿出一部分种植的草莓及火龙果，让游客体验采摘的乐趣；在"开心垂钓园"项目中，利用现有池塘养殖红色锦鲤，为游客提供钓竿，使他们能够享受垂钓的乐趣。其二，新庄村保留有 1949 年至 1999 年期间的 3 000 余册农业生产生活、农业改革的历史文档，包括私有化数据、地契、合作社文档、老农具、生产、生活用具、老照片等相关资料。在这些资料的基础上，可以建立"中华人民共和国成立以来农业农村发展历史博物馆"，吸引游客参观体验。此外，在发展的基础上与宝鸡市教育局、文化局及陕西省教育厅、文化厅联系，在新庄村设立"中小学农业农村历史发展参观教育基地"。其三，筹建"东方红大食堂"。利用农村空闲农家院，招商引资，将农家院周围修建成具有公社时期风格的大食堂，供游人游玩、用餐。其四，筹建"农村生产生活文化表演队"，在游客参观"历史博物馆"期间，组织村内空巢老人向游客介绍初高级农业合作社时期、"人民公社化"时期、家庭联产承包责任制等与农业发展密切相关的历史时期的农村生产生活情况，这样不仅丰富了"历史博物馆"的文化内涵，而且可以使得农村的空巢老人的幸福感得到提升，也能够使村内老人的收入进一步增加。

（二）产业链协同发展模式

新庄村产业链协同发展模式如图 10 - 2 所示。

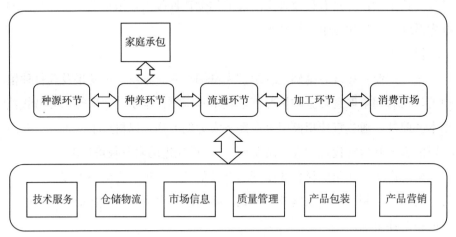

图 10 - 2　新庄村产业链协同发展模型

模型解读：政府引导，打通全产业链，让每个环节的参与者都有致富的机会，打造村种养业共同富裕的产业链协同发展模式，加快培育新型农业经营主体，加快形成以农户家庭经营为基础、产业链合作为纽带、社会化服务为支撑的立体式复合型现代农业经营体系。

新庄村有若干产业，先以草莓、火龙果产业为试点，在草莓和火龙果种植环节，大力推广"分块家庭承包"与"绩效打分奖励"的管理模式，让失地农民不只是为大户打零工，也可以通过自己的努力分享产业链的红利，实现全产业链条上的共赢、和谐的可持续发展，让全体农民有更多的参与感、安全感、获得感、幸福感。

（三）优先发展种植业产业链

政府引导、培育并发展农业产业化联合体，延伸、整合富硒小麦、草莓、火龙果及药材产业链，打造研产销一体化的富硒小麦、草莓、火龙果及药材全产业链企业联盟，促进富硒小麦、水果、药材种植向产业链条两端延伸，充分发挥新庄村富硒小麦、水果种植和药材种植产业的持续性竞争优势（图 10 - 3）。

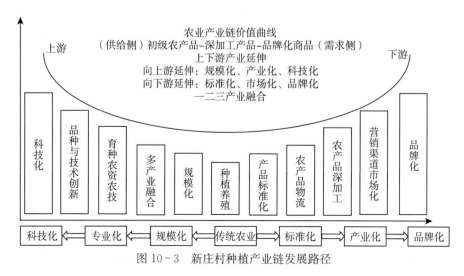

图 10-3　新庄村种植产业链发展路径

设计方案：依托陕西省园艺学会、宝鸡市种植协会、宝鸡市农业农村局、金台区农业农村局及与农业发展有关的政府部门、种苗企业、种植大户成立"蟠龙镇富硒小麦协会""蟠龙镇草莓协会""蟠龙镇火龙果协会"和"蟠龙镇药材协会"，建立一二三产业融合支持平台、定期开展上述种植粮食、水果及经济作物的技术交流，共同探讨产业发展动态、最新技术，持续优化新庄村种植产业提质增效的方法，提升新庄村种植产业在宝鸡市乃至陕西省的品牌影响力。

风险防控：富硒小麦、草莓、火龙果及药材种植为国内农业热门产业项目，在产业发展如火如荼的时候市场此类项目趋于饱和，会影响可持续发展。为了应对其他地域对上述种植产业的竞争，避免未来小麦、草莓、火龙果及药材产量增加而带来的滞销风险，引导蟠龙镇北部塬村种植大户、食品加工厂成立合资公司，将目前各自分散的（各种植作物约15％产量）深加工成产品（如富硒小麦面粉等），统一成一个品牌，如：富硒小麦村，形成合力，以此来打造市级农业龙头企业。初期可利用其他食品厂的生产线，共同培育出食品品牌，在达到一定规模时，可以扩大食品加工厂规模，以此来拓展其他种类的果品、食品加工，开拓出食品加工业及品牌。

发展目标：两年内计划种植产业持续扩大。首先，加快推进新庄村草莓、火龙果及药材基地建设；其次，尽快与蟠龙镇或金台区相关食品加工企业完成富硒小麦深加工项目建设，开辟一条富硒小麦加工生产线；再次，加快实施富硒小麦、草莓、火龙果及药材品牌营销战略，充分利用新媒体、新媒介扩大新庄村种植产业宣传，拓展网络营销渠道，运行淘宝等电商与实体体验店融合的多维富硒小麦、草莓、火龙果及药材销售渠道。

（四）提升乡村旅游业的后发优势

随着个性化休闲时代到来，乡村旅游产品进入创意化、精致化发展新阶段。乡村旅游在形式上已超越农家乐，向观光、休闲、度假复合型发展模式转变。部分游客到乡村已不再是单纯的旅游，而是被乡村的环境所吸引，会较长时间在当地生活和居住。部分退休的年长人士认为乡村的生态环境好，能更好地亲近自然和享受有机生态食品，因此不愿意长期居住在城市，一年之中往往有数月栖居于乡间，以此来体会乡间的淳朴环境。

相比周边的乡镇，新庄村的旅游资源开发较晚，但是新庄村可以主打面向未来乡村旅游的需求，做有针对性的设计，开发新庄村的旅游特色，形成新庄村乡村旅游的后发优势。

1. 全域旅游

新庄村应深入贯彻创新、协调、绿色、开放、共享发展理念，传承优秀传统文化，以合村并居为契机，促进新农村建设，加快旅游基础设施建设，加快乡村旅游提档升级，满足人民群众日益增长的旅游需求。严守生态底线，合理有序开发，突出绿色发展。牢固树立"绿水青山就是金山银山"理念，防止破坏环境，杜绝竭泽而渔，摒弃运动式盲目开发，实现经济、社会、生态效益共同提升，开辟全域旅游发展的新局面。

突出融合共享，大力推进"旅游＋"模式。实现旅游业与种植业、养殖业、食品业、手工业、商贸业、零售业、物流业的磨合、组合和融合发展，拓展观光采摘和休闲体验功能，促进旅游功能进一步增强，不断向着全面化发展。使乡村旅游发展成果惠及各方，让游客能满意、居民得实惠、企业有发展、百业添效益、政府增税收，形成全域旅游共建共享的新格局。

坚持乡村旅游提档升级与新型城镇化、农业现代化以及美丽乡村建设、乡村记忆工程、乡村旅游扶贫工程相结合，与发展全域旅游、生态旅游和推进旅游供给侧结构性改革相统一，把乡村旅游打造成生产美、生态美、生活美的旅游发展的主阵地，促进农村发展、农业转型、农民增收。

2. 差异化竞争

突出新庄村的特色，不搞统一发展模式。新庄村主要发展以旅游观光、休闲体验为主的第三产业；而合并后的钟楼寺村因村内有一古寺而得名，可挖掘古寺文化，打造以古寺为主的乡村发展特色。乡村旅游项目应注重产品定位和特色，不同层级、不同地区要合理布局整体规划、主打产品和主题形象等，防止千村一面、千景一面，差异化地推进乡村旅游新发展，打响生态休闲旅游名片。

3. "乡村旅游后备箱"工程

实施"乡村旅游后备箱"工程旨在推动农林牧渔等产品向旅游商品转化，加快乡村旅游购物网点建设，支持乡村旅游重点村在邻近的景区景点、高速公路服务区、主要交通干道、游客集散点等设立农副土特产品销售展台，支持有条件的村建设乡村旅游淘宝村。重点培育旅游商品生产经营企业、乡村旅游电商企业，整合旅游商品，线上线下联动，打造"宝鸡乡村礼物"旅游商品品牌。

四、新庄村集体经济发展的制度建设

（一）村集体经济转型

1. 建设村"两委"

首先，村党员要加强党性修养，坚定马克思主义思想和社会主义的政治方向和政治立场，提高运用党的基本理论、基本路线，解决实际问题的水平。全体党员特别是党员干部应时时刻刻牢记党的宗旨，把人民拥护不拥护、赞成不赞成，答应不答应，作为一切工作的出发点和落脚点，把群众冷暖、疾苦、安危时刻挂在心头，深入实际，了解民情，注意倾听人民群众的呼声，解决群众反映强烈的问题，扎扎实实为群众排忧解难。要坚持一切从实际出发，解放思想，实事求是的思想路线，说实话，办实事，求实效，让人民群众消愁，积极稳妥做好党员发展工作，认真做好入党积极分子的培养和考察工作，建立一支高素质的入党积极分子队伍，发展新党员要严把质量关，严格遵守、坚持标准，保证质量，改善结构。

其次，切实加强党组织建设，把党组织建设成坚强的领导核心。思想不松懈、工作不松劲、力度不减弱，继续抓好组织整顿和建设。要继续完善党员干部行为规范，增强工作透明度，深入进行党性党风党纪教育，提高党员干部素质，增强拒腐防变能力，不断提高党组织的凝聚性和战斗力。

2. 完善集体经济利益分配

农村集体经济是实现农民个体经济利益的基石。集体经济组织引导着农村经济发展的方向，因此要对农村集体经济组织进行监督和管理，村"两委"和村民代表大会要起到监督集体经济运行的作用。农村集体经济组织应向村"两委"定期汇报日常工作，包括村集体项目的进度以及集体经济的生产加工和销售情况。村民代表大会主要起到监督关系全村人利益的大型项目的现场讨论表决的作用。良好的村集体经济运行监管可以提高农村集体经济组织的运行效率。村集体经济收入的利益分配也是农村集体经济发展的重要组成部分，因此要创新完善农村集体经济组织的利益分配。一方面，农村集体经济组织在运行的过程中，财务方面要设专人进行负责；另一方面，在财务的监管方面，主要依靠上级政府，加强财务的审计监管，实现权利的合理分配，防止出现寻租现象。上级政府参与财务的监管过程还可以有效监督并实现农村集体经济收益分配的公平和公正[2]。

（二）村产业升级

1. 提高综合生产能力

农业在中国经济中占有主导地位，农业产业是基础性产业，具有要素贡献、产品贡献以及外汇贡献的功能，是国民经济发展的前提。因此必须强化农业的基础地位，按照稳增粮油，快增果菜，大力发展养殖业的思路，主攻粮油单产提高果品质量，扶持发展养殖大户，努力提高农业综合生产能力。

首先，强化农业基础地位，稳定粮食种植面积，增加投入，提高单产增加总产。其次，加强农业硬件建设，增强农业的综合投入，长计划短安排，努力搞好农业水利基本建设，促进中低产田的改造和农业田基建工作，加强科技对农业的投入。以现代科学技术为突破口，逐步实现农业现代化。第三，加强农业软件建设，搞好社会化系列服务，从信息市场、科技培训等方面为农民搞好服务，不断完善管理机制，提高服务质量。第四，要调整产业结构，努力发展多种经营，以农村增收为目标，进一步解放思想，深化改革，积极发展养殖业。

2. 培育村企业、带动城镇化

村企业是全村经济再上新台阶的主导力量，努力促进其提高经济效益，形成规模效应，对村经济发展具有至关重要的作用。要加强管理，全面提高企业运行的质量和效益，依靠科技进步，强化企业管理挖掘内部潜力，促进企业经济增长方式的根本性转变，解放思想，消除顾虑，大胆摸索，因厂制宜，加快企业改造步伐。以苏南地区为例，绝大多数乡村的乡镇企业都已经实现了合作经济和股份制经济的改造，当地在乡镇企业改制时，留下村集体经济的股份，又在后来的发展中不断增资扩股和壮大。

采用城镇化推动的模式促进乡镇企业迅速发展。小城镇是农村政治、经济、文化中心，基础设施较好，经济实力较强，文化教育、商业均比较发达。因此，小城镇可以成为乡镇企业的最佳区位，尤其对加工类企业具有靠近原料供应商和营销地市场的优势。重庆市远郊区曾通过城镇化推动了乡镇工业园区的发展，以万州区为例，1991年到1996年，当地实现了乡镇工业园区以万州区为中心的环绕网络分布格局，在很大程度上确保和推动了万州区的发展。除此之外，"以农促工"和"城乡工业互动"，即通过农产品加工以及注重与城市工业互补的两种形式也可以促进乡镇企业的快速发展。

（三）村经营环境优化

1. 加强社会主义法制建设和思想文化建设

不仅要加大力度，把经济搞上去，还要加大力度把精神文明建设搞上去。继续在全村深入开展法制建设，提高人民群众的法律意识，形成人人学法、知法、懂法、守法、护法的良好风尚，全面推进依法治村的进程。严厉打击严重危害社会治安的刑事犯罪分子和经济犯罪分子以及各种丑恶现象，集中力量严厉打击盗窃、吸毒、赌博、破坏水利、电力设施等犯罪活动。要加强社会治安综合治理，坚持打防结合、预防为主的方针，教育和管理两种手段并用，健全和完善社会治安综合治理责任制。

加强思想文化建设，就要深入持久地开展群众性精神文明创建活动，一是大力弘扬爱国主义，集体主义，社会主义，坚持不懈地抓好思想道德建设，引导人们树立正确的世界观、人生观、价值观。二是加强道德教育和美德教育，倡导爱岗敬业，诚实守信，办事公道，服务群众，奉献社会的道德风尚。努力提高服务水平，坚决纠正行业不正之风，以倡导尊老爱幼，男女平等，夫妻和谐，勤俭持家，邻里团结为主要内容，深入开展社会美德教育。

2. 加大培训力度，提高农民素质

综合新庄村产业发展现状及其制约因素，在中国农村的宏观背景下，推进乡村振兴特别是产业兴旺，需要继续推进城镇化，促进农村产业升级，转变长久以来的产业发展思想，进而为土地适度规模化经营、提升农业劳动生产率创造条件；同时需要加强农业基础设施建设、健全农业生产社会化服务、推进农业科技进步、加强农业劳动力培训、培育新型经营主体等一揽子政策措施，补足农业发展短板，提高以小农为基础的农业发展水平；需要切实改变传统的农业种植单一的模式，根据居民消费结构转型大力推动农业生产结构调整，充分挖掘农业农村的多种功能，将有利于更好地提高农业的附加价值，促进农村经济健康发展[150]。坚持群众是关键、人才是导向、产业兴旺是根本、生态宜居是目标的乡村产业发展路径。

要鼓励农户融入产业革新，充分发挥他们在集体经济中的主人公优势，鼓励集思广益、加强农户生产协作，激发农户的集体生产热情。要为农民提供良好的政策支持，只有当产业繁荣、农民富足时才能促进农村的振兴。发展要依靠农户，农户参与共享发展成果，使农户有更多的利益和幸福感，满足农户全方位的需求，实现更美好的生活目标。要提高农产品的供给质量，以社会需求和市场导向为中心，实现农产品从低质量到高质量的飞跃和发展。要把质量第一、效益优先转化为农村一二三产业融合发展新要求。推动产品质量优先发展，以科技创新支撑产业发展，以此推动农业供给侧变革，提高农村农业劳动生产力和市场竞争力[151]。

3. 加大农村基础设施和公共服务供给

农村公共服务的"公共物品"性质决定了政府承担提供农村公共服务的主体责任。农村基础设施建设时间长、收益低、公益性强，社会资本往往不愿意投资，农民们又难以筹集足够的资金，且由于公共服务的非排他性，许多农民也不愿意为公共服务出资建设。因此，政府应该切实推进农村基础设施建设和公共服务供给重点向农村倾斜，加大农村财政支持力度，重视农村

基础设施建设和公共服务供给的数量和质量，促进农村基础设施建设，为农村产业发展提供良好的基础和平台。具体来说，政府在推动农村基础设施建设和落实建设资金投入的基础上，应推动基础设施建设的管护长效机制，切实改变长期以来存在的重建设、轻管理的现象。按照"谁投资、谁拥有、谁受益、谁负责"的原则，结合当地的实际情况，提出一系列的项目管理办法。同时要加快农村基础设施建设的产权制度改革。在加强农业基础设施和公共服务的过程中，一是要持续加强农田基本建设，深入实施"藏粮于地、藏粮于技"战略，严守耕地红线，保护优化粮食产能，全面落实永久基本农田保护政策，全面提高耕地质量和农业基础设施水平，促进农业技术的采纳和推广，提高粮食产量。二是按照"政府主导、社会参与、市场运作、多方共赢"的基本思路，推进农业信息化建设，开展"互联网＋"农业，鼓励运用大数据、云计算、移动互联网等现代信息技术改造传统农业，促进信息技术在农产品价格预测、农业灾害预警预报、执法监管、农村产权交易等方面的应用。三是深入开展农村人居环境治理和美丽宜居乡村建设，切实抓好乡村道路、农村饮水、农村电力、垃圾污水治理、卫生医疗以及文化教育设施、村庄绿化等基础设施建设，切实提高农村基本公共服务水平。通过这些具体的措施，提高农村基础设施和服务供给，为产业发展提供良好的基础，为经济发展服务[152]。

结　束　语

本书在借鉴既有的理论研究和实践的基础上，结合新庄村个案评述农村集体经济及其派生的典型集体经济组织载体在发展进程中的历史背景与具体实践，结合专家学者对农村集体经济和各集体经济组织载体的相关观点，从当前发展动向出发，探讨中国农村集体经济组织载体的多元性。

纵观中国农村集体经济组织载体变迁的历史，可以看出它经历了三个阶段："嵌入集体化（从小农私有制经济到人民公社时期）——偏离集体化（从包产到户到市场化转型时期）——回复集体化（新型农业经营主体时期）"。主要结论是：

第一，小农私有制经济是集体经济组织载体孕育和发展的起点。中华人民共和国成立初期的土地改革是种强制性制度变迁，彻底废除了封建地主土地所有制和封建租佃关系，建立起了历史上短暂的土地小农私有制经济。但随后土地小农私有制基础上的生产要素市场交易进入全面萎缩状态，小农私有经济的农业生产效率不高，副业生产和多样化经营没有大规模发展。后来国家运用公权力实行粮食统购统销政策，对农业生产要素市场交易作出进一步限制，以国家统一主导农产品生产和流通，既带来更高效率又促进粮食专业化生产和城乡产业分工布局的优化，快速实现产业扩容。

第二，合作化运动引导小农经济走向集体化，是中国农村集体经济形成的过渡阶段。相对于小农经济，合作化组织能更有效实现劳动力集中，为农业基础设施和公共建设提供充足的劳动力供应。合作化运动把家庭经营变成集体经营，在中国历史上第一次实现了农业区域性大生产的布局，把零散的小规模个体农户生产单位组织成大规模的集体生产单位，并通过整合不断扩大生产合作社的规模，充分发挥了规模经营的优势，为以后农村双层经营打下了组织基础。

第三，人民公社在中国社会经济中发挥了无以替代的作用，但导致农村经济发展路径发生了偏移。人民公社实现了相关利益主体两方面的利益目标：一是通过人民公社的集体所有形式能够低成本地完成国家下达的任务目标，从而能够很好地实现中央对地方的要求；二是通过人民公社体制可以满足基层政府（县级尤其是公社一级政府）最大化本部门权责与利益的需要，因为人民公社体制下基层政府能够通过"一平二调"的方式对其所辖农村地区的土地、人力、物力、财力做到绝对控制。

第四，包产到户是解决农村集体经济组织中"搭便车"行为的政策纲领，是集体经济的创新。包产到户实质上使集体化的土地经营方式退回到小农经济形式，虽然背离了合作化运动的方向，但与当时生产力发展水平相适应。实行包产到户后，农村集体经济组织载体日益多样化，活力和效率都大幅提高，家庭经营、多种经营、联营经济、社队企业等新兴产业主体发展壮大，初步确立了现有农村经济参与主体的基本格局。

第五，乡镇企业和中国的农业、农村的经济发展存在着相互依存的关系。一方面，农业是稳定天下的产业，所以农业的稳定发展是乡镇企业发展的基础。另一方面，乡镇企业的发展又是农业、农村摆脱贫穷落后，实现经济发展的必由之路。乡镇企业的发展可以为农业的进一步发展提供必要的科学技术的支持，对促进农林牧渔业产品的转化和农村过剩劳动力的转移具有重要的意义。而且可以促进农业产业与乡镇企业的良性互动，不仅有利于乡镇企业的发展，而且也有利于农业以及国民经济的发展。

第六，计划经济向市场经济过渡的政策不仅促进了农村经济的发展，而且分化了集体经济组织。面对社会主义市场经济体制和深化农村体制改革，乡村经济载体以增加收入为目的，因地制宜，发挥优势，推动生产经营跃上新台阶，成果显著。而农村集体经济在该阶段的发展中或多或少地被边缘化，发展道路进入探索期。

第七，新型农业经营主体在制度供给和市场供给的双重推动下快速发展。对于新时期的农村经济，政府主要从乡村振兴的制度环境创设、产业升级的制度供给和财政补贴等制度支持等方面构建政策创新；市场则为农村经济提供资本下乡和技术推广，促进农业生产效率提升。在政府与市场的共同作用下，农业经营主体产生组织创新的驱动力，新型农业经营主体得以发展。

第八，新时期农村集体经济将走向特色化创新之路。在乡村振兴背景下，在继续从事优势传统产业的基础上，农村集体经济需要坚定科技创新、延伸产业链和开发特色产业的大方向，以乡村产业共融发展模式为中心带动创业和就业集群，促进农村集体经济的质变和新一轮增长。

乡村振兴战略是新时代应对中国乡村功能衰退日趋严重、城乡发展差距日趋加大的有力回应。农村集体经济在乡村振兴潮流中迎来了新的发展机遇，不可避免地面临多元产权改革、多样化载体形式、多主体共同参与等问题。鉴于此，本书在纵向总结农村集体经济发展历史的基础上，把握当前时代特色和政策背景，提出农村集体经济未来发展的若干看法：

第一，总结中国农村经济组织载体的变迁，可以概括出三种典型的农村集体经济组织形式：一是政社合一型经济组织。这种组织形式以农业生产合作社和人民公社的历史形态出现，集体财物是农村生产要素的主要部分，实行统一生产、统一经营、统一分配的集体劳动制度。政社合一型组织设置方式单一，集体成分最高，村集体既是基层政权机构也是村经济经营单位。但社员生产积极性不高，经营效益较低。二是乡村社区合作组织。它以亲缘、地域等村落人际关系网络为基础，主要是以本地农民为主体自愿组建起来的合作经济组织。乡村社区合作组织具有多元化的格局，当主要载体形式采取大包干之后，在"双层经营"基础上创办的新型农村合作社是乡村社区合作组织的典型形式。三是股份制组织。主要是内部人以农村土地和集体财物入股、外部人以资金、技术和服务等入股而组建起来的集体经济组织。股份制组织突破了产业、行业和区域的界限，用股份制把各类生产要素供给者联合起来，创办了农机合作社、农业产业化组织等股份公司。由于土地这一基本生产要素的基础性地位，村集体作为土地所有者的代理人，在这类组织中有较大的经营决策权和收益分配权，所以仍属于农村集体经济组织。与一般的农村合作组织不同，股份制组织有外部人入股参与经营。但两者也有转化关系。例如，一些乡村社区合作组织为了提高经营效益，逐渐放宽入社身份限制、引入外部人投资、减少分红、增加资本积累，这些做法始于合作社异化，进而导致向股份制转轨，变为股份制集体经济体。农村集体经济组织载体从单一化发展为多元化，实际上是走向混合所有制。

第二，任何农村经济组织都不能脱离农村集体经济的土壤而独立生长发育，同时农村经济组织的发展也是农村集体经济发展的创新形式。历史上曾经有种倾向：把合作社作为实现集体经济的唯一方式。合作社办得越大、入社农民越多、合作社功能越全面，那么集体经济就越完整。这导致高级社一哄而起又迅速解体。随后的改革开放时期过于推崇股份制，极端观点认为农村集体经济实行股份制改造一改就灵，而现实却不尽如人意。总的看来，目前需要在理论和实践中明确区分集体经济和集体经济组织载体这两个范畴，加大制度的正向激励，从集体资产流失、乡镇企业没落、村集体土地权利弱化、村集体收益减少等方面研究阻碍农村集体经济发展的因素，探索农村集体经济在合作社、股份制组织发展中如何取得产权性收益的路径，使集体经济在其多元化载体形式的变革中不仅不会被边缘化，而且能同步发展壮大。这对于当前强化村"两委"服务职能，完善空心村社会保障、防范返贫、优化社会治理、促进经济发展等工作具有重要意义。

第三，实践中多种集体经济组织载体都曾经有成功的范例。例如人民公社的典型代表大寨村、大包干的先行者小岗村、乡镇企业经济的旗帜华西村、集体主义经济的代名词南街村等。这些村的集体经济体或非集体经济体迅速扩容并有序发展，说明发展和壮大集体经济的途径是多样的，可以因地制宜地选择，不宜搞一刀切。随着社会经济的发展，集体经济从封闭型转向开放型，在规模扩张的同时参与主体也日益多元化，集体经济组织载体难免会转制或转型。这时就需要理清村党支部、村委会和村集体经济组织及其相关利益主体的边界。实践中一些地方三者权力交叉、人员多部门兼职，存在政社不分、集体经济无法独立经营甚至沦为农村基层行政组织体系附庸的问题。一般村委会在村土地流转和置换等环节中有最终决策能力，又在集体经济发展方向和集体财物的使用上具有主导性，因此集体经济组织在博弈中常常缺乏谈判能力。

第四，农村经济具有复杂性，农村基层工作具有多功能性，所以"三农"问题不仅仅是经济问题。中国农村仍需长期承担粮食供给安全、劳动力转移、土地等生产要素调配和农民生活保障等众多社会经济与民生问题。在这种情况下，不能以经济效率作为指导农村集体经济发展的唯一标准，更不能将其视作可以自由竞争的市场交易主体。因此，中国农村集体经济不宜全面接轨统一性、开放性和竞争性的现代经济交易规则，实践中应稳步发展合作社和农业股份制公司等经典集体经济组织载体，并应时而动适时调整。总体看来，农村集体经济和家庭经济等产业主体之间的比例和优先发展战略可能存在阶段性和反复性，所以需要留下必要的政策空间应对经济发展的实际需求。

[1] 韩俊.关于农村集体经济与合作经济的若干理论与政策问题 [J].中国农村经济，1998 (12)：3-5.

[2] 刘鹏凌，万莹莹.农村集体经济：历程、现实矛盾与路径选择——基于安徽省 973 个行政村调查资料的分析 [J].当代经济管理，2020，42 (1)：47-55.

[3] 冯蕾.中国农村集体经济实现形式研究 [D].长春：吉林大学，2014.

[4] 张秀生，陈先勇，王军民.图书题名缺失 [M].武汉：武汉大学出版社，2005.

[5] 何秀荣.培育家庭农场助推现代农业 [J].农村经营管理，2019 (11)：17-18.

[6] 宗锦耀，陈建光.新时代乡镇企业转型升级之路 [J].农产品市场周刊，2018，No.889 (33)：30-33.

[7] 司建飞.江西乡镇企业发展研究 (1949—1996) [D].南昌：江西师范大学，2015.

[8] 汤鹏主.图书题名缺失 [M].北京：北京理工大学出版社，2013.

[9] 田国强.中国乡镇企业的产权结构及其改革 [J].经济研究，1995 (3)：13，35-39.

[10] 杨团.此集体非彼集体——为社区性、综合性乡村合作组织探路 [J].中国乡村研究，2018 (1)：394-424.

[11] 张衍霞.关于新型农村合作社的认识及对策研究 [J].理论前沿，2007，504 (15)：38-39.

[12] 章琳.一年来关于农村合作经济的讨论综述 [J].经济研究，1986 (3)：76-80.

[13] 李生艾.新兴的专业合作社与农业生产合作社的区别 [J].山西财经学院学报，1990 (3)：31.

[14] 谢义亚.中国农村合作社经济的发展与国际比较 [J].农村合作经济经营管理，1999 (7)：3-5.

[15] 陈杉，聂婴智，吴霁.农民专业合作社概念的历史考查与理论分析 [J].东北农业大学学报 (社会科学版)，2019，17 (3)：64-69.

[16] 林苹.我国新型农业经营体系构建机制与路径研究 [J].农业经济，2016，345 (2)：50-52.

[17] 谢玉梅，孟奕伶．新型农业经营主体发展研究综述［J］．江南大学学报（人文社会科学版），2015，14（5）：69-76.

[18] 武舜臣，胡凌啸，储怡菲．新型农业经营主体的分类与扶持策略——基于文献梳理和"分主体扶持"政策的思考［J］．西部论坛，2019，29（6）：53-59.

[19] 钟真．改革开放以来中国新型农业经营主体：成长、演化与走向［J］．中国人民大学学报，2018，32（4）：43-55.

[20] 丰凤．土地流转与农村集体经济发展关系研究［D］．长沙：湖南农业大学，2010.

[21] 孔祥智．产权制度改革与农村集体经济发展——基于"产权清晰＋制度激励"理论框架的研究［J］．经济纵横，2020，416（7）：2，32-41.

[22] 哈罗德·德姆塞茨，徐丽丽．产权理论：私人所有权与集体所有权之争［J］．经济社会体制比较，2005（5）：79-90.

[23] 吴宣恭．西方现代产权学派对产权关系社会性质的认识——与马克思主义产权理论比较［J］．福建论坛（经济社会版），2000（9）：4-8.

[24] 李明．从农业合作化到农民专业合作社——论毛泽东农业科技服务思想的现实意义［J］．毛泽东思想研究，2011，28（6）：29-33.

[25] 刘汉民．路径依赖理论及其应用研究：一个文献综述［J］．浙江工商大学学报，2010（2）：58-72.

[26] 佟健，宋小宁．中国经济改革模式：基于路径依赖理论的视角［J］．经济与管理，2012，26（5）：5-8，12.

[27] 刘汉民，谷志文，康丽群．国外路径依赖理论研究新进展［J］．经济学动态，2012（4）：111-116.

[28] 张显未．制度变迁中的政府行为理论研究综述［J］．深圳大学学报（人文社会科学版），2010，27（3）：76-81.

[29] 董亚男．制度变迁中的政府行为：理论基础与现实选择［J］．行政与法，2009，125（1）：24-26.

[30] 吴强，柴友兰．政府干预经济的理由及其行为局限——西方主流经济学政府行为的理论界定［J］．财会研究，2006（3）：77-78.

[31] 施普尔伯．管制与市场［M］：上海：格致出版社，2008.

[32] 张东峰，杨志强．政府行为内部性与外部性分析的理论范式［J］．财经问题研究，2008，292（3）：8-15.

[33] 李郁芳．国外政府行为外部性理论评介［J］．经济学动态，2003（12）：74-77.

[34] 徐鸣．现代企业理论的演变：从生产属性、交易属性到内生成长［J］．当代财经，

2011，324（11）：80－87.

[35] 杨林岩，赵驰．企业成长理论综述——基于成长动因的观点［J］．软科学，2010，24（7）：106－110.

[36] 李军波，蔡伟贤，王迎春．企业成长理论研究综述［J］．湘潭大学学报（哲学社会科学版），2011，35（6）：19－24.

[37] 邬爱其，贾生华．企业成长机制理论研究综述［J］．科研管理，2007，146（2）：53－58.

[38] 王慧．企业成长的经济理论概述及展望［J］．生产力研究，2009，201（16）：15－17，27，203.

[39] 陈金波．企业进化理论的起源与发展［J］．华东经济管理，2005（6）：75－78.

[40] 段凡．建国初期私权利的历史变化与现实启示［J］．上海大学学报（社会科学版），2015，32（3）：107－117.

[41] 任弼时．任弼时选集［M］．北京：人民出版社，1987.

[42] 杨利文，王峰．解放战争时期土地改革中的农村"新"成分研究［J］．中共党史研究，2012（9）：58－65.

[43] 田天亮．论建国初期土地改革对农村基层政权建设的推动［J］．西安建筑科技大学学报（社会科学版），2016，35（3）：20－24.

[44] 中华人民共和国财政部《中国农民负担史》编辑委员会．中国农民负担史［M］．北京：中国财政经济出版社，1990.

[45] 财政部农业财务司．新中国农业税收史料丛编（第1册）［M］．北京：中国财政经济出版社，1987.

[46] 郭心钢．"下中农"考辨［J］．党的文献，2019（1）：123－127.

[47] 卢兆洛．"贫下中农"一词最早出现于何时［J］．文史杂志，2007（5）：80.

[48] 仵建华．西北农村经济之出路（续）［J］．西北农学社刊，1936（1）：19－27.

[49] 杨奎松．新中国土改背景下的地主问题［J］．史林，2008（6）：1－19.

[50] 海国晶．试述解放战争时期土改中"斗地主"步骤［J］．理论观察，2017（2）：107－109.

[51] 杨勤为．略论建国初期土地改革的特点及其胜利的意义［J］．石油大学学报（社会科学版），1990（4）：51－54.

[52] 张弛．土地制度和土地政策：台湾与大陆的比较研究［J］．河北经贸大学学报，2013，34（5）：69－75，98.

[53] 杜润生．新区土地改革的回忆——农村变革回忆之一［J］．百年潮，1999（10）：

3-5.

[54] 莫宏伟. 中共对富农问题的探索及其教训 [J]. 党史研究与教学，2005 (4)：52-59.

[55] 杨晓哲. 解放战争时期土改侵犯中农问题纠偏始末 [J]. 百年潮，2018 (2)：64-72.

[56] 王瑞芳. 土地改革与农民政治意识的觉醒——以建国初期的苏南地区为中心的考察 [J]. 北京科技大学学报（社会科学版），2006 (3)：99-102，112.

[57] 李巧宁. 建国初期山区土改中的群众动员——以陕南土改为例 [J]. 当代中国史研究，2007 (4)：61-66，125.

[58] 何军新. 建国初期湖南土地改革运动述论 [J]. 湖南城市学院学报，2009，30 (6)：19-24.

[59] 张静. 建国初期中共有关农村土地流转问题的政策演变 [J]. 中南财经政法大学学报，2008 (5)：130-135.

[60] 张静. 建国初期乡村地权流转的社会经济效应考量——以长江中下游6省为例 [J]. 中国经济史研究，2010 (4)：56-62.

[61] 张红宇. 中国农村土地制度变迁的政治经济学分析 [D]. 重庆：西南农业大学，2001.

[62] 胡元坤. 中国农村土地制度变迁的动力机制 [D]. 南京：南京农业大学，2003.

[63] 董国礼. 土地改革：强制性制度变迁及其经济社会效应 [J]. 华东理工大学学报（社会科学版），2000 (1)：59-64.

[64] 张一平. 中国土地改革研究的理论与方法反思 [J]. 上海财经大学学报，2009，11 (6)：18-25.

[65] 洪鉴，徐学初. 建国初期四川的土地改革与乡村社会变动——当代四川农村现代化变革之个案分析 [J]. 西南民族大学学报（人文社科版），2010，31 (12)：239-245.

[66] 曾宪镕. 实施扶植自耕农之管见 [J]. 时代中国，1943 (2)：25-31.

[67] 黄民青. 中国小农私有制继续存在的合理性 [J]. 海峡科学，2010，47 (11)：164-165.

[68] 苏星. 土地改革以后，我国农村社会主义和资本主义两条道路的斗争 [J]. 经济研究，1965 (9)：14-26.

[69] 张一平. 地权变动与社会重构 [D]. 上海：复旦大学，2007.

[70] 张静. 新中国成立初期乡村地权交易中的农户行为分析 [J]. 中国经济史研究，

2012，106（2）：138-145.

[71] 黄正林 . 国民政府"扶植自耕农"问题研究 [J]. 历史研究，2015，355（3）：
112-130，191.

[72] 肖春阳 . 新中国粮食流通体制时期的划分 [J]. 中国粮食经济，2019，334（8）：
44-48.

[73] 刘洋 . 统购统销——建国初期统制经济思想的体现 [J]. 中共党史研究，2004
（6）：29-32.

[74] 王丹莉 . 统购统销研究述评 [J]. 当代中国史研究，2008，84（1）：50-60，127.

[75] 王瑞芳 . 统购统销政策的取消与中国农村改革的深化 [J]. 安徽史学，2009（4）：
70-81.

[76] 张越，周建波，苏甦，等 . 国外有关农业合作化的研究暨对当前发展农业合作组
织的启示 [J]. 河北经贸大学学报，2014，35（3）：77-81.

[77] 刘愿，卢沛 . 新中国农业合作化生产绩效研究 [J]. 学术月刊，2019，51（3）：
56-69.

[78] 张一平 . 农业合作化生成的历史分析 [J]. 江西财经大学学报，2008（3）：
74-81.

[79] 钟瑛 . 马克思主义合作制理论及其中国化新发展 [J]. 毛泽东邓小平理论研究，
2017（8）：24-33，108.

[80] 李建忠 . 是主观选择还是历史必然——20 世纪 50 年代农业合作化动因的再认识
[J]. 广西社会科学，2008（7）：104-108.

[81] 赵增延 . 重评建国初期农村经济政策中的"四个自由"[J]. 中共党史研究，1992
（5）：57-63.

[82] 佘君 . 建国初期土地改革与中国现代化的发展 [J]. 党史研究与教学，2002（5）：
33-37.

[83] 沈红梅，霍有光 . 马克思恩格斯农业合作化理论在中国的历史实践及基本经验
[J]. 华中农业大学学报（社会科学版），2014（5）：91-97.

[84] 温小雁 . 对农业合作化速度过快原因的分析 [J]. 历史教学，2000（7）：15-18.

[85] 许建文 . 对毛泽东农业合作化思想的新认识 [J]. 西南民族大学学报（人文社科
版），2003（7）：340-342，365.

[86] 张千友 . 新中国农业合作化思想研究 [J]. 新中国农业合作化思想研究，2014，40
（4）：189-199.

[87] 蔡清伟 . 中国农村社会管理模式的变迁——从解放初期到人民公社化运动 [J]. 西

南交通大学学报（社会科学版），2013，14（6）：21-26.

[88] 周小春. 专利的"包产到户"什么时候到来? 农村的"包产到户"已经40多年了 [EB/OL]，2020. http：//blog. sciencenet. cn/blog-236430-1235029. html.

[89] 百度百科. 包干到户 [EB/OL]. https：//baike. baidu. com/item/%E5%8C%85% E5%B9%B2%E5%88%B0%E6%88%B7/1906448?fr=aladdin.

[90] 孟祥仲. 农村土地承包经营权流转问题研究 [J]. 技术经济，2005（10）：72-74.

[91] 朱金鹏. 农业合作化和集体化时期自留地制度的演变 [J]. 当代中国史研究，2009，16（3）：64-69，126.

[92] 蔡清伟. 中国共产党农村社会治理的基本特点研究（1949—2013）[D]. 成都：西南交通大学，2014.

[93] 丁志刚，王杰. 中国乡村治理70年：历史演进与逻辑理路 [J]. 中国农村观察，2019（4）：18-34.

[94] 袁金辉. 中国乡村治理的回顾与展望 [J]. 云南行政学院学报，2016，18（1）：112-117.

[95] 许小主. 从人民公社到经济特区——毛泽东、邓小平关于人的主体性思想之比较 [J]. 湖南师范大学社会科学学报，2009，38（1）：95-98.

[96] 刘芳. 中国共产党农民合作经济思想研究（1949—2014）[D]. 太原：山西大学，2015.

[97] 谢冬水，黄少安. 国家行为、组织性质与经济绩效：中国农业集体化的政治经济学 [J]. 财经研究，2013，39（1）：27-37.

[98] 罗红云. 人民公社时期农地制度变迁的经济学解释——基于制度经济学视角 [J]. 开发研究，2013（5）：75-79.

[99] 王萍. 试论农民家庭经济的混合型经济性质 [J]. 广东广播电视大学学报，2000（2）：62-65.

[100] 莫秀根. 乡村振兴的重要途径：发展家庭经济 [J]. 可持续发展经济导刊，2020（Z1）：117-119.

[101] 隋福民. 完整认识中国的乡村振兴战略 [J]. 西安财经学院学报，2019，32（2）：73-80.

[102] 辛小丽. 加拿大合作社运动对中国农业合作化的启示 [D]. 北京：中共中央党校，2007.

[103] 刘俊敏. 绿色贸易壁垒与我国的对外贸易 [J]. 经济与管理，2001（6）：10-11.

[104] 龚建文. 从家庭联产承包责任制到新农村建设——中国农村改革30年回顾与展

望 [J]. 江西社会科学，2008（5）：229 - 238.

[105] 许经勇. 我国农村的两次历史性变革——人民公社·家庭承包·城镇化 [J]. 厦门大学学报（哲学社会科学版），2001（3）：13 - 18.

[106] 毛传清. 中国社会主义市场经济发展的六个阶段 [J]. 中南财经政法大学学报，2004（4）：20 - 26，33 - 142.

[107] 吴金群. 经济学视野下的中国意识形态转型 30 年 [C] //浙江省公共管理学会年会，2008.

[108] 辛逸. 实事求是地评价农村人民公社 [J]. 当代世界与社会主义，2001（3）：78 - 82.

[109] 张海荣. 党农业互助合作的价值关怀与包产到户缘起 [J]. 甘肃社会科学，2004（6）：64 - 68.

[110] 宋林飞. 新中国 70 年发展的阶段性特征与经验 [J]. 南京社会科学，2019（10）：1 - 10，17.

[111] 赵博. 家庭联产承包责任制的变迁、现状及前景展望 [D]. 呼和浩特：内蒙古大学，2010.

[112] 李金卉. 农村人民公社分配方式研究 [D]. 大连：辽宁师范大学，2012.

[113] 于洋. 贵州省乡镇企业产业结构转换问题研究 [D]. 贵阳：贵州大学，2001.

[114] 姜永涛. 艰难坎坷路辉煌二十年——改革开放以来乡镇企业回顾与展望 [J]. 中国乡镇企业，1998（10）：4 - 7.

[115] 文启湘，周晓东. 农村集体经济组织长期生存与制度变迁原因探讨——兼论人民公社的建立、失败与乡镇企业的改制 [J]. 现代财经-天津财经大学学报，2008（9）：8 - 13.

[116] 佘传奇，何倩. 关于乡镇企业筹融资问题的思考 [J]. 商业时代，2009（12）：93 - 94.

[117] 沈亚军. 乡镇企业 30 年：从农民增收到新农村建设 [J]. 福建论坛（人文社会科学版），2008（6）：41 - 42.

[118] 苑鹏，钟声远. 乡镇企业的产业结构调整：优化结构实现结构升级 [J]. 中国农村经济，2000（6）：23 - 29.

[119] 吴淑娴. 发展乡镇企业、加快城镇化进程与解决"三农"问题 [J]. 社会主义研究，2004（1）：100 - 103.

[120] 顾钰民. 习近平社会主义市场经济体制和运行机制思想研究 [J]. 毛泽东邓小平理论研究，2018（1）：1 - 6，107.

[121] 彭福清．社会主义新农村建设的机制保障 [J]．中国行政管理，2007（4）：93-96．

[122] 邓大才．改造传统农业：经典理论与中国经验 [J]．学术月刊，2013，45（3）：14-25．

[123] 张正峰，杨红，郭碧云，等．农地整治综合效应诊断指标体系及方法 [J]．中国土地科学，2012，26（11）：80-85．

[124] 王兴稳，钟甫宁．土地细碎化与农用地流转市场 [J]．中国农村观察，2008（4）：29-34，80．

[125] 刘涛，曲福田，金晶，等．土地细碎化、土地流转对农户土地利用效率的影响 [J]．资源科学，2008（10）：1511—1516．

[126] 田孟，贺雪峰．中国的农地细碎化及其治理之道 [J]．江西财经大学学报，2015（2）：88-96．

[127] 罗必良．产权强度、土地流转与农民权益保护 [M]．北京：经济科学出版社，2013．

[128] 席莹，吴春梅．"三权分置"下农地细碎化治理的社会路径及其效果、效益分析——基于"沙洋模式"的考察 [J]．长江流域资源与环境，2018，27（2）：318-327．

[129] 王彩明．提留统筹费的历史变迁 [J]．农村经营管理，2007（5）：13-16．

[130] 李铜山，刘清娟．新型农业经营体系研究评述 [J]．中州学刊，2013（3）：48-54．

[131] 王国敏，杨永清，王元聪．新型农业经营主体培育：战略审视、逻辑辨识与制度保障 [J]．西南民族大学学报（人文社会科学版），2014，35（10）：203-208．

[132] 高强，刘同山，孔祥智．家庭农场的制度解析：特征、发生机制与效应 [J]．经济学家，2013（6）：48-56．

[133] 张莹．农民专业合作社发展探讨 [J]．农业科技与装备，2014（9）：86-88．

[134] 孙诗婷．农民专业合作社研究综述——基于合作社的本质规定 [J]．北京农业职业学院学报，2018，32（6）：52-57．

[135] 苑鹏．农民专业合作社的多元化发展模式 [J]．中国国情国力，2014（2）：19-21．

[136] 刘亚丽，闫述乾．关于国内农民专业合作社的文献综述 [J]．农村金融研究，2019，472（7）：67-70．

[137] 朋文欢．农民合作社减贫：理论与实证研究 [D]．杭州：浙江大学，2018．

[138] 张益丰，孙运兴."空壳"合作社的形成与合作社异化的机理及纠偏研究［J］.农业经济问题，2020，488（8）：103-114.

[139] 杜艳，刘强.落实科学发展观，建设生态文明村［J］.内蒙古农业科技，2009（1）：1-2.

[140] 王先明.历史演进与时代性跨越——试述"新农村建设"思想的历史进程［J］.史学月刊，2014（2）：40-47.

[141] 王国华，朱代琼.乡村振兴战略政策形成的影响要素及其耦合逻辑——基于多源流理论分析［J］.管理学刊，2018，31（6）：1-9.

[142] 王颂吉，魏后凯.城乡融合发展视角下的乡村振兴战略：提出背景与内在逻辑［J］.农村经济，2019（1）：1-7.

[143] 孔祥利，夏金梅.乡村振兴战略与农村三产融合发展的价值逻辑关联及协同路径选择［J］.西北大学学报（哲学社会科学版），2019，49（2）：10-18.

[144] 孙秀云.社会主义新农村建设中的生态文明建设研究［D］.天津：天津大学，2008.

[145] 魏薇.乡村振兴战略下推动农业产业融合发展对策建议［J］.农业经济，2020（4）：6-8.

[146] 张应良，尹朝静，鄂昱州.回顾40年农业农村改革推进乡村振兴战略实施——中国农业经济学会2018年年会暨学术研讨会综述［J］.农业经济问题，2019（1）：99-103.

[147] 编辑部.大力发展乡村产业奠定乡村全面振兴基础——农业农村部乡村产业发展司有关负责人就《全国乡村产业发展规划（2020—2025年）》答记者问［N］.重庆日报农村版，2020-07-20.

[148] 陈兆清，徐昕.乡村振兴背景下发展农村经济的探索与建议——基于产业融合视角的分析［J］.安徽农学通报，2019，25（5）：1-4，19.

[149] 陈龙.新时代中国特色乡村振兴战略探究［J］.西北农林科技大学学报（社会科学版），2018，18（3）：55-62.

[150] 陈秋分.乡村振兴背景下中国农业绿色发展机遇、挑战与对策［C］//2018中国作物学会学术年会论文摘要集，2018.

[151] 肖晴晴，王小娟，彭沄.实施乡村振兴战略的路径选择［J］.黑河学刊，2019（2）：65-66.

[152] 刘晓姝.要素流动、制度转型与乡村产业振兴［D］.成都：西南财经大学，2019.

附录 新庄村制度汇编

附录一 党政工作类

党支部工作制度

一、围绕党的中心工作，结合形式发展，定期不定期组织党员干部学习马列主义、毛泽东思想、邓小平理论、"三个代表"重要思想、科学发展观，特别是习近平新时代中国特色社会主义理论；坚持党的"一个中心，两个基本点"的基本路线，不断提高党员干部的理论素质和适应社会主义市场经济的工作能力；抓好经常性思想政治工作，用爱国主义、社会主义思想和健康文明进步的风尚占领农村思想阵地。

二、加强老龄协会、青年团、妇委会和民兵等组织的桥梁和纽带作用，为发展本村经济、共同奔小康建功立业。

三、抓好党员和廉政建设工作；做好积极分子的培养和党员的发展工作；党支部实行集体领导和分工负责相结合的制度，在集体领导下按照支部党员大会决议，负责本职工作，充分发挥党支部的凝聚力和战斗力。

村民自治章程（2017 年）

第一章 总 则

第一条 根据《中华人民共和国宪法》《村民委员会组织法》《刑法》《民法通则》《社会治安管理处罚条例》及有关法律、法规，结合本村实际，制定本管理章程。

第二条 在法律规定的范围内，在上级党委政府的领导下，实行村民自治。村民自治应以村党总支部为核心，村民委员会为主体，共青团、妇联会、民兵及其他组织紧密配合，全体村民积极参与，按照自我管理，自我教育、自我服务的要求，共同管理好本村的政治、经济、文化及社会事务。

第二章 分 则

第一节 村民委员会和村民小组及其下属各工作委员会

第三条 村民委员会每届任期三年，其成员由有选举权的村民直接选举产生，任何组织或个人不得指定、委派或撤换。

第四条 村民委员会的主要职责是：

1. 组织村民学习、宣传、贯彻宪法、法律、法规和政策，教育和帮助村民履行法律规定的义务，维护村民的合法权益；

2. 召集和主持村民会议、村民代表会议，并向会议报告工作，执行村民会议和村民代表会议的决议、决定，主持日常村务，保障村民自治章程和村规民约的实施；

3. 支持和组织村民发展经济，并做好各项服务工作；

4. 教育村民执行土地利用总体规划、基本农田保护规划、村镇建设规划和资源生态、环境保护规划，依法管理属于村集体所有的土地、山林、水面和其他财产；

5. 办理本村的公共事务和公益事业；

6. 协助乡级人民政府开展合作医疗、救济救灾、拥军优属、婚姻管理、计划生育、殡葬改革、"五保户"供养、税收、粮食收购等工作；

7. 调解民间纠纷，协助乡级人民政府和有关部门做好社会治安综合治理工作；

8. 开展社会主义精神文明建设活动，破除封建迷信和宗族观念；

9. 教育村民加强民族团结，互相帮助，互相尊重；

10. 向乡级人民政府反映村民的意见、要求和建议；

11. 法律、法规规定的其他职责。

第五条 村民委员会由主任1人、副主任1至2人、委员1至4人组成，具体职数由村民会议根据各村的规模大小和工作任务确定。

第六条 村民委员会成员应当遵守宪法、法律、法规和政策，有一定的文化知识，廉洁正派，办事公道，热心为村民服务。

第七条 村民委员会根据工作需要设立人民调解、治安保卫、公共卫生等委员会。

第八条 村民委员会在便于村民自治的原则下，按照村民的居住状况，设立若干个村民小组。村民小组的设立、撤销、范围调整、名称更换，由村民委员会提出，村民小组会议讨论同意，报乡级人民政府批准，由乡级人民政府报县级人民政府备案。

第二节 村民代表会议和村民会议

第九条 村民代表会议由村民民主选举产生的村民代表、村党支部、村委会成员、本村的各级党代表、人民代表、政协委员组成。举行会议时，可吸收老干部、党员及村办企业负责人参加，听取他们的意见和建议，但不参加表决。

第十条 村民代表必须坚持四项基本原则，坚持改革开放，有参政议政能力和相应的法律政策水平，为加强三个文明建设献计献策。

第十一条 村民代表与村民委员会任期一致，每届三年。村民代表可以连选连任，必要时可以撤换和补选。

第十二条 村民代表会议职权：

根据村民会议授权行使职权：

1. 讨论决定涉及村民利益的事项；

2. 审议村民委员会工作报告、村务收支情况，评议村民委员会成员的工作；

3. 撤销或者改善村民委员会不适当的决定；

4. 法律、法规规定的其他职权。

第十三条 村民代表会议由村民委员会负责召集和主持，至少每季度召开一次。当有三分之一村民代表提议，应当在 10 日内召开村民代表会议。村民代表会议的决定，须经代表过半数通过。

第十四条 村民会议由本村年满 18 周岁以上的村民组成，由村民委员会负责召集和主持，每年至少举行一次。当有十分之一以上的村民代表提议，应当在 30 日内召开。决策时所做决定应当经到会人员的过半数通过方可有效。

第十五条　村民会议的职权：

1. 选举、罢免村民委员会成员；

2. 制定、修改村民自治章程、村规民约；

3. 讨论决定涉及村民利益的事项；

4. 讨论决定本村发展规划和年度计划；

5. 审议村民委员会工作报告、村务收支情况，评议村民委员会的工作；

6. 撤销或者改变村民代表会议不适当的决定；

7. 撤销或者改变村民委员会不适当的决定；

8. 法律、法规规定的其他职权。

第三节　经济管理

第十六条　村办的企业、场、站和村属民营企业要认真执行党的方针、政策，坚持以调动经营者与生产者的积极性为原则，积极创新，勇于开拓，不断提高经济效益。

第十七条　企业经营者要认真履行与村签订的租赁或承包合同，接受村经济实体的宏观管理和监督，及时上缴合同中所规定的各项税费，履行合同规定的各项义务。

第十八条　村民经营的个体经济要照章纳税，依法经营，不准出售假冒伪劣产品，同时向村集体经济组织缴纳积累资金。

第十九条　在商业街或指定摊位经营时要遵守有关规定，服从市场管理，保持环境卫生。

第二十条　提高警惕，做好防火、防盗、确保安全，防止意外事故发生。经营过程中要公平交易，不强买强卖。

第二十一条　坚持勤俭、民主理财原则，加强财务管理，实行款、物分管：

1. 会计人员必须坚持原则，严格遵守财务制度；

2. 会计做好工作，并负责村与各企业的合同签订和企业、市场的报表及统计工作，结算好各承包户的口粮，国家征收的规费以及农业税费等；

3. 从俭办事，压缩不必要开支。坚持村委会主任一支笔审批制度，凡所报销的一切发票，内容、数量、单位、金额要书写清楚，大数额的由集体讨论决定；

4. 如有新建设项目，必须通过全体党员、全体干部、村民代表讨论通过后才能上马。

第二十二条　村务公开制度

一、组织机构：建立村务公开监督小组。

1. 村务公开监督小组成员经村民会议或村民代表会议在村民代表中推选产生，并向村民会议或村民代表会议负责，由3～5人组成，任期与村民委员会任期相同。村干部及其配偶、直系亲属不得担任村务公开监督小组成员；

2. 村务公开监督小组职责：（1）对村民委员会在村务公开方面的内容、时间、程序、形式上进行监督；（2）审核村财务收支账目、凭证；（3）就村务公开情况向村民代表会议、村民会议报告；（4）征求并反映村民公开的意见和建议；（5）督促村民委员会对村民提出的意见和建议及时做出答复并予以改进。

二、公开内容

1. 国家有关法律法规和政策明确要求公开的事项，如计划生育政策落实、救灾救济款物发放、宅基地使用、村集体经济所得收益使用、村干部报酬等；

2. 财务公开作为村务公开的重点，所有收支必须逐项逐笔公布明细账目，让群众了解、监督村集体资产和财务收支情况；

3. 当前要将土地征用补偿及分配、农村机动地和"四荒地"发包、村集体债权债务、税费改革和农业税减免政策、村内"一事一议"筹资筹劳、新型农村合作医疗、种粮直接补贴、退耕还林还草款物兑现，以及国家其他补贴农民、资助村集体的政策落实情况，及时纳入村务公开的内容；

4. 群众要求公开的其他事项。

三、公开形式：主要通过村务公开栏公开。还可以通过广播、电视、网络、"明白纸"、民主听证会等其他有效形式公开。公开栏旁要设有意见箱。

四、公开时间

1. 一般的村务事项至少每季度公开一次；

2. 涉及农民利益的重大问题以及群众关心的事项要及时公开；

3. 集体财务往来较多的村，财务收支情况每月公布一次；

4. 村务公开事项要求事前、事中、事后全过程公开。

五、公开程序

1. 村民委员会根据本村的实际情况，依照法规和政策的有关要求提出公开的具体方案（草案）；

2. 村务公开监督小组对方案进行审查、补充、完善后，提交村党组织和村民委员会联席会议讨论确定；

3. 村民委员会通过村务公开栏公开等形式及时公布。

第四节　社会秩序

第二十三条　每个村民都要学法、知法、守法，遵守社会公德，维护社会治安，积极同一切违法行为作斗争，争当优秀村民。

第二十四条　严禁赌博。如发现有赌博行为的，轻者批评教育，没收赌具、赌资，并处以罚款，情节严重者交上级司法部门处理。

第二十五条　严禁打架、斗殴、寻衅滋事；严禁谩骂、殴打公务人员或阻挠公务执行；严禁侮辱、诽谤他人，严禁造谣惑众。

第二十六条　爱护公共财物，不得以任何借口损坏交通、邮电通讯、供电、广播、电视、水利、供水等公共设施。

第二十七条　社会、家庭、学校要共同配合抓好青少年的思想教育工作，重点做好思想不稳定、有前科的青少年的思想教育工作，帮助其健康成长。

第二十八条　对维护集体利益、群众利益，同坏人坏事作斗争的同志给予表彰和奖励。

第二十九条　认真遵守户口管理规定。婚嫁、出生、死亡都应及时办理户口迁移、申报和注销手续。

第三十条　村民之间一旦出现矛盾、发生纠纷，双方应持冷静态度、主动找治保调解会帮助调解，调解会做到当日出现当日调解，把一切有可能激化的矛盾消灭在萌芽状态。

第三十一条　治保调解会在处理民事纠纷时，必须站在公正立场，不偏、不护，以事实为依据，以法律为准绳，动之以情，晓之以理。

第三十二条　遵守社会公德，互谅互让、互敬互爱、和睦相处，建立良好的邻里关系，不能损害他人利益。如发生纠纷，依靠组织，不准打架斗殴，强词夺理。

第三十三条 不准背后议论，传闲话、瞎猜疑，凡不遵守此规定造成后果者责任自负。

第三十四条 搞好公共环境卫生，不随地倾倒垃圾、污物、废水、保持清洁的社会环境和良好的村容村貌。

第三十五条 村民在处理婚姻问题上要遵守婚姻自由、男女平等、互敬互爱的原则，建立团结和睦的新家庭。

1. 夫妻双方地位平等，在处理共同财产时权力平等；

2. 男女双方根据法定结婚年龄，领取结婚证明的视为正式结婚，受法律保护，确立夫妻关系；

3. 依照妇女权益保护法和儿童保护法，维护妇女、儿童的合法权益；

4. 父母必须承担未成年人或无生活能力子女的抚养，不弃婴儿，不虐待残儿。执行全日制九年义务教育，杜绝中小学生辍学，违者批评令其改正，企业各单位不准雇用辍学学生。

第三十六条 发扬尊老敬老的传统美德，认真履行赡养协议条款，赡养老人不加任何附加条件，保障老人的合法权益，不准以任何理由刁难老人。

第三十七条 做到生育有指标，提倡晚婚晚育、优生优育。

第三十八条 对刁难打骂计划生育工作人员者视情节轻重，进行批评教育并处以罚款，造成严重后果的交司法机关处理。

第三十九条 违犯计划生育政策者，按上级有关政策处理。

第四十条 凡符合应征入伍条件的公民必须遵守兵役法、积极报名应征，履行应尽的义务，对不依法服兵役的进行处罚，对积极应征入伍的公民，服役期满后，村委会优先安排村集体企业、场、站工作。成绩突出的作为村后备干部培养。

第四十一条 贯彻落实国家优抚政策，按规定上缴统筹款，多为军烈属，荣、复、转、退军人做好事。

第四十二条 村民不准有损害军政、军民关系的行为，否则严加处理，要争做拥军优属的模范。

第四十三条 成立由5～7人组成的自治章程监督小组，每半年检查一次工作执行情况，并向村民代表汇报。

第三章 附 则

第四十四条 本章程 2017 年 1 月 3 日由村民会议通过。

第四十五条 本章程 2017 年 1 月 10 日执行，由村民会议负责修改，每三年修改一次，由村委会负责解释，全体村民必须遵守执行。

第四十六条 本章程上报乡（镇）人民政府备案。

村民代表议事制度（1998 年）

一、村民代表议事会由村民民主推选的代表组成。也可扩大村党支部（总支）、村委会成员、村民小组长及本村各级人大代表参加，充分体现自我管理、自我教育、自我服务的原则。

二、村民代表议事会是本村行使民主权利的最高机构，村委会是村民代表议事会的执行机构。具体管理本村政治、经济、文化和其他社会事务。

三、村民代表议事会由村委会召集和主持。每季度召开一次，如遇特殊情况，可随时召开。

四、村民代表议事会的代表过半数时，会议结果方可有效。

五、村民代表的推选由村党支部（总支）组织实施，10～15 户推选一名。村党支部（总支）、村委会委员、村民小组长和本村的人大代表不占推选代表名额。

六、村民代表任期与村民委员会成员任期相同，可连选连任，村民代表要密切联系群众，反映村民意见、建议和要求。村民代表有违法或严重违犯村规民约行为的，可由原联户三名以上的户代表提出撤换。

七、村民代表议事会的职责：

1. 听取和审议村委会的年度工作报告；

2. 审议和通过本村经济与社会发展规划、年度工作计划，作出相应决议；

3. 制定、修改村规民约或村民自治章程；

4. 完善各种形式的生产责任制和履行经济合同；

5. 监督审查财务，包括全年开支预决算；

6. 审议新上、扩建项目及兴办公益事业情况；

7. 审议各项提留、集资款项的使用和义务工的安排；

8. 审议全村建设规划和宅基地审批情况；

9. 审议计划生育工作执行情况；

10. 审议扶贫、救灾救济款物的发放及最低生活保障金领取情况；

11. 审议粮油任务和农业税，特产税分配办法；

12. 审议其他有关村民利益的重大事项。

八、村民代表议事会的决定，代表全体村民的意愿和利益，村民不得以任何借口拒绝执行。

村委会定期向村民代表会议报告工作制度（1998 年）

一、村民代表会议由村委会负责召集和主持。每季度召开一次，如遇重大问题可临时决定召开。村委会定期向村民代表会议报会工作，原则上每半年报告一次。

二、村委会向村民代表会报告工作的内容为：

1. 财务账目；

2. 集体分配；

3. 各项提留款项；

4. 干部工资；

5. 企业承包；

6. 工程招标；

7. 土地征租情况；

8. 宅基地审批划拨情况；

9. 土地调整；

10. 计划生育情况；

11. 村经济发展目标完成情况和为群众办实事的落实进展情况；

12. 岗位目标完成情况。

三、村委会应认真听取群众意见，虚心接受群众的批评与监督，充分发扬民主作风，遵守法纪，认真贯彻党的各项方针，政策。办事公道，热心为村民服务。

四、村委会在定期向村民代表会议报告工作的同时，应将报告情况上报本乡、镇人民政府，自觉接受乡（镇）人民政府对村委会工作的指导。

村民议事会章程（2017 年）

第一章　总　　则

第一条　村民议事会是在党的领导下，根据国家相关法律政策、结合本村实际情况而成立的村级自治组织，是进一步加强基层基础工作，深化村级民主政治建设，建立完善农村基层治理机制的重要举措。

第二条　村民议事会是村级自治事务的常设议事决策机构，根据村民代表会议委托，在授权范围内行使村级自治事务的决策权、监督权、议事权，讨论决定村民会议授权事务，协助支持村民委员会工作。村民小组设村民小组会议和村民小组户主代表会议，负责讨论决定本组事务。

第三条　村民议事会工作必须符合党和国家的政策、法令和地方性政策法规。

第四条　村民议事会工作，应有利于推进和保证上级党委政府和本级工作的开展，有利于社会发展和社会稳定。

第五条　村民议事会工作，应体现村民自治，符合本村实际和大多数群众的利益。

第二章　村民议事会的职责

第六条　村民议事会职责由村民代表会议授权，向全体村民负责。向村民代表会议报告工作，接受村民代表会议、村务监督委员会的监督。村民小组户主代表会议对村民小组会议负责，接受村民监督。

第七条　讨论决定由村民代表会议授权的、涉及全体村民利益的重大问题。

第八条　定期听取村委会的工作报告，提出意见和建议。

第九条　广泛听取和收集群众意见和建议，及时向村党支部、村委会反映村民的意愿和要求。

第十条　支持村务监督委员会监督村民委员会依法管理村集体所有土

地、林地、水利设施和其他公共财产，监督村集体财务的收支使用情况。

第十一条 支持村民委员会维护生产、生活秩序，搞好本村日常事务管理工作。

第十二条 支持村民委员会调解民事纠纷，协调和解决本村村民之间的利益矛盾和问题，促进村民之间的和睦相处。

第十三条 大力提倡移风易俗，喜事新办，丧事简办，反对铺张浪费，破除封建迷信，推动农村精神文明建设的健康发展。

第三章　村民议事会的成员组成

第十四条 议事会成员的条件：具有一定的政治觉悟和参政议政的能力，坚持原则，主持正义，作风正派，办事公道，热爱集体，在群众中有较高威信，且热心于村级公共服务的人员，有较强的代表性。

第十五条 村民议事会成员组成：支村两委会成员、"两代表一委员"、村民代表、村辖区内其他经济、社会组织负责人、法人代表。村民议事会一般由11～21人组成（成员人数原则上为单数，每个村民小组原则上应有1人），其中群众代表比例不低于议事会成员总数的50%。

第十六条 村民议事会成员产生：支村两委会纳入议事会成员，其余成员由村民代表会议推选产生，采取提名候选人差额投票，候选人须考虑代表群体和地域分布。

第十七条 议事会任期为三年，与村民委员会任期相同，可连选连任。议事会设主任1名（由支部书记兼任），副主任2名，由村民议事会成员推选产生。

第十八条 议事会成员必须按时参加议事会召开的所有会议，可应邀参加村党支部、村委会召集的有关会议。

第四章　议事程序

第十九条 村民议事会会议由议事会主任负责主持召开，一般每季度召开一次，如遇特殊情况，可根据实际情况临时召开。会议议题由村党组织、村民委员会、村民议事会成员或五分之一以上的村民联名提出，由议事会主任负责把关。

第二十条　会议召开前，村民议事会负责人应在三天前通过信息平台、电话或其他方式将会议议题和时间告知所有成员，并统一张贴在村务公告栏进行公示。议事会成员在接到通知后应走访群众，搜集民意，形成会议发言材料。

第二十一条　村民议事会召开会议，必须有三分之二以上的议事会成员到会，所做决定必须有五分之四以上的到会人员赞成才能生效。对争议较大的议题，应提交村民代表会议表决。议事会召集的所有会议允许村民列席旁听，但旁听人没有发言权和表决权。

第二十二条　村民议事会表决事项应填写《议事会表决事项备案表》，一份存档，一份交镇党政办备案。

第二十三条　议事结果在村务公开栏上公示，接受群众监督。

第五章　附　　则

第二十四条　本章程由村民代表会议表决通过才能生效执行。

第二十五条　村集体经济组织、群众组织以及其他服务性、公益性、互助性社会组织，按照各自章程开展工作，积极参与和支持村民议事会工作。

第二十六条　本章程解释修改权归村民议事会。

诚信奖惩制度（2017年）

诚实守信是中华民族的传统美德，为在全村树立"守信光荣、失信可耻"的诚信观念，推进村民诚信宣传教育活动，营造诚实守信的社会环境，特制定本制度。

一、诚信褒扬制度

（一）对评议出的群众公认、可学可鉴的诚信村民等先进典型，要在村交通要道、人流集聚场所设立的"诚信红榜"中予以公布，让广大村民学有榜样、赶有目标。

（二）利用微信、微博、广播、板报等灵活形式，广泛宣传先进典型，传播好声音，传递正能量。

（三）举办"道德讲堂""事迹报告会"等，让诚信先进典型走上讲台，现身说法，引导广大村民守信用、做好人，实现"知行合一"。

（四）把守信先进典型纳入身边好人、最美家庭、十星级文明户、先进个人等评先评优推荐表彰范围，作为好人线索向"中国好人榜"予以推荐。

（五）建立关爱先进典型长效机制，着力解决生产、生活、学习上的困难和问题，在全社会树立"好人有好报、有德才有得"的价值导向。

二、失信惩戒制度

（一）对评议出的不守信用的反面典型，要在村内交通要道、人流集聚场所设立的"诚信黑榜"中予以曝光，广泛接受村民的谴责和监督。

（二）对失信典型进行曝光，不得揭露个人隐私、不得违反相关法律法规规定、不得侵犯个人合法权益、不得涉及敏感问题、不得影响和谐稳定。

（三）对经帮教后能积极纠错、改掉失信恶习的，将其从"诚信黑榜"中予以撤销，停止曝光；对于我行我素、屡教不改的，组织集中评议，持续曝光直至改正为止。

（四）对评议出的失信反面典型，在曝光期间和停止曝光后的两年内，不得纳入身边好人、最美家庭、十星级文明户、先进个人等评先评优推荐表彰范围。

附录二　村务公开类

村务公开制度

一、村务公开的内容

1. 财务公开；

2. 农民负担情况公开；

3. 宅基地审批公开；

4. 各业承包公开；

5. 水、电费收缴公开；

6. 计划生育公开；

7. 土地使用权、所有权转移公开；

8. 扶贫资金、救济救灾款物发放和领取最低生活保障公开；

9. 村干部的岗位目标和报酬公开；

10. 村级经济发展计划、兴办公益事业项目公开。

二、村务公开的办法

1. 建立村务公开栏，将上述内容及本村重大事项定期或不定期向村民公布；

2. 建立农民负担明白卡。一户一卡，将各项提留粮油定购任务、农业税及其他负担等如实填写，不得多收少写；

3. 建立村民议事会。按 10～15 户选一名代表的比例选出村民代表，组成本村村民议事会。必要时，也可扩大到村党（总）支部、村委会委员、村民小组组长及本村的各级人大代表，决定村上重大事项。

三、村务公开的监督办法

1. 村务公开由全体村民对村委会的工作从办理本村村务的法律政策依据、办事程序、办事结果三个环节实行全面监督；

2. 村上每半年召开一次村民代表或村民大会，由村委会报告工作和有关村民直接利益等事项的处理结果，由全体村民进行评议；

3. 村组财务的收支情况。由民主理财小组和清财小组每半年清查后将结果公布给全体村民；

4. 村级班子内部要互相监督，每半年召开一次干部民主生活会，达到互相理解、互相支持、互相监督的目的；

5. 有关村上重大事宜，必须集体研究，经村民议事会或村民大会讨论后征得乡（镇）上同意后，方可实施。

民主理财制度

一、财会人员必须贯彻执行国家的政策法令和财务制度，遵守财经纪律，认真负责，廉洁奉公，大公无私，坚持原则，忠于职守，管好用好集体资金。

二、对集体资金，实行一支笔审批制度。开支____元以内的，由村委会主任审批；____元以内的，由村委会讨论决定；____元以内的，由村民代表大会决定。

三、严格按《会计法》办事，财会人员原则上要持证上岗，管好有价证券空白凭证及财务专用章；保管好财务档案，不能白条抵库、库存现金按财务规定执行，做到账库相符。

四、严格执行账款分管制度，会计、出纳不能一人兼任。

五、专项资金必须专款专用，杜绝挪用，绝不允许公款私存、私借。

六、全村（含各村民小组）所有收入款项，必须使用统一收款收据，不得随意自制。

七、对于一切非生产性开支，履行报告制度，否则财会人员有权拒付。对于违犯财务审批制度造成的经济损失，在查清责任的基础上，由责任人自负。

八、由村民代表和主管财务领导，每季对本村财务进行一次自查，每半年在公开栏上向村民公布一次财务收支情况，接受群众监督。发现问题及时处理，并自觉接受上级审计和财务部门的监督检查。

九、村委会要加强对各村民小组财务的监督检查，有条件的可实行组账村管。

民主监督制度

一、村民会议由户口在本村的 18 周岁以上的村民组成，是全村最高权力机构。

村民代表会议或村民议事会由村民代表组成。村民代表每 10（或 15）户推选 1 名，负责决策和监督管理本村的政治、经济、文化等其他社会事务。

二、全体村民对村委会工作进行民主监督。民主监督应持实事求是，公正合理的原则。

三、村民代表会议或村民议事会每季度召开一次。凡涉及本村重大事项及群众关心的问题，可不定期召开。

四、民主监督的内容为：

1. 监督涉及全村村民利益等重大问题的工作进展情况；

2. 监督村经济和社会发展规划，年度工作计划的执行情况；

3. 监督审查村财务，包括本年度收支预算和上年度收支决算；

4. 监督提留款、集资款、义务工的收缴、安排和使用；机电、水及其他集体物资的管理使用和生产资料的分配供应；宅基地的审批；计划生育管理；企业管理及效益情况和工程投资及建设结算情况；

5. 听取和审议村委会的年度工作报告，并提出意见和建议。

五、民主监督群众组织的人员在工作中要秉公办事，大公无私，如遭打击报复，本人有权向上级人民政府反映真实情况。

六、虚心接受政府有关职能部门的监督，检查和指导。

民主评议干部制度

一、村民代表大会负责对干部进行评议。

二、民主评议对象是村党支部（总支）、村委会领导班子成员、村办企业主要负责人。

三、民主评议干部以领导干部的任期目标和岗位责任目标为依据，从德、能、勤、绩四个方面进行全面评议。评议的主要内容是：

1. 贯彻执行党和国家路线，方针、政策情况；工作作风、廉洁自律情况；

2. 从事本职工作的能力及发挥情况；

3. 公仆意识和勤奋敬业情况；

4. 任期目标完成情况和执行村民代表会议情况。

四、民主评议干部要严格履行民主程序，有组织、有领导、有准备地进行。

1. 评议对象做好述职准备；

2. 召开村民代表会听取评议对象的述职；

3. 组织村民代表对述职干部进行评议，并采用无记名方式对评议对象进行测评；

4. 评议结果应书面报送村民代表大会主席团审议；

5. 评议结果经村民代表大会主席团同意后，应向村民代表和被评议的干部同时报送乡（镇）党委。

五、村民代表大会主席团由本乡（镇）包片领导、包村干部、村党支部（总支）书记、村委会主任、村民代表组成。

六、民主评议干部工作每年年终进行一次。

村集体经济组织财务公开暂行规定

第一条 为了加强对农村集体财务活动的管理和民主监督、促进农村经济发展和农村社会稳定，根据国家有关法律、法规和政策，特制订本暂行规定。

第二条 本暂行规定适用按村或村民小组设置的社区性集体经济组织（以下街称村集体经济组织）。

第三条 村集体经济组织实行财务公开制度。村集体经济组织应以便于群众理解和接受的形式，将其财务活动情况及其有关账目，定期如实向全体村民公布，接受群众监督。

第四条 村集体经济组织应建立与群众代表为主组成的民主理财小组，对财务公开活动进行监督，民主理财小组应由村民大会或村民代表大会选举产生。

第五条 村集体经济组织财务公开的内容包括：

（一）财务计划

1. 财务收支计划；

2. 固定资产构建计划；

3. 农业基本建设计划；

4. 兴办企业和资源开发投资计划；

5. 收益分配计划。

（二）各项收入

1. 村提留、乡统筹费；

2. 发包及上缴收入；

3. 集体统一经营收入；

4. 集资款；

5. 土地补偿费；

6. 救济扶贫费；

7. 上级部门拨款；

8. 其他收入。

（三）各项支出

1. 生产性建设支出（包括购建生产性固定资产支出）；

2. 公益福利事业支出（包括购建公益性固定资产支出）；

3. 村组（社）干部工资及奖金；

4. 招待费支出；

5. 集体统一经营支出；

6. 救济扶贫专项支出；

7. 上缴乡统筹费；

8. 其他支出。

（四）各项财产

1. 现金及银行存款；

2. 产品物资；

3. 固定资产；

4. 对外投资；

5. 其他财产。

（五）债权债务

1. 农户往来；

2. 内部单位往来；

3. 外部单位和个人往来；

4. 银行（信用社）贷款；

5. 其他债权债务。

（六）收益分配

1. 收益总额；

2. 缴纳税金数额；

3. 提取公积金数额；

4. 提取公益金数额；

5. 提取福利费数额；

6. 投资分利数额；

7. 其他分配。

（七）农户承担的集资款、水费、电费、劳动积累工、义务工及以资代劳等情况。

第六条 村集体经济组织应在年初时公布财务计划，每月或每季度公布一次各项收入、支出情况，年末公布各项财产、债权债务、收益分配、农户承担的集资款、水费、电费、劳动积累工和义务工及以资代劳等情况。

第七条 平时对于多数村民或民主理财小组要求公开的专项财务活动，应及时逐项逐笔公布。

第八条 村集体经济组织财务公开，应主要以填写财务公开栏的形式张榜公布。财务公开栏应张贴在群众集中聚居地带、主要交通路口等群众方便阅览的地方。财务公开栏的样式由县级农村合作经济经营管理部门统一规定。

第九条 村集体经济组织公布的财务账目必须填写可靠。村集体经济组织在进行财务公开以前，应有民主理财小组参加，对全部财产、债权、债务和有关账目进行一次全面的核实。财务公开的内容要经乡（镇）农村合作经济经营管理部门审核认可，同时要有村集体经济组织负责人、民主理财小组负责人和主管会计签字。

第十条 村集体经济组织在财务账目张榜公布后。其主要负责人应安排专门时间，接待群众来访，解答群众提出的问题，听取群众的意见和建议。对群众在财务公开中反映的问题要及时解决；一时难以解决的，要作出解释。不得对提出和反映问题的群众进行压制及打击报复。

第十一条　村集体经济组织成员享有以下监督权：

（一）有权对所公布的财务账目提出质疑；

（二）有权委托民主理财小组查阅审核有关财务账目；

（三）有权要求有关当事人对有关财务问题进行解释或解答；

（四）有权逐级反映财务公开存在的问题，提出意见和建议。

第十二条　村集体经济组织民主理财小组行驶下列监督权：

（一）有权对财务公开情况进行检查和监督；

（二）有权代表群众查阅审核有关财务账目、反映有关财务问题；

（三）有权对财务公开中发现的问题提出处理建议；

（四）有权向上级部门反映有关财务管理中的问题。

第十三条　乡（镇）政府承担下列指导和监督职责：

（一）指导和监督村集体经济组织依照本暂行规定，实行财务公开；

（二）指导和监督村集体经济组织建立健全财务公开制度；

（三）会同上级有关部门对财务公开中发现的问题进行查处。

第十四条　对违反本暂行规定的村集体经济组织，由乡（镇）政府责令其限期纠正，到期仍不纠正的，由乡（镇）政府依照有关规定给予有关责任人相应的处分。

第十五条　县乡两级应将执行本暂行规定纳入政府工作的目标管理，作为考核乡村干部的重要内容，定期检查和监督。

第十六条　本暂行规定适用于由村民委员会代行集体经济组织职能的村。

第十七条　本暂行规定自发布之日起实施。

附录三　环境卫生类

爱国卫生工作制度（2014 年）

为了深入推进农村环境综合整治建设，搞好农村环境卫生管理，促进村容整洁，减少环境污染，提高人民健康水平，促进农村环境卫生管理制度化、经常化，特制订本制度。

一、村委会环境卫生管理职责：

1. 村委会是环境卫生的主要领导责任者，由保洁专职人员负责对全村区域范围内的垃圾收集清运与环境卫生保洁清扫进行统筹管理，设立垃圾台，定期转运。建立 2 个垃圾屋、36 个垃圾箱，垃圾台主要收集村民日常生活垃圾，垃圾箱主要收集流动场所产生的垃圾；

2. 根据该村的道路、居住区、人流密集区等区域范围划分环境卫生清扫保洁责任区，安排垃圾清运频次与指定监督员进行管理；

3. 保洁员要对垃圾收集清运与各小组的保洁日常工作进行管理，确保垃圾定点堆放、及时清运、及时填埋；

4. 村委会负责每月对责任区内的垃圾收集清运及与各组组长对农户卫生落实情况进行不定期巡回检查。

二、农户卫生保洁责任及标准：

1. 以讲卫生为荣，不讲卫生为耻。坚持做好家庭环境卫生保洁，搞好四旁植树，绿化美化家园；

2. 努力争当卫生文明户、文明家庭。敢于同一切不讲文明卫生、破坏环境的行为作斗争；

3. 自觉接受社会监督和邻里监督，强化环境卫生意识，积极协作，为共建和谐生态新农村做贡献；

4. 室外保持整洁，房前屋后无杂草、无乱堆乱放、无果皮纸屑、无污泥恶臭、无人畜粪便，畜禽圈舍，劳动用具摆放整齐，墙体无乱写乱画、乱钉乱挂；

5. 室内经常打扫，清洁明亮，家具干净，摆放有序；

6. 负责对自己生产生活区域内每天产生的果皮、纸屑、烟头、塑料袋、废弃物等一切垃圾，分类进行管理。设立一个垃圾池和一个垃圾桶，对于可以焚烧处理的垃圾在垃圾池中自行处理，不能焚烧的垃圾必须入桶，待村垃圾转运人员定期清运。

三、垃圾清运制度

负责垃圾清运的人员每天按时清运该村的垃圾到中转站，确保垃圾日产日清。定期从垃圾中转站转运到各乡镇的农村环境管理中心进行集中处理。

四、监督管理及评比表彰制度

1. 村党支部书记为环境卫生管理第一责任人，村主任为直接责任人，各农户为具体责任人；

2. 广泛开展"卫生文明户"等多种形式的农村卫生保洁创评活动；

3. 村委会成员和村民小组长组成环境卫生监督管理领导小组，负责每月对该村环境卫生落实情况进行不定期的巡查、检查，按标准评出当月的"卫生文明户"；

4. 对"卫生文明户"进行宣传表扬，并给予适当的物质奖励或悬挂流动红旗。对卫生保洁落实较差的农户实行张榜公布；

5. 每季评比"卫生文明户"，评选年度"最佳卫生文明户"，并颁发奖牌和奖金。

环境卫生检查评比制度（2014 年）

为进一步改善村容村貌，美化、净化环境，提高村民的卫生意识和健康水平，促进卫生工作经常化、制度化，特制定环境卫生检查评比制度：

一、检查评比时间

1. 每月对全村的环境卫生全面进行检查，对每个责任区进行一次检查评比。点评整改方案和限时完成任务的目标。年底进行总评比；

2. 每一季度对全村每家农户室内外卫生以及卫生包干区范围内的道路、房前屋后、室内外院落卫生进行一次检查评比，年底进行总评比。

二、检查评比方法

1. 由村三委会成员及群众代表组成卫生检查组，按检查评比细则进行逐项检查，检查结束后，将评比结果在村公开栏予以公布；

2. 以卫生包干责任区为单位，公共卫生情况分好、中、差三档，农户的室内外卫生情况分卫生清洁户、合格户、不合格户三档，检查评比结果与村保洁年终奖励挂钩；

3. 对连续三次评为卫生清洁户的农户给予表扬，对评为不合格户的农户，发放整改通知书，责令整改。对拒不整改的农户、连续二次卫生检查不合格的农户、全年累计三次以上不合格的农户，年终取消文明户或不得参与评选文明户评比资格。

三、检查评比细则

1. 公共卫生

要求道路宽敞整洁，路面及两侧无垃圾、无堆积物；涝池干净，水面无杂草、无漂浮物、周围无垃圾、草坪、花坛无杂草；公厕干净卫生，垃圾场定期填埋；所有墙面无乱涂广告，广场及其他公共场所要求保持干净卫生；

2. 室内外卫生

A. 房前屋后地面干净整洁，无白色垃圾，无杂草，无乱堆放物品；

B. 室内物品摆放整齐，门、窗、家具无污染；

C. 房前屋后、室内外墙面无挂杂物；

D. 使用无害卫生厕所；

E. 房前屋后有绿化、花草、花池，环境优美整洁。

以上细则按实际情况和变化，随时可由两委会进行调整以适应当前形势和要求，随合时段而提升标准和内容。为创省级卫生村努力工作。

爱国卫生除"四害"管理制度（2014 年）

为了预防、控制和消除鼠、蚊、蝇、蟑害（以下简称"四害"），防止疾病传播，保障村民身体健康，改善村民生活环境，提高群众生活质量，根据爱国卫生管理相关规定，经村委会研究决定，结合本村实际，制定本制度：

一、各商店、卫生室负责自己室内及门前三包责任区内的除"四害"工作，各村民负责所居房屋及院落的除"四害"工作，保持各自责任区域、住宅院落公共卫生和家庭卫生，做到室外无蚊蝇孳生地，室内无蚊蝇。

二、结合爱国卫生月及春节、国庆等重大节假日对全村进行统一投药开展灭鼠工作，重点对特殊行业窗口单位要加强鼠情检测，规范进药渠道，不留死角，同时对各企事业、饮食业等单位进行一次检查。

三、加强常年密度检测，建立鼠情报告制度，由村委会指定鼠情报告人，随时掌握村民住宅区及各单位的鼠密度情况。加强重点单位的防鼠设施检查，做到防鼠与灭鼠相结合。

四、开展日常蚊、蝇、蟑的消杀工作，委托街道环卫保洁中心对厕所、下水道口、垃圾桶（箱）、化粪池和公厕等易于孳生和聚集蚊蝇的场所，定期采取冲洗和消毒，及时消灭蚊蝇及其幼虫。

五、搞好四月爱国卫生月及节假日的集中消杀活动，向村民发放各类消杀药物，深入田间、工厂、小店、村庄四周和村民家中进行消杀工作。消灭各种蚊蝇孳生地，努力降低蚊蝇密度，保障人民群众身体健康。

六、明确奖惩激励制度，对在除"四害"活动中积极配合、任务完成出色的单位给予表扬，对不服从、不认真，经教育不改的单位和家庭个人进行通报批评。

七、鼓励农户养猫，宣传群众爱护猫以利于消灭鼠害。

八、健全各类档案资料，及时记录开展的各项消杀活动，完成书面材料，建立除"四害"工作台账。

附录四 村规民约类

土地管理乡规民约（1996 年）

为了制止农村乱占、强占，抢占、多占宅基地的歪风，保障稳定建设用地，妥善安置村民住宅，特制订如下土地管理乡规民约。

一、自觉遵守土地管理法及基本农田保护实施条例，并认真贯彻执行"十分珍惜和合理利用每寸土地，切实保护耕地"的基本国策。

二、基本农田保护区土地要做到七不准：不准建房、不准取土、不准毁田造林、不准烧砖瓦，不准挖鱼塘、不准营造坟地，不准堆放固体废弃物。

三、坚持"开源""节流"并举，搞好土地复垦利用，做到减一补一，禁止浪费、荒芜土地，增强惜土意识。

四、乡、村、组、个体企业用地，宅基地等各项非农建设用地必须依法报批，严禁乱占乱建滥用。

五、各类土地权属争议、纠纷要互谅互让，做到小纠纷不出组，一般纠纷不出村，并将各类纠纷制止在萌芽状态之中。

六、自觉维护土地的社会主义公有制，勇于检举、揭发各类违法占地行为，人人争做"土地卫士"。

新庄村村规民约（1984 年）

为了加速两个文明建设，促使社会风气、村风民风根本好转，特制定"村规民约"如下：

一、热爱党，热爱社会主义，热爱祖国，模范执行党的路线、方针政策和国家各项法律、法令，在政治上同党中央保持一致。

二、认真执行国家下达的各项生产计划，种好管好承包土地、林木，履行经济合同，积极完成国家各项征购派购任务，按时上缴集体提留。

三、认真开展"五讲四美三热爱""五好家庭""文明村组""学雷锋、树新风、做好事"活动，搞好扶贫助困，赡养父母，敬养孤寡老人；不溺爱娇惯子女，教育他们懂礼貌、学雷锋、做好事；左邻右舍和睦相处，不搬弄是非，不闹纠纷；树立尊老爱幼，尊婆爱媳，幼有所学，幼有所教，老有所依，老有所养，老有所乐，讲文明、讲礼貌、讲卫生的社会主义新思想，新风尚。

四、提倡一对夫妇只生育一个孩子，某些群众确有实际困难要求生二胎的，经过审批可以有计划地安排。改善我国人口结构，落实积极应对人口老龄化国家战略，保持我国人力资源禀赋优势。

五、移风易俗，勤俭持家，丧事从简办，婚事不图排场、不讲阔气、不铺张浪费，新事新办，自觉抵制不正之风。

六、坚持科学种田，大力发展商品生产和多种经营，勤劳致富，不断巩固和完善农业生产责任制，为四化建设多打粮，多贡献。办好各项公益福利事业，开展各项有益的文娱体育活动，活跃文化生活。

七、办好《青年民兵之家》，认真开展读书活动，学习科学文化技术知识，不断增长聪明才智，大力发展商品生产，提高村民物质文化生活水平，促进两个文明建设。

八、自觉保护国家、集体和村民个人的合法财产，维护村民的各项合法权利，坚决保护妇女儿童的合法权益，参加各项有益的活动。

九、履行公民义务，踊跃报名参军，保卫祖国。搞好拥军优属，优抚兑现工作，积极支援人民军队建设，为巩固国防做贡献。

十、遵纪守法，遵守村规民约，不打架斗殴，伤风败俗，不乱砍滥伐国家和集体林木，不伤害他人，不买卖婚姻，不赌博，不搞封建迷信活动，主持正义公道，检举坏人坏事，做一个有理想、讲道德、有文化、守纪律的村民。

新庄村村规民约（2000 年）

一、热爱祖国、热爱社会主义、热爱中国共产党，做有理想、有道德、有文化、有纪律的好村民。

二、学习科教知识，广开生产门路，勤劳致富，发展经济，学法守法，依法办事，依法治村，综合治理。

三、尊老爱幼，尊师重教，拥军优属，扶贫帮困；计划生育，优生优育；破除迷信，严禁赌博；提倡婚丧事新办；争创十星级文明户。

四、加强家庭和睦、邻里团结、邻村协作；不聚集闹事，不打架斗殴，不乱砍林木和乱占庄基；敢于同不良倾向作斗争。

五、保持家庭、房舍、街道整洁美观、公路两旁和主干大路严禁堆放柴草粪土及其杂物，遵守交通秩序。

六、加强治安防范，保证集体和农户安全，维护治安，人人有责，见义勇为，积极开展创建治安模范村和安全小区活动。

七、主动完成粮油征购、农业税和其他任务。凡按期不能完成或有意刁难者予以罚款，构成违法犯罪的要负法律责任。

八、严格执行用电制度，不随意乱拉乱接，凡作弊窃电的送交电力部门处理。村民使用动力电，必须先申请，得到批准后方可使用。

九、热爱集体，积极参加公益事业建设，珍惜和爱护本村荣誉，为"两个文明"建设献计献策。

十、村组干部、企业职工及村民个体户，必须带头遵守，相互监督，保证村规民约的落实。

新庄村村规民约（2017 年）

一、热爱祖国，热爱社会主义，热爱中国共产党，热爱劳动，关心集体，爱护公共财产，做一个有理想、有道德、有文化、有纪律的好村民。

二、认真学习科学文化知识和现代化生产管理知识，不断提高科学文化水平，努力搞好生产，增加收入，勤劳致富。

三、认真学习并模范遵守党和国家的政策，自觉同坏人坏事和不良倾向作斗争，自觉维护好社会治安。

四、树立社会主义新的道德风尚，保护好妇女儿童的合法权益，尊老爱幼、尊师重教、拥军优属、扶贫帮困。实行计划生育、优生优育、提高人口素质。婚事新办、破除迷信、移风易俗、例行节约、丧事从俭、严禁赌博、禁止违法婚姻。

五、自觉投身于社会主义精神文明建设，积极开展争创五好家庭、双文明户活动。

六、自觉遵守社会公德，维护社会秩序，加强邻里之间、邻村之间的团结与协作，和睦相处，反对打架斗殴事端。

七、自觉保护环境，维护村容村貌，防止环境污染，搞好绿化，保持街道、家庭房舍整洁美观。公路和主干大路、街道以及房前屋后周围禁止堆放柴草、粪土以及其他杂物，禁止乱倒垃圾。

八、加强安全防范措施，保护集体和村民安全。在本村范围内麦场、田间、村庄等发生不安全事故、火灾而造成经济损失的，要查明责任，由肇事者负责赔偿，情节严重的要负法律责任。

九、加强用电管理，严格实行用电制度。电工按期清收村民户的电费，必须上缴。为保证安全用电，不准在电表外乱接乱拉。

十、全体村民都要积极参加本村和全社会的公共事业和公益事业建设，爱护道路、生产设施，大力发展社会保险事业。

十一、村委会依据本公约制订若干具体规矩和制度，并依据形势发展要求，不断修改和完善。

附录五

美丽新庄欢迎您

金台农业新发展　休闲农业走在先
休闲旅游产业链　美丽乡村为基点
金台区有蟠龙塬　新庄村里有特点
环境卫生省上赞　美丽乡村区领先
村容整洁无三乱　街道整齐绿化全
创建休闲旅游链　开心农场已领先
开心农场把菜挖　沾沾地气能休闲
教育孩子搞实践　家家参与能锻炼
火龙神果观光园　种植药材能挣钱
牧场兔子散养鸡　鸽子养殖生态园
休闲景观十几滩　人人见了要称赞
村口古井几百年　吃水不忘老祖先
古币铜钱是景观　来财有道不占贪
金锅银碗来看看　转转能把财气占
农耕文化有热点　人推石磨转圈圈
石碾石舂能体验　先人生活很艰难
风水涝池在路边　排污排洪能抗旱
垂柳风景一转圈　坐在下面把景观
有花有水有喷泉　里面金鱼有几千
五圣庙座在北边　庙前浪架人休闲
下棋打牌谝闲传　老人无事庙里转
幸福吉祥合家欢　风调雨顺保平安
秀桥望月月牙潭　金鱼千条游得欢
国旗立在最中间　中华年轮写下边
中华历史五千年　繁荣昌盛代代传
十二生肖成排站　出生年号生肖编

人生道路不平坦　　有山有水路弯弯
生活穷富不怨天　　当官贫民各有难
太极八卦有特点　　国学文化意深远
农耕文化是主题　　农事二十四节气
阴阳两极是自然　　天地人和社会安
"三农"历史展览馆　　回忆社会发展年
怀旧物件几百件　　体验生活能怀念
目观账表看物件　　教育子女念祖先
历史账表记录全　　古人生活多艰难
民风民俗不能忘　　优良习俗代代传
乡村办起大食堂　　农家饭菜口味香
堆土成金一座山　　站在山顶用目观
新庄村里真美观　　花海苗木有果园
忘掉烦恼来休闲　　吃住行游乐购玩
动手能种小菜园　　休闲到处有景观
吃喝乡村大食堂　　农家乐有小吃点
住宿农家有庄园　　娱乐休闲有场馆
吊脚楼里把心谈　　吃喝做饭自己干
田野风光多灿烂　　休闲农业要创先
脱贫攻坚是关键　　产业发展要长远
农村改革搞三变　　美丽新庄新发展
休闲观光像花园　　养生养老生态园
开心农场亲子园　　劳动实践有菜园
吃喝游玩有庄园　　花海药材苗木园
怀旧回忆有展馆　　乡村旅游项目全
休闲农业产业链　　脱贫致富美梦圆
新庄村里转一转　　保你开心喜笑颜

——新庄村原村党支部书记刘志忠

后 记

  以乡村为研究对象的书相当多，但市面上见到的主要是人物事迹访谈记录或是乡村调研报告集，乡村经济史方面的学术著作相对匮乏。即使是华西村、小岗村等历史名村，也仅见零星社会学方面的传记体论述。新庄村是以传统种植业为主的关中村落，没有形成产业集群，不像华西村那样有实实在在的规模化产业和潮起潮落的发展现实。对于这样一个有空心村趋势的城郊村，什么样的选题范围大小合适，并且能写、可写、值得写？经反复酝酿，作者们认为：普通村庄是个小世界，不像省、市甚至国家层面因为需要应对复杂的现实，运用行政力量推动一项又一项的大手笔工程。村庄历来是最基层的执行单元，村干部按上级指令办好具体的事。经济管理领域中村庄最主要的工作就是维持和发展集体经济及其依附经济体。但从横向看，如果仅把新庄村目前集体经济作为研究对象，内容将是有限而又空泛的。

  本书选题尝试从纵向上拓展，对新庄村集体经济进行历史性考察，不论什么年代，该村集体经济载体都随着国家政策的变化而进化。这些多元载体不论规模大小、存续时期长短，都代表了村集体经济的发展脉络。新庄村的史料虽然不能代表中国农村的先进经验，但折射出了中国普通农村集体经济载体的典型变迁。本书借鉴社会学研究范式，以逻辑演绎方法为主，把新庄村实例梳理并镶嵌到历史推演的框架中。乡村管理工作常被形象地描绘为"上面千条线，下面一根针"。本书的实例是从繁杂琐碎的乡村工作中筛选而来，力求抓住当时紧密相关的政策或事件，直接、清晰、鲜明地叙述载体变迁的驱动因素。党中央、国务院对诸多历史事件已有定论，本书观点和提法坚持与定论保持一致，对有争议的方面予以必要的分析和评价。

基于以上想法，本书的定位就是：为读者呈现一本从社会经济视角叙述村集体经济载体从无到有、从单一化走向多元化的传记，既为了纪念这段农村经济的辉煌成就，也为了坚定中国小村庄大集体必将可持续发展的信念。希冀这份尝试是值得的。

图书在版编目（CIP）数据

农村集体经济组织载体变迁：新庄村个案研究 / 杨
峰等编著. —北京：中国农业出版社，2021.12
（中国"三农"问题前沿丛书）
ISBN 978-7-109-29122-5

Ⅰ.①农… Ⅱ.①杨… Ⅲ.①农业经济－集体经济－
经济组织－案例－宝鸡 Ⅳ.①F327.413

中国版本图书馆 CIP 数据核字（2022）第 021940 号

中国农业出版社出版

地址：北京市朝阳区麦子店街 18 号楼
邮编：100125
责任编辑：王秀田
版式设计：王　晨　　责任校对：沙凯霖
印刷：北京中兴印刷有限公司
版次：2021 年 12 月第 1 版
印次：2021 年 12 月北京第 1 次印刷
发行：新华书店北京发行所
开本：700mm×1000mm　1/16
印张：16.5
字数：280 千字
定价：78.00 元